土木建筑大类专业系列新形态教材

U0187896

建筑施工安全技术

张 辉 刘智绪 王 昂 ▣ 主 编

清华大学出版社

北 京

内 容 简 介

本书从建筑安全相关工作内容的角度出发,为读者呈现建筑施工安全技术的相关知识。

全书共9章,第1章为我国建筑施工安全生产概述;第2章为土石方及基坑工程安全技术;第3章分别对脚手架和模板工程安全技术措施进行详细介绍;第4章为主体结构工程安全技术;第5章简要介绍装饰装修工程安全技术;第6章为专项工程安全技术,主要对危险性较大的分部分项工程、幕墙工程、机电安装、有限空间、拆除工程相关安全技术进行阐述;第7章为现场施工机械安全技术;第8章详细阐述建筑施工安全检查验收与评分标准;第9章简单介绍BIM技术在建筑施工安全中的应用。

本书针对建筑施工安全技术,先简要介绍我国建筑施工安全生产方面的知识,然后详细地介绍建筑施工安全技术在建筑全生命周期的安全技能知识,并涵盖建筑领域新技术、新工艺、新方法,可使读者对建筑施工安全技术有全面系统的了解。本书具有较强的针对性、实用性和可操作性,是具有新时代职业教育特色的教材。

本书既可作为高等职业教育建筑施工安全专业领域人才培养的培训教材,也可作为相关企业岗位培训教材和工程技术人员参考用书。

图书在版编目(CIP)数据

建筑施工安全技术/张辉,刘智绪,王昂主编. — 北京:清华大学出版社,2022.8
土木建筑大类专业系列新形态教材
ISBN 978-7-302-61454-8

Ⅰ.①建… Ⅱ.①张… ②刘… ③王… Ⅲ.①建筑工程-工程施工-安全技术-高等学校-教材 Ⅳ.①TU714

中国版本图书馆CIP数据核字(2022)第135889号

责任编辑:杜　晓
封面设计:曹　来
责任校对:李　梅
责任印制:朱雨萌

出版发行:清华大学出版社
　　　　网　　址:http://www.tup.com.cn,http://www.wqbook.com
　　　　地　　址:北京清华大学学研大厦A座　　　　邮　　编:100084
　　　　社 总 机:010-83470000　　　　邮　　购:010-62786544
　　　　投稿与读者服务:010-62776969,c-service@tup.tsinghua.edu.cn
　　　　质量反馈:010-62772015,zhiliang@tup.tsinghua.edu.cn
　　　　课件下载:http://www.tup.com.cn,010-83470410
印 装 者:三河市龙大印装有限公司
经　　销:全国新华书店
开　　本:185mm×260mm　　　　印　　张:14.25　　　　字　　数:346千字
版　　次:2022年10月第1版　　　　印　　次:2022年10月第1次印刷
定　　价:49.00元

产品编号:094863-01

前　言

　　安全既是人类最重要、最基本的需求,也是人民生命与健康的基本保证。安全生产关系到人民群众生命财产安全和社会稳定大局。近年来,全国安全生产状况保持了总体稳定、趋向好转的态势,但风险和挑战依然较多,安全发展是科学发展、构建和谐社会的必然要求。习近平总书记在党的二十大报告中指出:"坚持安全第一、预防为主,完善公共安全体系,提高防灾减灾救灾和急难险重突发公共事件处置保障能力""筑牢国家安全人民防线""坚定不移贯彻总体国家安全观""确保国家安全和社会稳定"。

　　建筑行业是一个危险源多、危险性较大的行业,改革开放以来,我国建筑业发展迅速,兴建了大量高层、超高层以及复杂体系结构的建筑。由于建筑的生产过程具有流动性大、劳动力密集、多工种交叉流水作业、手工操作多、劳动强度大、露天高处作业以及作业环境复杂多变等特点,这些特点隐含诸多危险,极易导致事故发生。因此,加强建筑施工安全生产的科学管理,提升建筑安全施工技术水平,保证从业者的健康与安全十分重要。

　　本书以我国建筑行业发展为背景,简要介绍我国建筑施工安全生产概念,详细介绍建筑施工安全技术在建筑全生命周期里的安全技能知识,涵盖建筑领域的新技术、新工艺、新方法,可使读者对建筑施工安全技术有全面系统的了解。本书共分为 9 章,主要包括我国建筑施工安全生产概述,土石方及基坑工程安全技术,脚手架、模板工程安全技术,主体结构工程安全技术,装饰装修工程安全技术,专项工程安全技术,现场施工机械安全技术,建筑施工安全检查验收与评分标准,以及 BIM 技术在建筑施工安全中的应用。本书具有较强的针对性、实用性和可操作性,是具有新时代职业教育特色的教材。

　　本书由天津国土资源和房屋职业学院张辉、刘智绪、王昂,以及天津市建筑科学研究院有限公司万桥合作编写。其中,第 1~3 章由张辉编写,第 4 章和第 5 章由万桥编写,第 6 章和第 9 章由刘智绪编写,第 7 章和第 8 章由王昂编写。

　　在本书编写过程中,编者参阅了相关教材、论著和资料,谨向这些文献的作者致以诚挚的谢意。由于编者水平有限,加之时间仓促,书中不足之处在所难免,诚请专家和广大读者批评指正,提出宝贵意见,不胜感激。

作　者

2022 年 10 月

目　录

第1章 我国建筑施工安全生产概述

1.1 我国建筑施工安全生产概念

1.1.1 建筑行业施工安全

1. 建筑业

建筑业是以建筑产品生产为对象的经营行业,是从事建筑生产经营活动的行业,是一种物质生产活动。

2. 建筑施工

建筑施工是建筑业从事工程建设实施阶段的生产活动,是各类建筑物的建筑过程。

3. 建筑业自身特点对安全生产的影响

建筑业之所以成为一个危险的行业,与建筑业的固有特点有关。建筑业所面临的对安全生产不利的客观因素主要有以下几方面。

(1)建设工程是一个庞大的人机工程,在项目建设过程中,施工人员、施工机具和施工材料,既各自发挥自己的作用,又相互联系、相互配合,最终完成工程项目的建设。这一系统的安全性和可靠性不仅取决于施工人员的行为,还取决于各种施工机具、材料以及建筑产品(统称为"物")的状态。一般来说,施工人员的不安全行为和物的不安全状态是导致意外伤害事故的直接原因。而建设工程中的人、物以及施工环境中存在的导致事故的风险因素非常多,如果不能及时发现并且排除这些风险因素,将很容易导致安全事故发生。

(2)与制造企业的生产方式和生产规律不同,建设项目的施工具有单件性的特点。单件性是指没有两个完全相同的建设项目,不同的建设项目所面临的事故风险的多少和种类都是不同的,同一个建设项目在不同的建设阶段所面临的风险也不同。

建筑业从业人员在完成每一件建筑产品(房屋、桥梁、隧道等设施)的过程中,所面对的几乎是全新的物理工作环境。在完成一个建筑产品之后,他们会转移到新的地区参与下一个建设项目的施工。

(3)建设项目施工还具有离散性的特点。离散性是指建筑业的主要制造者——现场施工工人,在从事生产的过程中,分散于施工现场的各个部位,尽管有各种规章和计划,但他们面对具体的生产问题时,仍旧不得不依靠自己的经验进行判断和决定。因此,尽管部分施工人员已经积累了许多工作经验,但还是必须不断适应一直在变化的人-机-环系统,并且对自己的施工行为做出决定,从而增加了建筑业生产过程中由于工作人员采取不安全行为或者工作环境的不安全因素导致事故的风险。

(4)建筑施工大多在露天的环境中进行,所进行的活动必然受到施工现场的地理条件、气候和气象条件的影响。在现场气温极高或者极低的条件下,在现场照明不足的条件下(如夜间施工),在下雨或者刮大风等条件下施工时,工人容易因疲劳、注意力不集中而造成事故。

(5)建设工程往往有多方参与,管理层次比较多,管理关系复杂。仅现场施工就涉及业主、总承包商、分包商、供应商、监理工程师等各方。要使安全管理做到协调管理、统一指挥,需要先进的管理方法和能力,而目前很多项目的管理仍未能做到这一点。虽然分包合同条款中对各方的安全责任做了明确规定,但安全责任主要由总承包商承担。

(6)目前建筑业仍属于劳动密集型产业,技术含量偏低,建筑工人的文化素质较差。尤其是在发展中国家和地区,大量没有经过全面职业培训和严格安全教育的劳动力涌向建设项目成为施工人员。一旦管理措施不当,这些工人往往成为建筑安全事故的肇事者和受害者,不仅为自己和他人的家庭带来巨大的痛苦和损失,还给建设项目本身和全社会造成许多不利的影响。

4. 建筑施工安全特点

(1)施工作业场所的固化使安全生产环境受到局限。建筑产品坐落在一个固定的位置上,产品一经完成,就不可能再进行搬移,这就导致必须在有限的场地和空间上集中大量的人力、物资和机具进行交叉作业,因而容易产生物体打击等伤亡事故。

(2)较长的施工周期和露天的作业使劳动者的作业条件十分恶劣。由于建筑产品的体积特别庞大,施工周期长,从基础、主体、屋面到室外装修等整个工程的70%均需在露天进行作业,劳动者要忍受一年中风雨交加、酷暑严寒的气候变化,环境恶劣,工作条件差,容易导致伤亡事故的发生。

(3)施工场地狭窄,建筑施工多为多工种立体作业,人员多,工种复杂。施工人员多为季节工、临时工等,没有受过专业培训,技术水平低,安全观念淡薄,施工中由于违反操作规程而引发的安全事故较多。

(4)施工生产的流动性要求安全管理举措必须及时、到位。当一建筑产品完成后,施工队伍就必须转移到新的工作地点去,即要从刚熟悉的生产环境转入另一陌生的环境重新开始工作,脚手架等设备设施、施工机械又都要重新搭设和安装,这些流动因素时常孕育着不安全性,是施工项目安全管理的难点和重点。

(5)生产工艺的复杂多变,要求有配套和完善的安全技术措施予以保证,且建筑安全技术涉及面广,包括高危作业、电气、起重、运输、机械加工和防火、防爆、防尘、防毒等多工种、多专业,组织安全技术培训难度较大。

5. 建筑施工生产安全事故情况

1)近十年房屋和市政工程领域总体事故

伴随建筑业的蓬勃发展,建筑施工安全生产问题日益严重。由于受行业特点、工人素质、管理水平、文化观念、社会发展水平等因素的影响,建筑施工伤亡事故频发,令很多工人失去生命。面对严峻的建筑施工安全生产形势,党和政府高度重视,在各级政府主管部门和广大建筑施工企业的不断努力下,安全生产形势总体趋于好转。图1-1是我国2009—2019年房屋和市政工程领域总体事故统计。可以看出,从2009年至2015年我国建筑施工事故总量呈逐年下降的趋势,其中,从2009年的较高纪录(事故起数684起、死亡人数802人)下降到2015年的最低纪录(事故起数442起,死亡人数554人);但从图1-1中也可以明显发现,2012 年以后事故下降趋势趋于平缓,事故下降区间变小且略有反弹,尤其是 2016—2019 年事故起数和死亡人数连续增长,保持了多年的事故呈连续下降的态势被打破。

图 1-1　2009—2019 年房屋和市政工程领域总体事故统计图

2) 近十年房屋和市政工程较大以上(含较大)事故

预防和控制建筑施工事故,尤其是群死群伤事故,一直是建筑施工安全生产工作的重点和难点。图 1-2 是我国 2009—2019 年房屋和市政工程较大以上(含较大)事故统计图。可以看出,除 2010 年出现较大反弹之外(由 91 人增至 125 人),总体来看,11 年间我国建筑施工较大以上事故总体下降并趋于稳定,但必须看到,其间造成人员重大伤亡和社会重大影响的重大、特大事故仍时有发生。虽然较大以上事故总量得到控制,但重大事故仍然时有发生,而且每起较大以上事故死亡人数不断增加,这一方面说明建筑施工安全生产工作的复杂性、偶然性和艰巨性,另一方面反映出目前的建筑施工系统所蕴含的能量越来越高,一旦发生事故,其规模、危害程度和经济损失更大、更严重。

图 1-2　2009—2019 年房屋和市政工程领域较大以上(含较大)事故统计图

3) 2019 年房屋和市政工程生产安全事故类型情况

2019 年,全国房屋和市政工程生产安全事故按照类型划分,高处坠落事故 415 起,占总数的 53.69%;物体打击事故 123 起,占总数的 15.91%;土方、基坑坍塌事故 69 起,占总数的 8.93%;起重机械伤害事故 42 起,占总数的 5.43%;施工机具伤害事故 23 起,占总数的 2.98%;触电事故 20 起,占总数的 2.59%;其他类型事故 81 起,占总数的 10.47%,见图 1-3。

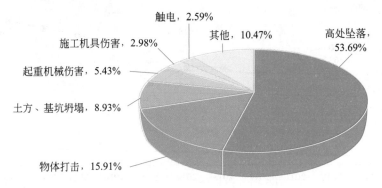

图 1-3　2019 年全国房屋和市政工程生产安全事故类型情况

4) 2019 年全国房屋和市政工程生产安全较大及以上事故类型情况

全国房屋和市政工程生产安全较大及以上事故按照类型划分,土方、基坑坍塌事故 9 起,占事故总数的 39.13%;起重机械伤害事故 7 起,占总数的 30.43%;建筑改建、维修、拆除坍塌事故 3 起,占总数的 13.04%;模板支撑坍塌、脚手架坠落、高处坠落以及其他类型事故各 1 起,各占总数的 4.35%,见图 1-4。

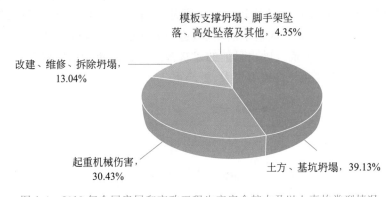

图 1-4　2019 年全国房屋和市政工程生产安全较大及以上事故类型情况

因此,提高建筑施工安全管理水平,严格遵守建筑施工安全技术要求,是保障所有劳动者的安全与健康的必然要求,是保持社会安定团结和经济可持续发展的重要条件。

1.1.2　安全生产

1. 安全

"安全"原意为没有危险、不受威胁、不出事故。从这个意义上讲,它所表征的是一种环境状态或一定的物质形态。建设工程中所讲的安全还包含一种能力的含义,即包括对健康、生命、卫生、财产、资源和环境等维护和控制的能力。总之,安全是指不发生财产损失、人身伤害和对健康及环境造成危害的一种形态,安全的实质是防止事故发生,消除导致人身伤害、各种财产损失、职业和环境危害发生的条件。

2. 安全生产

安全生产有狭义和广义之分。狭义的安全生产是指消除或控制生产过程中的危险和有害因素,保障人身安全健康,设备完好无损,避免财产损失,并使生产顺利进行的生产活动。而广义的安全生产是指除对直接生产过程中的危险因素进行控制外,还包括对职业健康、劳动保护和环境保护等方面的控制。

一般意义上讲,"安全生产"是指在社会生产活动中,通过人、物、机、环境的和谐运作,使生产过程中各种潜在的伤害因素和事故风险始终处于有效的控制状态,切实保护劳动者的生命安全和身体健康,以及避免财产损失和环境危害的一项活动。《中国大百科全书》对"安全生产"的定义如下:"旨在保护劳动者在生产过程中安全的一项方针,也是企业管理必须遵循的一项原则,要求最大限度地减少劳动者的工伤和职业病,保障劳动者在生产过程中的生命安全和身体健康"。由此,安全生产工作就是为了达到安全生产目标而进行的系统性管理活动,它由源头管理、过程控制、应急救援、安全教育和事故查处五个组成部分构成,既包括生产主体(建筑施工企业)对事故风险和伤害因素所进行的识别、评价和控制,也包括政府相关部门的监督管理、事故处理以及安全生产法制建设、科学研究、宣教培训、工伤保险等方面的活动。

1.2　伤亡事故的定义和分类

1.2.1　按事故的特点及性质分类

从建筑活动的特点及事故的特点和性质来看,建筑安全事故可以分为四类,即生产事故、质量事故、技术事故和环境事故。

1. 生产事故

生产事故主要是指在建筑产品的生产、维修、拆除过程中,操作人员违反有关施工操作规程等而直接导致的安全事故。这种事故一般都是在施工作业过程中出现的,事故发生得比较频繁是建筑安全事故的主要类型之一。目前我国对建筑安全生产的管理主要是针对生产事故。

2. 质量事故

质量事故主要是指由于设计不符合规范或施工达不到要求等而导致建筑结构实体或使用功能存在瑕疵,进而引起安全事故的发生。在设计不符合规范标准方面,主要是一些没有相应资质的单位或个人私自出图,以及设计本身存在安全隐患。在施工达不到设计要求方面,一是施工过程违反有关操作规程留下的隐患;二是有关施工主体偷工减料的行为导致的安全隐患。质量事故可能发生在施工作业过程中,也可能发生在建筑实体的使用过程中,特别是在建筑实体的使用过程中,质量事故带来的危害是极其严重的,如果在外加灾害(如地震、火灾)发生的情况下,其危害后果不堪设想。质量事故也是建筑安全事故的主要类型之一。

3. 技术事故

技术事故主要是指由于工程技术问题而导致的安全事故,技术事故的结果通常是毁灭性的。技术是安全的保证,曾被确信无疑的技术可能会在突然之间出现问题,起初微不足道的瑕疵可能导致灾难性的后果,很多时候正是一些不经意的技术失误导致了严重的事故。在工程技术领域,人类历史上曾发生过多次技术灾难,包括人类和平利用核能过程中的俄罗斯切尔诺贝利核事故、美国宇航史上最严重的一次事故"挑战者"号爆炸事故等。在工程建设领域,这方面惨痛失败的教训同样也是深刻的,如1981年7月17日美国密苏里州发生的海厄特摄政通道垮塌事故。技术事故既可能发生在施工生产阶段,也可能发生在使用阶段。

4. 环境事故

环境事故主要是指建筑实体在施工或使用的过程中,由于使用环境或周边环境原因而导致的安全事故。使用环境原因主要是对建筑实体的使用不当,比如荷载超标、静荷载设计而动荷载使用以及使用高污染建筑材料或放射性材料等。使用高污染建筑材料或放射性材料的建筑物,一是会给施工人员造成职业病危害,二是会对使用者的身体带来伤害。周边环境原因主要是一些自然灾害方面的,比如山体滑坡等。在一些地质灾害频发的地区,应该特别注意环境事故的发生。环境事故的发生,我们往往归咎于自然灾害,其实是缺乏对环境事故的预判和防治能力。

1.2.2 按事故原因分类

按事故原因,安全事故可以分为以下类别:物体打击、车辆伤害、机械伤害、起重伤害、触电、灼烫、火灾、高处坠落、坍塌、透水、爆炸、中毒、窒息及其他伤害。建筑业最常发生的"六大伤害"事故是指高处坠落、物体打击、坍塌事故、触电伤害、机械伤害和起重伤害。从历年统计资料分析可知,高处坠落事故堪称事故之首,一般占当年事故总数的40%～50%。

1.2.3 按事故严重程度分类

根据生产安全事故(以下简称事故)造成的人员伤亡或者直接经济损失,事故一般分为以下等级。

1. 特别重大事故

特别重大事故,是指造成30人以上死亡,或者100人以上重伤(包括急性工业中毒,下同),或者1亿元以上直接经济损失的事故。

2. 重大事故

重大事故,是指造成10人以上30人以下死亡,或者50人以上100人以下重伤,或者5000万元以上1亿元以下直接经济损失的事故。

3. 较大事故

较大事故,是指造成3人以上10人以下死亡,或者10人以上50人以下重伤,或者1000万元以上 5000 万元以下直接经济损失的事故。

4. 一般事故

一般事故,是指造成 3 人以下死亡,或者 10 人以下重伤,或者 1000 万元以下直接经济损失的事故。

国务院安全生产监督管理部门可以会同国务院有关部门,制定事故等级划分的补充性规定。以上所提到的按事故严重程度分类的界限值所称的"以上"包括本数,所称的"以下"不包括本数。

第2章 土石方及基坑工程安全技术

2.1 岩土的分类和性能

2.1.1 岩土的工程分类

根据《土的工程分类标准》(GB/T 50145—2007)的规定,土按其不同粒组的相对含量,可划分为巨粒土、粗粒土和细粒土三类。

1. 巨粒土和含有巨粒的土

巨粒土:巨粒组质量大于总质量的 75% 的土称为巨粒土;巨粒组质量为总质量的 50%~75% 的土称为混合巨粒土;巨粒组质量为总质量的 15%~50% 的土称为巨粒混合土。

2. 粗粒土

粗粒土:粗粒组质量大于总质量的 50% 的土称为粗粒土。粗粒土包括砾类土和砂类土。砾粒组质量大于总质量的 50% 的粗粒土称为砾类土;砾粒组质量小于或等于总质量的 50% 的粗粒土称为砂类土。

3. 细粒土

细粒土:细粒组质量大于或等于总质量的 50% 且粗粒组质量小于总质量的 25% 的土称为细粒土。粗粒组质量为总质量的 25%~50% 的土称为含粗粒的细粒土。

根据《岩土工程勘察规范》(GB 50021—2001)(2009 年版)的规定,岩石按坚硬程度分为坚硬岩、较硬岩、较软岩、软岩和极软岩。

根据地质成因,土可划分为残积土、坡积土、洪积土、冲击土、淤积土、冰积土和风积土等。根据工程特性,土可分为湿陷性土、红黏土、软土(包括淤泥和淤泥质土)、冻土、膨胀土、盐泽土、混合土、填土和污染土。

土按颗粒级配和塑性指数可分为碎石土、砂土、粉土和黏性土。

碎石土:粒径大于 2mm 的颗粒质量大于总质量的 50% 的土。碎石土又分为漂石、块石、卵石、碎石、圆砾和角砾。

砂土:粒径大于 2mm 的颗粒质量大于总质量的 50%,粒径大于 0.075mm 的颗粒质量大于总质量的 50% 的土。砂土又分为砾砂、粗砂、中砂、细砂和粉砂。

粉土:粒径大于 0.075mm 的颗粒质量小于总质量的 50%,且塑性指数不大于 10 的土。

黏性土:塑性指数大于 10 的土。黏性土又分为粉质黏土和黏土。

根据《建筑地基基础设计规范》(GB 50007—2011)的分类方法,作为建筑地基的岩土,可分为岩石、碎石土、砂土、粉土、黏性土和人工填土。

在土石方工程中,根据土的开挖难易程度,将土分为松软土、普通土、坚土、砂砾坚土、软石、次坚石、坚石和特坚石,前四类为一般土,后四类为岩石,土的工程分类与现场鉴别方法见表 2-1。

表 2-1　土的工程分类与现场鉴别方法

土的分类	土 的 名 称	开挖方式及工具
一类土 (松软土)	砂土、粉土、冲积砂土层、疏松的种植土、淤泥(泥炭)	能用锹、锄头挖掘,少许用脚蹬
二类土 (普通土)	粉质黏土;潮湿的黄土;夹有碎石、卵石的砂;粉土混卵(碎)石;种植土、填土	用锹、锄头挖掘,少许用镐翻松
三类土 (坚土)	软及中等密实黏土;重粉质黏土、砾石土;干黄土、含有碎石、卵石的黄土、粉质黏土;压实的填土	主要用镐,少许用锹、锄头挖掘,部分用撬棍
四类土 (砂砾坚土)	坚硬密实的黏性土或黄土;含碎石、卵石的中等密实的黏性土或黄土;粗卵石;天然级配砂石;软泥灰岩	整个先用镐、撬棍,后用锹挖掘,部分使用楔子及大锤
五类土 (软石)	硬质黏土;中密的页岩、泥灰岩、白垩土;胶结不紧的砾岩;软石灰及贝壳石灰石	用镐或撬棍、大锤挖掘,部分使用爆破方法
六类土 (次坚石)	泥岩、砂岩、砾岩;坚实的页岩、泥灰岩,密实的石灰岩;风化花岗岩、片麻岩及正长岩	用爆破方法开挖,部分用风镐
七类土 (坚石)	大理石、辉绿岩、玢岩;粗、中粒花岗岩;坚实的白云石、砂岩、砾岩、片麻岩、石灰岩;微风化安山岩、玄武岩	爆破方法开挖
八类土 (特坚石)	安山岩;玄武岩;花岗片麻岩;坚实的细粒花岗岩、闪长岩、石英岩、辉长岩、辉绿岩、玢岩、角闪岩	爆破方法开挖

2.1.2　岩土的工程性能

岩土的工程性能主要是指内摩擦角、土抗剪强度、黏聚力、土的天然含水量、土的天然密度、土的干密度、土的密实度、土的可松性等物理力学性能,各种性能应按标准试验方法经过试验确定。

1. 内摩擦角

内摩擦角是土体中颗粒间的相互移动和胶合作用形成的摩擦特性。其数值为强度包线与水平线的夹角。内摩擦角是土的抗剪强度指标,是工程设计的重要参数。土的内摩擦角反映了土的摩擦特性。内摩擦角在力学上可以理解为块体在斜面上的临界自稳角,在这个角度内,块体是稳定的;大于这个角度,块体就会产生滑动。利用这个原理,可以分析边坡的稳定性。

2. 土抗剪强度

土抗剪强度是指土体抵抗剪切破坏的极限强度,包括内摩擦力和内聚力。抗剪强度可通过剪切试验测定。当土中某点由外力所产生的剪应力达到土的抗剪强度,发生了土体的一部分相对于另一部分的移动时,便认为该点发生了剪切破坏。工程实践和室内试验都验证了土受剪产生的破坏。剪切破坏是强度破坏的重要特点,所以强度问题是土力学中最重要的基本内容之一。

3. 黏聚力

黏聚力是在同种物质内部相邻各部分之间的相互吸引力,这种相互吸引力是同种物质分子之间存在分子力的表现。只有在各分子十分接近时(小于 10^{-6} cm)才显示出来。黏聚力能使物质聚集成液体或固体,特别是在与固体接触的液体附着层中,由于黏聚力与附着力相对大小的不同,致使液体浸润固体或不浸润固体。

4. 土的天然含水量

土的天然含水量是指土中所含水的质量与土的固体颗粒质量之比的百分率。土的天然含水量对挖土的难易、土方边坡的稳定以及填土的压实等均有影响。

5. 土的天然密度

土的天然密度是指土在天然状态下单位体积的质量。土的天然密度随着土的颗粒组成、孔隙的多少和水分含量而变化,不同的土密度不同。

6. 土的干密度

土的干密度是指单位体积内土的固体颗粒质量与总体积的比值。干密度越大,表明土越坚实。在填筑土方时,常以土的干密度控制其夯实标准。

7. 土的密实度

土的密实度是指土被固体颗粒所充实的程度,反映了土的紧密程度。

8. 土的可松性

土的可松性是指天然土经开挖后,其体积因松散而增加,虽经振动夯实,仍不能完全恢复到原来的体积,这种性质称为土的可松性。它是挖填土方时,计算土方机械生产率、回填土方量和运输机具数量,进行场地平整规划竖向设计以及土方平衡调配的重要参数。

2.2　土石方开挖工程安全技术

2.2.1　基本规定

土石方工程开挖施工前,必须具备完备的地质勘察资料及工程附近管线、建筑物、构筑物和其他公共设施的构造情况,必要时,应进行施工勘察和调查,以确保工程质量及邻近建筑的安全。

土石方工程应编制安全专项施工方案,并应严格按照方案实施。超过一定规模的危险性较大的土石方开挖工程,必须按《危险性较大的分部分项工程安全管理规定》(住建部令〔2018〕37 号)执行。

施工现场发现危及人身安全和公共安全的隐患时,必须立即停止作业,排除隐患后方可恢复施工。

2.2.2 土石方开挖作业要求

1. 开挖准备

（1）施工单位应根据环境条件、地质条件、设计文件等基础性资料和相关工程建设标准，结合自身施工经验，针对各级风险工程编制安全专项施工方案。深基坑工程的安全专项施工方案，应经施工单位技术负责人签认后，报监理单位。

（2）监理单位应组织对安全专项施工方案的审查。对于深基坑工程，应填报施工方案安全性评估表和施工组织合理性评估表。

（3）深基坑的安全专项施工方案应包括以下内容：

① 工程概况；

② 工程地质与水文地质条件；

③ 风险因素分析；

④ 工程危险控制重点与难点；

⑤ 施工方法和主要施工工艺；

⑥ 基坑与周边环境安全保护要求；

⑦ 监测实施要求；

⑧ 变形控制指标与报警值；

⑨ 施工安全技术措施；

⑩ 应急方案；

⑪ 组织管理措施。

（4）在深基坑土方开挖前，要进行施工现场勘察和环境调查，进一步了解施工现场基坑影响范围内的地下管线和建筑物地基基础情况，必要时，应制订预先加固方案；要对支护结构、地下水位及周围环境进行必要的监测和保护。

（5）开挖石方时，应根据岩石的类别、风化程度和节理发育程度确定开挖方式。对软地质岩石和强风化岩石，可以采用机械开挖或人工开挖；对于坚硬岩石，宜采取爆破开挖；对于开挖区周边有防震要求的重要结构或设施的地区，宜采用机械和人工开挖或控制爆破。

2. 土石方开挖

1）开挖方式

（1）斜坡挖土方注意事项

在斜坡开挖土方的施工中，要解决的问题是确保斜坡稳定，防止斜坡塌方。斜坡开挖土方，必须根据土的类别、开挖深度、边坡留置时间、坑边环境及地下水位等情况来确定边坡坡度系数，确保边坡的稳定，从而保证施工的安全，杜绝塌方事故的发生。

边坡挖土要求如下。

① 场地边坡开挖应采取沿等高线自上而下，分层、分段依次进行，在边坡上采取多台阶同时进行机械开挖时，上台阶应比下台阶开挖进深不少于 30m，以防塌方。

② 边坡台阶开挖，应做成一定坡势，以利于泄水。边坡下部设有护脚及排水沟时，应尽快处理台阶的反向排水坡，进行护脚矮墙和排水沟的砌筑和疏通，以保证坡脚不被冲刷和在影响边坡稳定的范围内无积水，否则应采取临时性排水措施。

③ 对软土土坡或易风化的软质岩石边坡,在边坡开挖后,应对坡面、坡脚采取喷浆、抹面、嵌补、护砌等保护措施,并做好坡顶、坡脚排水,避免在影响边坡稳定的范围内积水。

(2) 滑坡地段挖土方注意事项

滑坡通常是由于地表水及地下水的作用或受地震、爆破、切坡、堆载等因素的影响,斜坡土石体在重力的作用下,失去其原有的稳定状态,沿着斜坡方向向下做长期而缓慢的整体移动。

产生滑坡的因素(或条件)十分复杂,归纳起来可分为内部条件和外部条件两个方面。不良的地质条件组成,如斜坡的岩土性质、结构构造和斜坡的外形,这些因素是决定滑坡发生与否及其类别的内部条件,而水的作用、地震和人为因素的影响则是产生滑坡的外部条件。人工开挖坡脚或大量雨水渗入坡体之所以能诱发滑坡,是因为斜坡内部存在产生滑坡的条件,是外因通过内因起作用的结果。

产生滑坡主要有以下原因。

① 斜坡土(岩)体本身存在倾向相近、层理发达、破碎严重的裂隙,或内部夹有易滑动的软弱带,比如软泥、黏土质岩层,受水浸后会滑动或塌落。

② 土层下存在倾斜度较大的岩层或软弱土夹层;或土层下的岩层虽近于水平,但距边坡过近,边坡倾斜度过大,在堆土或堆置材料、建筑物荷重和地表水作用下,增加了土体的负担,降低了土与土、土体与岩面之间的抗剪强度,从而引起滑坡或塌方。

③ 地表水及地下水的活动是导致滑坡的重要原因,据调查90%以上的滑坡与水的作用有关。因水渗入坡体后,会引起岩土的重度增加,抗剪强度降低,产生动水力和静水压力。此外,地下水还能溶解岩土中的易溶物质,使斜坡土、石体的成分和结构发生变化。河流等地表水会不断地冲刷和切割坡脚,对坡脚产生冲蚀掏空作用,这些因素都会导致斜坡稳定性的恶化。因此,许多滑坡常发生在雨季,或由于地表用水下渗、排水管道漏水或农田灌溉系统渗水而引起滑坡。

④ 开垦挖方,不合理地切割坡脚;或坡脚被地表、地下水掏空;或斜坡地段下部被冲沟所切,地表水、地下水浸入坡体;或由于开坡放炮、坡脚松动等原因,使坡体坡度加大,破坏了土(岩)体的内力平衡,使上部土(岩)体失去稳定而滑动。

⑤ 在坡体上不适当地堆土或填土,设置建筑物;或土工构筑物(如路堤、土坝)设置在尚未稳定的古(老)滑坡上,或设置在易滑动的坡积土层上、填方或建筑物增荷后,重心改变,在外力(堆载振动、地震等)和地表水、地下水双重作用下,坡体失去平衡或触发古(老)滑坡复活而产生滑坡。一般认为,地震烈度在五度以上就容易诱发滑坡。

针对以上原因,对建设区内因施工或其他原因影响而有可能形成滑坡的地区,应采取相应的措施予以防止,并应及早整治。

滑坡地段挖土方的要求如下。

① 加强工程地质勘查,对拟建场地(包括边坡)的稳定性进行认真分析和评价;工程和线路一定要选在边坡稳定的地段,对具备滑坡形成条件或存在有古(老)滑坡的地段,一般不应选作建筑场地,或采取必要的措施加以预防。

② 做好泄洪系统,在滑坡范围外设置多道环形截水沟,以拦截附近的地表水,在滑坡区域内,修设或疏通原排水系统,疏导地表水及地下水,阻止其渗入滑坡体内。主排水沟宜与滑坡滑动方向一致,支排水沟与滑坡方向呈30°~45°斜交,防止冲刷坡脚。

③ 处理好滑坡区域附近的生活及生产用水,防止其浸入滑坡地段。

④ 地下水活动有可能形成山坡浅层滑坡时,可设置支撑盲沟或渗水沟,以排出地下水。盲沟应布置在平行于滑坡滑动方向有地下水露头处,并做好植被工程。

⑤ 保持边坡有足够的坡度,避免随意切割坡脚。土体尽量削成较平缓的坡度,或做成台阶形,使中间有 1~2 个平台,以增加边坡的稳定性;土质不同时,视情况削成 2~3 种坡度。在坡脚处有弃土条件时,将土石方填至坡脚,使其起反压作用,筑挡土堆或修筑台地,避免在滑坡地段切去坡脚或深挖方。如整平场地必须切割坡脚,且不设挡土墙时,应按切割深度,将坡脚随原自然坡度由上而下削坡,逐渐挖至要求的坡脚深度。

⑥ 尽量避免在坡脚处取土,在坡肩上设置弃土或建筑物。在斜坡地段挖方时,应遵守由上而下分层的开挖程序。在斜坡上填方时,应遵守由下往上分层填压的施工程序,避免在斜坡上集中弃土,同时避免对滑坡体的各种振动作用。

⑦ 对可能出现的浅层滑坡,如滑坡土方量不大时,最好将滑坡体全部挖除;如土方量较大,不能全部挖除,且表层破碎含有滑坡夹层时,可对滑坡体采取深翻、推压、打乱滑坡夹层、表面压实等措施,以减少滑坡因素。

⑧ 对于滑坡体的主滑地段,可采取挖方卸荷、拆除已有建筑物等减重辅助措施。对抗滑地段,可采取堆放加重等辅助措施。

⑨ 当滑坡面土质松散或具有大量裂缝时,应进行填平、夯填,防止地表水下渗;可在滑坡面植树、种草皮、浆砌片石等,以保护坡面。

⑩ 当已滑坡工程稳定后,应采取设置混凝土锚固排桩、挡土墙、抗滑明洞、抗滑锚杆或混凝土墩与挡土墙相结合的方法加固坡脚,并在下段做截水沟或排水沟,陡坝部分采取去土减重,保持适当坡度。

(3) 基坑(槽)和管沟挖土方注意事项

目前高层建筑、多层框架建筑有地下室的,多采用大开挖施工;多层条基的房屋建筑或无地下室的,多采用基槽开挖。

基坑(槽)和管沟开挖,应重视时空效应问题,要根据基坑面积大小、基坑支护形式、开挖深度和工程环境条件等因素决定基坑(槽)和管沟开挖工艺,要求如下。

① 基坑(槽)和管沟挖土方开挖,应先进行测量定位,抄平放线,定出开挖长度,按放线分块(段)分层挖土。根据土质和水文情况,采取在四侧或两侧直立开挖或放坡,以保证施工操作安全。

当土质为天然湿度、构造均匀、水文地质条件良好(即不会发生坍滑、移动、松散或不均匀下沉)且无地下水时,开挖基坑也可不必放坡,采取直立开挖不加支护,但挖方深度不得超过规范规定。

② 当开挖基坑(槽)的土体含水量大而又不稳定,或基坑较深,或受到周围场地限制而需用较陡的边坡或直立开挖而土质较差时,应采用临时性支撑加固,基坑、槽每边的宽度应比基础宽 15~20cm,以便于设置支撑加固结构。挖土时,土壁要求平直,挖好一层支一层支撑,挡土板要紧贴土面,并用小木桩或横撑木顶住挡板。开挖宽度较大的基坑,当在局部地段无法放坡,或下部土方受到基坑尺寸限制不能放较大坡度时,应在下部坡脚采取加固措施,如采用短桩与横隔板支撑,或砌砖、毛石,或用编织袋。草袋装土堆砌临时矮挡土墙,以保护坡脚。相邻基坑开挖时,应遵循先深后浅或同时进行的施工程序。挖土应自上而下水

平分段分层进行,每层0.3m左右,边挖边检查坑底宽度及坡度,及时修整,每3m左右修一次坡,直至设计标高,再统一进行一次修坡清底,检查坑底宽和标高,要求坑底凹凸不超过2cm。在已有建筑物侧挖基坑(槽)时,应间隔分段进行,每段不超过2m,相邻段开挖应等挖好的槽段基础完成并填夯实后进行。

③ 一般情况下,基坑开挖程序如下:测量放线→切线分层开挖→排降水→修坡→整平→留足预留土层等。相邻基坑开挖时,应遵循先深后浅或同时进行的施工程序。挖土分层要求及修坡要求同上。

④ 开挖基坑时,应尽量防止对地基土的扰动。当用人工挖土,基坑挖好后不能立即进行下道工序时,应预留15~30cm的一层土不挖,待下道工序开始再挖至设计标高。采用机械开挖基坑时,为避免破坏基底土,应在基底标高以上预留一层土由人工挖掘修整。使用铲运机、推土机时,保留土层厚度为15~20cm;使用正铲、反铲或拉铲挖土时,为20~30cm。

⑤ 在地下水位以下挖土,应在基坑(槽)四侧或两侧挖好临时排水沟和集水井,或采用井点降水,将水位降低至坑、槽底以下500mm,以利于挖方进行。降水工作应持续到基础(包括地下水位下回填土)施工完成。

⑥ 雨期施工时,基坑槽应分段开挖,挖好一段浇筑一段垫层,并在基槽两侧围以土堤或挖排水沟,以防地面雨水流入基坑槽,同时应经常检查边坡和支撑情况,以防止坑壁受水浸泡而造成塌方。

⑦ 基坑开挖时,应对平面控制桩、水准点、基坑平面位置、水平标高、边坡坡度等经常复测检查。

⑧ 基坑挖完后,应进行验槽,做好记录,如发现地基土质与地质勘探报告、设计要求不符时,应与有关人员研究,并及时处理。

(4) 深基坑土方开挖注意事项

深基坑挖土是基坑工程的重要部分,直接影响工程质量进度。基坑的土方开挖工艺,主要分为放坡挖土、中心岛(墩)式挖土、盆式挖土和逆作法挖土。前者无支护结构,后三者皆有支护结构。采取哪种形式开挖,主要根据基坑的深浅、围护结构的形式、地基土岩性、地下水位及渗水量、开挖设备及场地大小、周围环境等情况决定。

① 放坡挖土是最经济的挖土方案。当基坑开挖深度不大(软土地区挖深不超过4m,地下水位低且土质较好地区挖深亦可较大),周围环境允许,经验算能确保土坡的稳定性时,均可采用放坡开挖。

开挖深度较大的基坑,当采用放坡挖土时,宜设置多级平台分层开挖,每级平台的宽度不宜小于1.5m。

放坡开挖要验算边坡的稳定性,可采用圆弧滑动简单条分法进行验算。对于正常固结土,可用总应力法确定土体的抗剪强度,采用固结快剪峰值指标。至于安全系数,可根据土层性质和基坑大小等条件确定。采用简单条分法验算边坡稳定性时,对土层性质变化较大的土坡,应分别采用各土层的重度和抗剪强度验算,当含有可能出现流砂的土层时,宜采用井点降水等措施。

放坡开挖时,如有地下水,应采取有效措施降低坑内水位和排除地表水,严防地表水或坑内排出的水倒流回并渗入基坑。

对于土质较差且施工工期较长的基坑,边坡宜采用钢丝网水泥喷浆或用高分子聚合材料覆盖等措施进行护坡。

坑顶不宜堆土或存在堆载(材料或设备),遇有不可避免的附加荷载时,在进行边坡稳定性验算时,应计入附加荷载的影响。

在地下水位较高的软土地区,应在降水达到要求后再开挖土方,宜采用分层开挖的方式进行开挖,分层挖土厚度不宜超过2.5m。挖土时,要注意保护工程桩,防止发生碰撞,或因挖土过快、高差过大而使工桩受侧压力而倾斜。

当基坑采用机械挖土时,坑底应保留200~300mm厚基底土,用人工清理整平,防止坑底土扰动。待挖至设计标高后,应清除浮土,经验槽合格后,再及时进行垫层施工。

② 中心岛(墩)式挖土适用于大型基坑,支护结构的支撑形式为角撑、环梁式或边桁(框)架式,中间具有较大空间,此时可利用中间的土墩作为支点搭设栈桥。挖土机可利用栈桥下到基坑挖土,运土的汽车亦可利用栈桥进入基坑运土,这样可以加快挖土和运土的速度。中心岛(墩)式挖土,中间土墩的留土高度、边坡的坡度及挖土层次和高差都要经过仔细研究之后才能确定。由于在雨季遇有大雨时,土墩边坡易滑坡,必要时需加固边坡。

挖土亦分层开挖,多数是先全面挖去第一层,然后中间部分留置土墩,周围部分分层开挖。多用反铲挖土机开挖,如基坑深度大,则用向上逐级传递的方式进行装车外运。

整个的土方开挖顺序必须与支护结构的设计工况严格一致。要遵循开槽支撑、先撑后挖、分层开挖、严禁超挖的原则。

挖土时,除支护结构设计允许外,挖土机和运土车辆不得直接在支撑上行走和操作。

为减少时间效应的影响,挖土时应尽量缩短围护墙无支撑的暴露时间。一般来说,对于一级、二级基坑,每一工况挖至规定标高后,钢支撑的安装周期不宜超过一昼夜,混凝土支撑的完成时间不宜超过两昼夜。

对于面积较大的基坑,为减少空间效应的影响,基坑土方宜分层、分块、对称、限时进行开挖,土方开挖顺序要为尽可能早地安装支撑创造条件。

土方挖至设计标高后,对有钻孔灌筑桩的工程,宜边破桩头边浇筑垫层,尽可能早一些浇筑垫层(必要时可加厚作配筋垫层)对围护墙的支撑作用减少围护墙的变形。

挖土机挖土时,严禁碰撞工程桩、支撑、立柱和降水的井点管。分层挖土时,层高不宜过大,以免因土方侧压力过大而使工程桩变形倾斜,这在软土地区尤为重要。

当同一基坑内深浅不同时,宜先从浅基坑处开挖土方,如条件允许,可待浇筑浅基坑处底板后,再挖基坑较深处的土方。

当两个深浅不同的基坑同时挖土时,宜先从较深基坑开挖土方,待浇筑较深基坑底板后,再挖较浅基坑的土方。如基坑底部有局部加深的电梯井、水池等,如深度较大,宜先对其边坡进行加固处理,再进行开挖。

③ 盆式挖土是先开挖基坑中间部分的土,周围四边留土坡,最后挖除土坡。这种挖土方式的优点是周围的土坡对围护墙有支撑作用,有利于减少围护墙的变形。其缺点是不能直接外运大量的土方,需收集提升后装车外运。

盆式挖土周边留置的土坡其宽度、高度和坡度大小均应通过稳定性验算确定。如留得过小,对围护墙的支撑作用不明显,会失去盆式挖土的意义。如坡度太陡,则边坡不稳定,在挖土过程中可能失稳滑动,不但失去对围护墙的支撑作用,影响施工,而且有损于工程桩的质量。

盆式挖土需设法提高土方上运的速度,这对加速基坑开挖起很大作用。

④ 逆作拱墙的施工工艺和一般施工工序相反,一般基础施工先挖至设计深度,自下向上施工到正负零标高,然后继续施工上部主体。逆作法是先施工地下一层(离地面最近的一层),在打完第一层楼板时,进行养护,在养护期间可以向上部施工主体,当第一层楼板达到强度时,可继续施工地下二层(同时向上方施工),此时的地下主体结构梁板体系就作为挡土结构的支撑体系,地下室外的墙体又是基坑的护壁。梁板施工完毕,再挖土方,施工柱子。第一层楼板以下部分由于楼板封闭,只能采用人工挖土,可利用电梯间作为垂直运输通道。逆作法不但节省工料,上下同时施工可缩短工期,还由于利用工程梁板结构做内支撑,可以避免由于装拆临时支撑造成的土体变形。

当基坑平面形状适合时,可采用拱墙作为围护墙。拱墙有圆形闭合拱墙、椭圆形闭合拱墙和组合拱墙。对于组合拱墙,可将局部拱墙视为两铰拱。适用条件如下:基坑侧壁安全等级宜为二、三级;淤泥和淤泥质土场地不宜采用组合拱墙;拱墙轴线的矢跨比不宜小于1/8;基坑深度不宜大于12m;地下水位高于基坑底面时,应采取降水或截水措施。

2) 施工安全作业要求

(1) 土石方开挖顺序、方法应与设计工况一致,必须严格遵循先设计后施工的原则,按照分层、分段、分块、对称、均衡、限时的方法,确定开挖顺序。

(2) 开挖土石方时,应防止碰撞支护结构。基坑开挖前,支护结构、基坑土体加固、降水等应达到设计和施工要求。当基坑开挖面上方的锚杆、土钉、支撑未达到设计要求时,严禁向下超挖土方。

(3) 基坑边界周围地面应设排水沟,对坡顶、坡面、坡脚采取降排水措施,防止地面水流入或渗入坑内,以免发生边坡塌方。

(4) 挖土机械、运输车辆等直接进入基坑进行施工作业时,应采取保证坡道稳定的措施,坡道坡度不宜大于1:8,坡道的宽度应满足车辆行驶的安全要求。

(5) 基坑周边、放坡平台的施工荷载应按照设计要求进行控制;基坑开挖的土方不应在邻近建筑及基坑周边影响范围内堆放,并应及时外运。除基坑支护设计要求允许外,基坑边1m范围内不得堆土、堆料、放置机具。

(6) 基坑开挖时,两人操作间距应大于2.5m。多台机械开挖,挖土机间距应大于10m。在挖土机工作范围内,不允许进行其他作业。挖土应由上而下逐层进行,严禁先挖坡脚或逆坡挖土。

(7) 不得在危岩、孤石或贴近未加固的危险建筑物的下方开挖土石方。

(8) 在基坑开挖过程中,发现地质条件或环境条件与原地质报告、环境调查报告不相符合时,应停止施工,及时会同相关设计、勘察单位进行设计验算或设计修改后方可恢复施工。

(9) 在基坑开挖期间,支护结构达到设计强度要求前,严禁在设计预计的滑裂面范围内堆载;临时土石方的堆放应进行包括自身稳定性、邻近建筑物地基和基坑稳定性验算。

(10) 采用放坡开挖的基坑,应验算基坑边坡的稳定性,边坡坡度应根据土层性质、开挖深度确定,各级边坡坡度不宜大于1:1.5,淤泥质土层中不宜大于1:2;多级放坡开挖的基坑,坡间放坡平台宽度不宜小于3m。

(11) 在坡体整体稳定的情况下,如地质条件良好、土(岩)质较均匀,高度在3m以内的临时性挖方边坡坡度应符合表 2-2 的规定。

表 2-2　临时性挖方边坡坡度

土 的 类 别		边坡坡度
砂土	不包括细砂和粉砂	1∶1.5～1∶1.25
一般性黏土	坚硬	1∶1～1∶0.75
	硬塑	1∶1.25～1∶1
碎石类土	密实、中密	1∶1～1∶0.5
	稍密	1∶1.5～1∶1

（12）采用复合土钉支护的基坑开挖施工应符合下列要求。

① 隔水帷幕的强度和龄期应达到设计要求后方可进行土方开挖。

② 基坑开挖应与土钉施工分层交替进行，应缩短无支护暴露时间。

③ 面积较大的基坑可采用岛式开挖方式，先挖除距基坑边 8～10m 的土方，再挖除基坑中部的土方。

④ 应采用分层分段方法进行土方开挖，每层土方开挖的底标高应低于相应土钉位置，且距离不宜大于 200mm，每层分段长度不应大于 30m。

⑤ 应在土钉养护时间达到设计要求后开挖下一层土方。

（13）岛式土方开挖应符合下列要求：

① 边部土方的开挖范围应根据支撑布置形式、围护墙变形控制等因素确定；边部土方应分段开挖，减小围护墙无支撑或无垫层暴露时间。

② 中部岛状土体的高度不宜大于 6m。高度大于 4m 时，应采用二级放坡形式，坡间放坡平台宽度不应小于 4m，每级边坡坡度不宜大于 1∶1.5，总边坡坡度不应大于 1∶2。高度不大于 4m 时，可采取单级放坡形式，坡度不宜大于 1∶1.5。

③ 中部岛状土体的各级边坡和总边坡应验算边坡稳定性。

④ 中部岛状土体的开挖应均衡对称进行，高度大于 4m 时，应分层开挖。

（14）盆式土方开挖应符合下列要求。

① 中部土方的开挖范围应根据支撑形式、围护墙变形控制、坑边土体加固等因素确定；中部有支撑时，应先完成中部支撑，再开挖盆边土方。

② 盆边土体的高度不宜大于 6m，盆边上口宽度不宜小于 8m；当盆边土体的高度大于 4m 时，应采用二级放坡形式，坡间放坡平台宽度不应小于 3m。

③ 盆边土体应分块对称开挖，分块大小应根据支撑平面布置确定，应限时完成支撑。

3）基坑开挖的监控

基坑开挖前，应制订系统的开挖监控方案，监控方案应包括监控目的、监测项目、监控报警值、监测方法及精度要求、监测点的布置、监测周期、工序管理和记录制度以及信息反馈系统等。

（1）基坑工程的监测包括支护结构的监测和周围环境的监测，应采用仪器检测与巡视检查相结合的方法。

（2）基坑监测的重点是做好支护结构水平位移、周围建筑物、地下管线变形、地下水位等的监测。

（3）应采用信息化施工和动态控制方法开挖基坑，并根据基坑支护体系和周边环境的监测数据，适时调整基坑开挖的施工顺序和施工方法。

4）安全防护措施

（1）开挖深度超过2m的基坑周边必须安装防护栏杆，防护栏高度不应低于1.2m，安装牢固，材料应有足够的强度。

（2）基坑内宜设置供施工人员上、下的专用梯道。梯道应设扶手栏杆，宽度不应小于1m。

（3）同一垂直作业面的上、下层不宜同时作业。需要同时作业时，上、下层之间应采取隔离防护措施。

（4）采用井点降水时，井口应设置防护盖板或围栏，警示标志应明显。降水停止后，应及时将井填实。

（5）当夜间进行土石方施工时，设置的照明必须充足，灯光布局合理，防止强光影响作业人员视力，不得照射坑上建筑物，必要时应配备应急照明。

（6）雨期施工时，应有防洪、防暴雨的排水措施及应急材料、设备，备用电源应处在良好的技术状态。

3. 雨期施工

土方施工应尽量在雨期前完成，如在雨期施工，则应配有一定的安全措施，以保证工程的质量与安全、如施工场地配有排水系统等。

雨期施工的施工方法及安全要求如下。

（1）雨期施工的工作面不宜过大，应逐段、逐片地分期完成。重要的或特殊的土方工程，应尽量在雨期前完成。

（2）雨期施工中，应有保证工程质量和安全施工的技术措施，并应随时掌握气象变化情况。

（3）雨期施工前，应对施工场地原有排水系统进行检查、疏浚或加固，必要时应增加排水设施，保证水流畅通。在施工场地周围，应防止地面水流入场内，在傍山、沿河地区施工时，应采取必要的防洪措施。

（4）雨期施工时，应保证现场运输道路畅通。道路路面应根据需要加铺炉渣、砂砾或其他防滑材料，必要时应加高加固路基。道路两侧应修好排水沟，应在低洼积水处设置涵管，以利于泄水。

（5）填方施工中，应连续进行取土、运土、铺填、压实等各道工序，雨期施工前应及时压完已填土层，或将面压光，并做成一定坡势，以利于排除雨水。

（6）雨期开挖基坑（槽）或管沟时，应注意边坡稳定。必要时，可适当放缓边坡坡度，或设置支撑。施工时，应加强对边坡和支撑的检查。

（7）雨期开挖基坑（槽）或管沟时，应在坑（槽）外侧围以土堤或开挖水沟，防止地面水流入。

4. 安全应急预案与响应

当施工过程中发生安全事故时，必须采取有效措施，首先确保施工人员及建筑物内人员的生命安全，保护好事故现场，按规定程序立即上报，并及时分析原因，采取有效措施，避免再次发生事故。具体要求如下。

（1）施工单位应根据施工现场安全管理、工程特点、环境特征和危险等级，制订建筑施工安全应急预案，并报监理审核，建设单位批准、备案。当出现基坑坍塌或人身伤亡事故时，必须由建设单位或工程总承包单位组织实施应急响应。

（2）当坑体渗水、积水或有渗流时，应及时进行疏导、排泄、截断水源。

（3）基坑变形超过报警值时，应调整分层、分段土方开挖施工方案，加大预留土墩，采取坑内堆砂袋、回填土、增设锚杆、支撑等措施。

（4）当开挖施工引起邻近建筑物开裂或倾斜时，应立即停止基坑开挖，回填反压、基坑侧壁卸载，必要时，应及时疏散人员。

（5）邻近地下管线破裂时，应立即关闭危险管道阀门，防止发生火灾、爆炸等安全事故；停止基坑开挖，回填反压，使基坑侧壁卸载；及时加固、修复或更换破裂管线。

（6）当发现不能辨认的液体、气体及弃物时，应立即停止作业，排除隐患后，方可恢复施工。

（7）当地下管线不能移位时，根据专项方案的要求，应采取保护措施，确保管线正常使用。

2.2.3　土石方爆破

1. 一般规定

（1）土石方爆破工程应由具有相应爆破资质和安全生产许可证的企业承担。爆破作业人员应在取得有关部门颁发的资格证书后持证上岗。作业现场应由具有相应资格的技术人员指导施工。

（2）对于 A、B、C 级和对安全影响较大的 D 级爆破工程，均应编制爆破设计书，并对爆破工程进行专家论证。

（3）临时储存爆破器材，以及修建临时爆破器材库房时，必须经过当地公安管理部门的许可，修建的临时库房应符合安全评价合格的程序要求。

（4）在爆破作业区内有两个及两个以上爆破施工单位同时实施爆破作业时，必须由建设单位负责统一协调指挥。

（5）爆破警戒范围经由设计确定。应在危险区边界设有明显标志，并设置警戒人员。

2. 土石方爆破作业要求

施工现场常用的起爆方法有电力起爆、导爆索起爆和导爆管起爆 3 种。露天爆破按孔径、孔深的不同分为浅孔爆破深和深孔爆破。

1）浅孔爆破

（1）浅孔爆破宜采用台阶爆破法，台阶高度不宜超过 5m，在台阶形成之前进行爆破时，应加大警戒范围。

（2）装药前，应进行验孔，当炮孔间距和深度偏差大于设计允许范围时，应由爆破技术负责人提出处理意见。

（3）炮孔采用人工装药时，不应过度挤压或分散装药；使用机械装填炸药时，应防止静电引起早爆。

（4）起爆后，应至少在 5min 后方可进入爆破区检查。

2）深孔爆破

（1）深孔爆破应采用台阶爆破法，在台阶形成之前进行爆破时，应加大警戒范围。台阶高度依据地质情况、开挖条件、钻孔机械、装载设备匹配及经济合理等因素确定，宜为 8～15m。

（2）深孔爆破宜采用电爆网路或导爆管网路起爆，进行大规模深孔爆破时，应预先进行网路模拟实验。

（3）在装药和填塞过程中，应保护好起爆网路；当发生装药卡堵时，不得用钻杆捣捅药包。

（4）起爆后，应至少 15min 后方可进入爆破区检查。

3）边坡控制爆破

（1）宜采用预裂爆破和光面爆破。

（2）对于需要设置隔振带的开挖区，边坡开挖宜采用预裂爆破。

（3）光面、预裂爆破的炮孔均应采用不耦合装药。

3. 爆后检查及发现问题的处置

1）爆后检查

（1）对于 B 级及复杂环境的爆破工程，爆后检查工作应由现场技术负责人、起爆组长和有经验的爆破员、安全员组成的检查小组实施。

（2）其他爆破工程的爆后检查工作由安全员、爆破员共同实施。

（3）爆破后需要检查以下内容：

① 确认有无盲炮；

② 露天爆破爆堆是否稳定，有无危坡、危石；

③ 爆破警戒区内公用设施及重点保护建（构）筑物的安全情况。

2）发现问题的处置

（1）如检查人员发现盲炮或怀疑盲炮，应向爆破负责人报告后组织进一步检查和处理；发现其他不安全因素时，应及时检查处理；在上述情况下，不应发出解除警戒信号。

（2）电力起爆网路发生盲炮时，应立即切断电源，及时将盲炮电路短路。

（3）导爆索和导爆管起爆网路发生盲炮时，应首先检查导爆索和导爆管是否有损坏或断裂，发现有损坏或断裂的，应修复后重新起爆。

（4）发现爆破作业对周边建（构）筑物、公用设施造成安全威胁时，应及时组织抢险、治理，排除安全隐患。

2.3 基坑支护安全技术

由于施工现场条件的限制，特别是当沟、槽挖方不能如愿地放坡，土质又不是很好时，就会给挖方工程带来不少的麻烦。解决这个问题的基本思路就是对基坑（沟、槽）壁加设支撑，以保证不坍塌，便于基础施工的顺利进行。基坑支护是指为保证地下主体结构施工和基坑周边环境的安全，对基坑采用的临时性支挡、加固、保护与地下水控制的措施。

基坑支护设计应规定其设计使用期限。基坑支护的设计使用期限不应小于 1 年。

基坑工程按破坏后果的严重程度分为 3 个安全等级，见表 2-3。

表 2-3 基坑工程安全等级

安全等级	破 坏 后 果
一级	支护结构破坏、土体失稳或过大变形对基坑周边环境及地下结构施工影响很严重
二级	支护结构破坏、土体失稳或过大变形对基坑周边环境及地下结构施工影响一般
三级	支护结构破坏、土体失稳或过大变形对基坑周边环境及地下结构施工影响不严重

基坑支护应满足下列功能要求。

（1）保证基坑周边建（构）筑物、地下管线、道路的安全和正常使用。

（2）保证主体地下结构的施工空间。根据基坑支护在功能上的要求，进行支护结构选型时，应综合考虑下列因素：

① 基坑深度；

② 土的性状及地下水条件；

③ 基坑周边环境对基坑变形的承受能力，以及支护结构一旦失效可能产生的后果；

④ 主体地下结构及其基础形式、基坑平面尺寸及形状；

⑤ 支护结构施工工艺的可行性；

⑥ 施工场地条件及施工季节；

⑦ 经济指标、环保性能和施工工期。

2.3.1 基坑支护的种类

支护结构选择哪种类型，需结合施工现场的水文地质条件、基坑深度、施工条件、地区工程经验等综合条件进行分析，常用的基坑支护结构类型有间接式水平支撑、连续或间断式垂直支撑、斜柱支护、锚拉支护、临时挡土墙支护等。基坑工程按其开挖深度及地质条件和周边环境等因素可分为浅基坑工程和深基坑工程，根据《危险性较大的分部分项工程安全管理规定》（住建部令〔2018〕37号）：开挖深度超过5m（含5m）的基坑（槽）的土方开挖、支护、降水工程属于深基坑工程。

浅基坑和深基坑适用于不同的支护结构形式，分别介绍如下。

1. 浅基坑的支护

（1）锚拉支撑：水平挡土板支在柱桩的内侧，柱桩一端打入土中，另一端用拉杆与锚桩拉紧，在挡土板内侧回填土，适用于开挖较大型、深度较深的基坑或使用机械挖土，不能在安设横撑时使用。

（2）斜柱支撑：水平挡土板钉在柱桩内侧，柱桩外侧用斜撑支顶，斜撑底端支在木桩上，在挡土板内侧回填土，适用于开挖较大型、深度不大的基坑，或使用机械挖土时。

（3）型钢桩横挡板支撑：沿挡土位置预先打入钢轨、工字钢或H型钢桩，间距1.0～1.5m，然后边挖土，边将3～6cm厚的挡土板塞进钢桩之间挡土，并在横向挡板与型钢桩之间打上楔子，使横板与土体紧密接触，适合在地下水位较低、深度较小的一般黏性或砂土层中使用。

（4）短桩横隔板支撑：打入小短木桩或钢桩，部分打入土中，部分露出地面，钉上水平挡土板，在背面填土、夯实，适用于开挖宽度大的基坑，当部分地段下部放坡不够时使用。

（5）临时挡土墙支撑：沿坡脚用砖、石叠砌或用装水泥的聚丙烯扁丝编织袋、草袋装土、砂堆砌，使坡脚保持稳定，适用于开挖宽度大的基坑，当部分地段下部放坡不够时使用。

（6）挡土灌注桩支护：在开挖基坑的周围用钻机或洛阳铲成孔，桩径 400～500mm，现场灌注钢筋混凝土桩，桩间距为 1.0～1.5m，在桩间土方挖成外拱形，使之起土拱作用，适用于开挖较大、较浅（<5m）的基坑，邻近有建筑物时，不允许背面地基有下沉、位移的情况。

（7）叠袋式挡墙支护：采用编织袋或草袋装碎石（砂砾石或土）堆砌成重力式挡墙作为基坑的支护，在墙下部砌 500mm 厚块石基础，墙底宽 1500～2000mm，墙顶宽适当放坡卸土 1.0～1.5m，表面抹砂浆保护，适用于一般黏性土、面积大、开挖深度在 5m 以内的浅基坑支护。

2. 深基坑的支护

在深基坑土方开挖中，当施工现场不具备放坡条件，或放坡无法保证施工安全，通过放坡及加设临时支撑已经不能满足施工需要时，一般采用支护结构进行临时支挡，以保证基坑的土壁稳定。支护结构的选型有排桩支护、地下连续墙、水泥土桩墙、逆作拱墙，或采用上述形式的组合等。

（1）排桩支护：通常由支护桩、支撑（或土层锚杆）及防渗帷幕等组成。排桩可根据工程情况分为悬臂式支护结构、拉锚式支护结构、内撑式支护结构和锚杆式支护结构。其适用于基坑侧壁安全等级为一级、二级、三级，可采取降水或止水帷幕的基坑。

（2）地下连续墙：地下连续墙可与内支撑、逆作法、半逆作法结合使用，施工振动小、噪声小，墙体刚度大，防渗性能好，对周围地基扰动小，可以组成具有很大承载力的连续墙。地下连续墙宜同时用作主体地下结构外墙。其适用于基坑侧壁安全等级为一级、二级、三级，周边环境条件复杂的深基坑。

（3）水泥土桩墙：依靠其本身自重和刚度保护坑壁，一般不设支撑，特殊情况下经采取措施后也可局部加设支撑。水泥土桩墙有深层搅拌水泥土桩墙、高压旋喷桩墙等类型，通常呈格构式布置。其适用于基坑侧壁安全等级宜为二、三级，水泥土桩施工范围内地基土承载力不宜大于 150kPa；基坑深度不宜大于 6m 的基坑。

（4）逆作拱墙：当基坑平面形状适合时，可采用拱墙作为围护墙。拱墙有圆形闭合拱墙、椭圆形闭合拱墙和组合拱墙。对于组合拱墙，可将局部拱墙视为两铰拱。其适用于基坑侧壁安全等级为二、三级，不宜用于淤泥和淤泥质土场地；拱墙轴线的矢跨比不宜小于 1/8；基坑深度不宜大于 12m；地下水位高于基坑底面时，应采取降水或截水措施。

3. 支护结构选型

1）选择支护类型和方案要求

（1）确保基坑围护体系能起到挡土作用，基坑四周边坡保持稳定；

（2）确保基坑四周相邻的建（构）筑物、地下管线、道路等的安全，在基坑土方开挖及地下工程施工期间，不因土体的变形、沉陷、坍塌或位移而受到危害；

（3）在有地下水的地区，通过排水、降水、截水等措施，确保基坑工程施工在地下水位以上进行。

2）基坑支护的设置原则

（1）要求技术先进，结构简单，因地制宜，就地取材；

（2）尽可能与工程永久性挡土结构相结合，作为结构的组成部分或材料，能够部分回收重复使用；

（3）受力可靠,能确保基坑边坡稳定,不给邻近已有建（构）筑物、道路及地下设施带来危害;

（4）保护环境,保证施工安全;

（5）成本方面较为合理。

此外,基坑支护结构设计与施工时,还要收集工程地质与水文地质资料、基础类型、基坑开挖深度、降排水条件、场地周围环境及地下管线状况、周围环境对基坑侧壁位移的要求、基坑周边荷载、施工季节、支护结构使用期限等因素。

支护结构应综合考虑功能、安全等级、工程特点等因素选择合适的支护结构形式,各类支护结构的适用条件见表2-4。

表 2-4　各类支护结构特点及适用条件统计表

结构形式		适 用 条 件		
		安全等级	基坑深度、环境条件、土类和地下水条件	
挡式结构	锚拉式结构	一级、二级、三级	适用于较深的基坑	（1）排桩适用于可采用降水或截水帷幕的基坑 （2）地下连续墙宜同时用作主体地下结构外墙,可同时用于截水 （3）锚杆不宜用在软土层和高水位的碎石土、砂土层中 （4）当邻近基坑有建筑物地下室、地下构筑物等,锚杆的有效锚固长度不足时,不应采用锚杆 （5）当锚杆施工会造成基坑周边建（构）筑物的损害,或违反城市地下空间规划等规定时,不应采用锚杆
	支撑式结构		适用于较深的基坑	
	悬臂式结构		适用于较浅的基坑	
	双排桩		当锚拉式、支撑式和悬臂式结构不适用时,可考虑采用双排桩	
	支护结构与主体结构结合的逆作法		适用于基坑周边环境条件很复杂的深基坑	
钉墙	单一土钉墙	二级、三级	适用于地下水位以上或经降水的非软土基坑,且基坑深度不宜大于12m	当基坑潜在滑动面内有建筑物或重要地下管线时,不宜采用土钉墙
	预应力锚杆复合土钉墙		适用于地下水位以上或经降水的非软土基坑,且基坑深度不宜大于15m	
	水泥土桩垂直复合土钉墙		用于非软土基坑时,基坑深度不宜大于12m;用于淤泥质土基坑时,基坑深度不宜大于6m;不宜用在高水位的碎石土、砂土、粉土层中	
	微型桩垂直复合土钉墙		适用于地下水位以上或经降水的基坑,用于非软土基坑时,基坑深度不宜大于12m;用于淤泥质土基坑时,基坑深度不宜大于6m	
重力式水泥土墙		二级、三级	适用于淤泥质土、淤泥基坑,且基坑深度不宜大于7m	
放坡		三级	（1）施工场地应满足放坡条件。 （2）可与上述支护结构形式结合	

注:1. 当基坑不同部位的周边环境条件、土层性状、基坑深度等不同时,可在不同部位分别采用不同的支护形式。

2. 支护结构可采用上、下部以不同结构类型组合的形式。

2.3.2 基坑施工作业的要求

1. 基坑的安全级别

根据《建筑地基基础工程施工质量验收标准》(GB 50202—2018)的划分方法,基坑安全可以划分为三个等级,见表 2-5。

表 2-5 基坑安全等级

类别	分 类 标 准
一级	重要工程或支护结构作为主体结构的一部分; 开挖深度大于 10m;与邻近建筑物、重要设施的距离在开挖深度以内的基坑; 基坑范围内有历史文物、近代优秀建筑、重要管线等需要严加保护的基坑
二级	除一级基坑和三级基坑外的基坑均属于二级基坑
三级	开挖深度小于 7m,且周围环境无特别要求的基坑

2. 专项方案要求

开挖基坑前,应制订土方开挖工程及基坑支护专项方案。对于深基坑工程,实行专业分包的,其专项方案可由专业承包单位组织编制,专项方案应当由施工单位技术部门组织本单位施工技术、安全、质量等部门的专业技术人员进行审核。经审核合格的,由施工单位技术负责人签字;实行施工总承包的,专项方案应当由总承包单位技术负责人及相关专业承包单位技术负责人签字。不需要专家论证的专项方案,经施工单位审核合格后报监理单位,由项目总监理工程师审核签字后方可实施。

对于超过一定规模的危险性较大的深基坑工程专项方案,应当由施工单位组织召开专家论证会。实行施工总承包的,由施工总承包单位组织召开专家论证会。施工单位应当根据论证报告修改完善专项方案,并经施工单位技术负责人、项目总监理工程师签字后,方可组织实施。实行施工总承包的,应当由施工总承包单位、相关专业承包单位技术负责人签字。所编制的专项方案应当包括以下内容。

(1) 工程概况:分部分项工程概况、施工平面布置、施工要求和技术保证条件。

(2) 编制依据:相关法律、法规、规范性文件、标准、规范及图纸(国标图集)、施工组织设计等。

(3) 施工计划:施工进度计划、材料与设备计划。

(4) 施工工艺技术:技术参数、工艺流程、施工方法、检查验收等。

(5) 施工安全保证措施:组织保障、技术措施、应急预案、监测监控等。

(6) 劳动力计划:专职安全生产管理人员、特种作业人员等。

(7) 计算书及相关图纸。

3. 土方开挖的要求

(1) 土方开挖的顺序、方法必须与设计要求相一致,并遵循"开槽支撑,先撑后挖,分层开挖,严禁超挖"的原则。

(2) 当开挖基坑因土体含水量大而不稳定,或基坑开挖较深,或因受到周围场地限制而需要用较陡的边坡或直立开挖但土质较差时,应采用临时性支撑加固。

（3）挖至坑底时，应避免扰动基底持力土层的原状结构。

（4）开挖相邻基坑时，应遵循先深后浅或同时进行的施工顺序。

（5）开挖时，挖土机械不得碰撞或损坏支撑结构，不得损坏已施工的基础桩。

（6）开挖基坑时，应经常对平面控制桩、水准点、平面位置、水平标高、边坡坡度、排水系统、降水系统等进行复测检查。

（7）当基坑采用降水时，应在降水后开挖地下水位以下的土方，且地下水位应保持在开挖面 50cm 以下。

（8）软土基坑开挖尚应符合下列规定：

① 应按分层、分段、对称、均衡、适时的原则开挖。

② 当主体结构采用桩基础，且基础桩已施工完成时，应根据开挖面下软土的性状，限制每层开挖厚度。

③ 对采用内支撑的支护结构，宜采用开槽方法浇筑混凝土支撑或安装钢支撑；开挖到支撑作业面后，应及时进行支撑的施工。

④ 对重力式水泥土墙，在沿水泥土墙方向，应分区段开挖，每一开挖区段的长度不宜大于 40m。

4. 支护的作业要求

（1）应按支护结构设计规定的施工顺序和开挖深度分层开挖。

（2）当支护结构构件强度达到开挖阶段的设计强度时，方可向下开挖；对于采用预应力锚杆的支护结构，应在施加预加力后，方可开挖下层土方；对于土钉墙，应在土钉、喷射混凝土面层的养护时间大于 2d 后，方可开挖下一层土方。

（3）开挖至锚杆、土钉施工作业面时，开挖面与锚杆、土钉施工作业面的高差不宜大于 500mm。

（4）采用锚杆或支撑的支护结构，在未达到设计规定的拆除条件时，严禁拆除锚杆或支撑。

（5）严禁基坑周边施工材料、设施或车辆荷载超过设计要求的地面荷载限值。

（6）在开挖基坑和支护结构使用期内，应按下列要求对基坑进行维护：

① 雨期施工时，应在坑顶、坑底采取有效的截排水措施；排水沟、集水井应采取防渗措施。

② 基坑周边地面宜作硬化或防渗处理。

③ 基坑周边的施工用水应有排放系统，不得渗入土体内。

④ 当坑体渗水、积水或有渗流时，应及时进行疏导、排泄、截断水源。

⑤ 开挖至坑底后，应及时进行混凝土垫层和主体地下结构施工。

⑥ 进行主体地下结构施工时，应及时回填结构外墙与基坑侧壁之间的空间。

（7）支护结构或基坑周边环境出现下列规定的报警情况或其他险情时，应立即停止开挖，并应根据危险产生的原因和进一步可能发展的破坏形式，采取控制或加固措施。危险消除后，方可继续开挖。必要时，应对危险部位采取基坑回填、地面卸土、临时支撑等应急措施。当危险由地下水管道渗漏、坑体渗水造成时，尚应及时采取截断渗漏水水源、疏排渗水等措施。上述报警情况或其他险情会导致出现以下情况：

① 支护结构位移达到设计规定的位移限值，且有继续增长的趋势；

②　支护结构位移速率增长且不收敛;

③　支护结构构件的内力超过其设计值;

④　基坑周边建筑物、道路、地面的沉降达到设计规定的沉降限值,且有继续增长的趋势;基坑周边建筑物、道路、地面出现裂缝,或其沉降、倾斜达到相关规范的变形允许值;

⑤　支护结构构件出现影响整体结构安全性的损坏;

⑥　基坑出现局部坍塌;

⑦　开挖面出现隆起现象;

⑧　基坑出现流土、管涌现象。

5. 支护的安全要求

(1) 支撑应挖一层支撑好一层,并严密顶紧,支撑牢固,严禁一次将土挖好后再支撑。挡土板或板桩与坑壁间的填土要分层回填夯实,使之严密接触。

(2) 埋深的拉锚需用挖沟方式埋设,沟槽应尽可能小,不得采取将土方全部挖开、埋设拉锚后再回填的方式,这样会使土体固结状态遭受破坏。安装拉锚后要预拉紧,预紧力不小于设计计算值的5%～10%,每根拉锚的松紧程度应一致。

(3) 施工中,应经常检查支撑和观测邻近建筑物的情况,如发现支撑有松动、变形、位移等情况,应及时加固或更换,加固办法有打紧受力较小部分的木楔或增加立柱及横撑等。如换支撑时,应先加新支撑,后拆旧支撑。

(4) 拆除支撑时,应按回填顺序依次进行。多层支撑应自下而上逐层拆除,拆除一层,经回填夯实后,再拆上层。拆除支撑时,应注意防止邻近建筑物或构筑物产生下沉和破坏,必要时,应采取加固措施。

(5) 当土质均匀且地下水位低于基坑(槽)或管沟底面标高时,其挖方边坡可做成直立壁不加支撑。挖方深度应根据土质确定,但不宜超过下列规定:密实、中密的砂土和碎石类土(充填物为砂土)不宜超过1m,硬塑、可塑的轻亚黏土及亚黏土不宜超过1.25m,硬塑、可塑的黏土和碎石类土(充填物为黏性土)不宜超过1.5m,坚硬的黏土不宜超过2m。挖好基坑(槽)或管沟后,应及时进行地下结构和安装工程施工,在施工过程中,应经常检查坑壁的稳定情况。

(6) 当地质条件良好、土质均匀,且地下水位低于基坑(槽)或管沟底面标高时,挖方深度在5m以内且不加支撑的边坡的最陡坡度应根据规范要求确定。

(7) 当基坑(槽)或管沟需设置坑壁支撑时,应根据开挖深度、土质条件、地下水位、施工方法、相邻建筑物和构筑物等情况进行选择和设计。支撑必须牢固可靠,确保施工安全。坑壁支撑有钢(木)支撑、钢(木)板桩、钢筋混凝土护坡桩和钢筋混凝土地下连续墙等。

(8) 采用钢(木)坑壁支撑时,应随挖随撑、支撑牢固。施工中,应经常检查,如有松动、变形等现象时,应及时加固或更换。在雨期或化冻期,更应加强检查力度。

(9) 采用钢(木)板桩、钢筋混凝土预制桩或灌注桩做坑壁支撑时,应符合下列规定:

①　应尽量减少打桩时产生的振动和噪声对邻近建筑物、构筑物、仪器设备和城市环境的影响;

②　制作、运输、打桩或灌注桩的施工应符合国家标准《建筑地基基础工程施工质量验收标准》(GB 50202—2018)的要求;

③　当土质较差,开挖后土可能从桩间挤出时,宜采用齿合式板桩;

④ 在桩附近挖土时,应防止桩身受到损伤;

⑤ 采用钢筋混凝土灌注桩时,应在桩的混凝土强度达到设计强度要求后,方可挖土;

⑥ 应填实拔除桩后的孔穴。

(10) 采用钢(木)板桩、钢筋混凝土桩作坑壁支撑,并加设锚杆时,应符合下列规定:

① 锚杆宜选用螺纹钢筋,使用前,应清除油污和浮锈;

② 锚固段应设置在稳定性较好的土层或岩层中,长度应经计算确定;

③ 钻孔时,不得损坏已有的管沟、电缆等地下埋设物;

④ 施工前,应做抗拔试验,测定锚杆的抗拔力;

⑤ 对于锚固段,应用水泥砂浆灌注密实;

⑥ 应经常检查锚头紧固和锚杆周围的土质情况。

(11) 采用钢筋混凝土地下连续墙做坑壁支撑时,其施工和验收应按国家标准《建筑地基基础工程施工质量验收标准》(GB 50202—2018)的有关规定执行。

6. 基坑的监测

基坑监测是指在建筑基坑施工及使用阶段,对建筑基坑及周边环境实施的检查、量测和监视工作,主要是为了确保建筑基坑的安全和保护基坑周边环境。对于开挖深度大于或等于5m,或开挖深度小于5m,但现场地质情况和周围环境较复杂的基坑工程,以及其他需要检测的基坑工程,应实施基坑工程监测。

(1) 基坑工程施工前,应由建设方委托具备相应资质的第三方对基坑工程实施现场监测。监测单位应编制监测方案,监测方案应经建设方、设计方、监理方等认可,必要时,还应与基坑周边环境涉及的有关管理单位协商一致后方可实施。

(2) 对于安全等级为一级或二级的支护结构,在基坑开挖过程与支护结构使用期限内,必须进行支护结构的水平位移监测和基坑开挖影响范围内建(构)筑物、地面的沉降监测。

(3) 基坑工程选用的监测项目及其监测部位应能反映支护结构的安全状态和基坑周边环境影响的程度。

(4) 各监测项目应在基坑开挖前或测点安装后测得稳定的初始值,且次数不应少于两次。监测方案应包括下列内容:

① 工程概况;

② 建设场地岩土工程条件及基坑周边环境状况;

③ 监测目的和依据;

④ 监测内容及项目;

⑤ 基准点、监测点的布设与保护;

⑥ 监测方法及精度;

⑦ 监测期和监测频率;

⑧ 监测报警及异常情况下的监测措施;

⑨ 监测数据处理与信息反馈;

⑩ 监测人员的配备;

⑪ 监测仪器设备及检定要求;

⑫ 作业安全及其他管理制度。

7. 应专门论证的监测方案

下列基坑工程的监测方案应进行专门论证：

（1）地质和环境条件复杂的基坑工程；

（2）邻近有重要建筑和管线，以及历史文物、优秀近代建筑、地铁、隧道等破坏后果很严重的基坑工程；

（3）已发生严重事故，重新组织施工的基坑工程；

（4）采用新技术、新工艺、新材料、新设备的一、二级基坑工程；

（5）其他需要论证的基坑工程。

8. 基坑工程现场监测对象

对基坑工程进行现场监测时，应监测以下对象：

（1）支护结构；

（2）地下水状况；

（3）基坑底部及周边土体；

（4）周边建筑；

（5）周边管线及设施；

（6）周边重要的道路；

（7）其他应监测的对象。

9. 基坑工程现场监测类型

监测基坑支护结构时，应根据结构类型和地下水控制方法，按表 2-6 选择基坑监测项目。

表 2-6　基坑检测项目选择

监 测 项 目	支护结构的安全等级		
	一级	二级	三级
支护结构顶部水平位移	应测	应测	应测
基坑周边建（构）筑物、地下管线、道路沉降	应测	应测	应测
坑边地面沉降	应测	应测	宜测
支护结构深部水平位移	应测	应测	选测
锚杆拉力	应测	应测	选测
支撑轴力	应测	宜测	选测
挡土构件内力	应测	宜测	选测
支撑立柱沉降	应测	宜测	选测
支护结构沉降	应测	宜测	选测
地下水位	应测	应测	选测
土压力	宜测	选测	选测
孔隙水压力	宜测	选测	选测

注：表内各监测项目中，仅选择实际基坑支护形式所含有的内容。

10. 基坑工程巡视检查

对基坑工程进行巡视检查时,应包括以下内容。

(1) 支护结构:如支护结构成型质量;冠梁、围檩、支撑有无裂缝出现;支撑、立柱有无较大变形;止水帷幕有无开裂、渗漏;墙厚土体有无裂缝、沉陷及滑移;基坑有无涌土、流砂、管涌等现象。

(2) 施工工况:场地地表水、地下水排放状况是否正常;基坑降水、回灌设施是否运转正常;基坑周边地面有无超载。

(3) 周边环境:周边管道有无破损、泄漏情况;周边建筑有无新增裂缝出现;周边道路(地面)有无裂缝、沉陷;邻近基坑及建筑的施工变化情况;裂缝监测应监测裂缝的位置、走向、长度、宽度,必要时,尚应监测裂缝深度。

(4) 监测设施:基准点、监测点完好情况;有无影响观测工作的障碍物。

11. 提高监测频率的情况

当出现下列情况之一时,应提高监测频率:

(1) 监测数据达到报警值;

(2) 监测数据变化较大或速率加快;

(3) 存在勘察未发现的不良地质;

(4) 超深、超长开挖或未及时加撑等违反设计工况施工;

(5) 基坑及周边大量积水、长时间连续降雨、市政管道出现泄漏;

(6) 基坑附近地面荷载突然增大或超过设计限制;

(7) 支护结构出现开裂;

(8) 周边地面突发大沉降或出现严重开裂;

(9) 邻近建筑突发较大沉降、不均匀沉降,或出现严重开裂;

(10) 基坑底部、侧壁出现管涌、渗漏或流砂等现象;

(11) 基坑工程发生事故后重新组织施工;

(12) 出现其他影响基坑及周边环境安全的异常情况。

12. 危险报警的情况

当出现下列情况之一时,必须立即进行危险报警,并对基坑支护结构和周边环境中的保护对象采取应急措施:

(1) 监测数据达到监测报警值的累计值;

(2) 基坑支护结构或周边土体的位移值突然明显增大,或基坑出现流砂、管涌、隆起、陷落或较严重的渗漏等现象;

(3) 基坑支护结构的支撑或锚杆体系出现过大变形、压屈、断裂、松弛或拔出的迹象;

(4) 周边建筑的结构部分、周边地面出现较严重的突发裂缝或危害结构的变形裂缝;

(5) 周边管线变形突然明显增长,或出现裂缝、泄漏等;

(6) 根据当地工程经验判断,出现其他必须进行危险报警的情况。

2.3.3 基坑安全措施

基坑安全措施通常有如下几项。

（1）开挖深度超过 2m 的，必须在沿基坑边设立防护栏杆，且在危险处设置红色警示灯，应在防护栏杆周围悬挂"禁止翻越""当心坠落"等禁止、警告标志。

（2）基坑内应搭设上下通道，以满足作业人员通行。作业人员在作业施工时，应有安全立足点，禁止垂直交叉作业。

（3）基坑内及基坑周边应设置良好的排水系统，并满足施工、防汛要求。

（4）严禁在基坑周边距基坑边 1m 范围内堆放土石方、料具等荷载较重的物料。对周边原有建筑物、公共设施等应设置观测点，安排专人负责，及时观测，发现异常情况时，立即采取措施处理。

2.3.4　基坑发生坍塌前主要迹象

基坑发生坍塌前，主要有如下几种迹象：

（1）周围地面出现裂缝，并不断扩展；

（2）支撑系统发出挤压等异常响声；

（3）环梁或排桩、挡墙的水平位移较大，并持续发展；

（4）支护系统出现局部失稳；

（5）大量水土不断涌入基坑；

（6）相当数量的锚杆螺母松动，甚至有槽钢松脱现象。

2.3.5　基坑工程应急措施

基坑工程应急措施如下。

（1）在基坑开挖过程中，一旦出现渗水或漏水，应根据水量大小，采用坑底设沟排水、引流修补、密实混凝土封堵、压密注浆、高压喷射注浆等方法及时进行处理。

（2）如果水泥土墙等重力式支护结构位移超过设计估计值，应予以高度重视，同时做好位移监测，掌握位移发展趋势。如果位移持续发展，超过设计值较多，则应采用水泥土墙背后卸载、加快垫层施工、加大垫层厚度和加设支撑等方法及时进行处理。

（3）如果悬臂式支护结构位移超过设计值，应采取加设支撑或锚杆、支护墙背卸土等方法及时进行处理。如果悬臂式支护结构发生深层滑动，应及时浇筑垫层。必要时，也可以加厚垫层，形成下部水平支撑。

（4）如果支撑式支护结构发生墙背土体沉陷，应采取增设坑外回灌井、坑底加固、垫层随挖随浇、加厚垫层，或采用配筋垫层、设置坑底支撑等方法及时进行处理。

（5）对于轻微的流砂现象，在开挖基坑后，可采用加快垫层浇筑或加厚垫层的方法"压住"流砂。对于较严重的流砂，应采取增加坑内降水措施进行处理。

（6）如果发生管涌，可以在支护墙前再打设一排钢板桩，在钢板桩与支护墙间进行注浆。

（7）对邻近建筑物沉降的控制，一般可以采用回灌井、跟踪注浆等方法。对于沉降很大，而又不能控制压密注浆的建筑，如果基础是钢筋混凝土的，则可以考虑采用静力锚杆压桩的方法进行处理。

（8）对于基坑周围管线保护的应急措施，一般包括增设回灌井、打设封闭桩或管线架空等方法。

（9）当基坑变形过大，或环境条件不允许等危险情况出现时，可采取底板分块施工和增设斜支撑的方法进行处理。

2.3.6 基坑支护存在的常见问题

1. 土层开挖和边坡支护不配套

常见支护施工滞后于土方施工很长一段时间，而不得不采取二次回填或搭设架子来完成支护施工。一般来说，土方开挖技术含量相对较低，工序简单，组织管理容易。而挡土支护的技术含量高，工序较多且复杂，施工组织和管理都较土方开挖复杂。所以，在施工过程中，大型工程均是由专业施工队来分别完成土方施工和挡土支护两项工作，而且绝大部分都是两个平行施工。这样在施工过程中协调管理的难度大，土方施工单位为了抢进度，常会拖工期，开挖顺序较乱，特别是雨期施工，甚至不顾挡土支护施工所需工作面，留给支护施工的操作面几乎无法操作，从时间上看，也无法完成支护工作，以致支护施工滞后于土方施工。因支护施工无操作平台去完成钻孔、注浆、布网和喷射混凝土等工作，而不得不通过土方回填或搭设架子来设置操作平台以完成施工。这样不但难以保证进度，也难以保证工程质量，甚至会发生安全事故，留下质量隐患。

2. 边坡修理达不到设计、规范要求

在实际施工中，常存在超挖和欠挖现象，一般在开挖深基础时，均使用机械开挖、人工简单修坡，之后开始挡土支护的混凝土初喷工序。而在实际开挖时，由于施工管理人员不到位，技术交底不充分，分层分段开挖高度不一，开挖机械操作人员的操作水平等因素的影响，机械开挖后的边坡表面平整度、顺直度极不规则，而人工修理时不可能深度挖掘，只能就机挖表面作平整度修整，在没有严格检查验收就开始初喷，就会在挡土支护后出现超挖和欠挖现象。

3. 成孔注浆不到位、土钉或锚杆受力达不到设计要求

深基坑支护所用土钉或锚杆钻孔直径为 100～150mm 的钻杆成孔，孔深少则 5～6m，深则超过 10m 甚至 20m，钻孔所穿过的土层质量也各不相同，钻孔时，如果不认真研究土体情况，往往造成出渣不尽、残渣沉积而影响注浆，有的甚至成孔困难、孔洞坍塌，无法插筋和注浆。再者，注浆时，配料随意性大、注浆管不插到位、注浆压力不够等会造成注浆长度不足、充盈度不够，而使土钉或锚杆的抗拔力达不到设计要求，影响工程质量，甚至要做再次处理。

4. 喷射混凝土厚度不够、强度达不到设计要求

目前建筑工程基坑支护喷射混凝土常用的是干拌法喷射混凝土设备，其主要特点是设备简单、体积小、输送距离长，速凝剂可在进入喷射机前加入，操作方便，可连续喷射施工。虽然干喷法设备操作简单方便，但由于操作人员的水平不同，操作方法和检查控制等手段不全，混凝土回弹严重，再加上原材料质量控制不严、配料不准、养护不到位等因素，往往造成喷后混凝土的厚度不够、混凝土强度达不到设计要求。

5. 施工过程与设计的差异太大

深层搅拌桩的水泥掺量常常不足,影响水泥土的支护强度。同样做法的支护结构,发生水泥土裂缝,有时不是在受力最大的地段。地面施工堆载在局部位置往往要大大高于设计允许荷载。施工质量与偷工减料的现象也并不少见。基坑挖土是支护受力与变形显著增加的过程,设计中常常对挖土程序有所要求来减少支护变形,并进行图纸交底;而在实际施工中,土方施工人员往往不管这些要求,经常为了抢进度,而只图局部效益。

6. 设计与实际情况差异较大

由于深基坑支护的土压力与传统理论的挡土墙土压力有所不同,在目前没有完善的土压力理论指导的情况下,通常仍沿用传统理论计算,因此有误差是正常的。许多学者对此进行了许多研究,在传统理论土压力计算的基础上,结合必要的经验修正,可以达到实用要求。问题是对这样一个极为复杂的课题,脱离实际工程情况,往往会造成过量变形的后果。如某些设计不考虑地质条件、地面荷载的差异,而照搬照套相同坑深的支护设计。必须根据实际地面可能发生的荷载,包括建筑堆载、载重汽车、临时设施和附近住宅建筑等的影响,比较正确地估计支护结构上的侧压力。

7. 不重视施工监测

不重视施工监测主要是建设单位为省钱而不要求施工监测,或者虽设置了一些测点,但数据不足,忽视坑边住宅的检测,或者不重视监测数据,监测工作形同虚设。如支护设计中没有监测方案,会导致发生情况时不能及时报警,事故发生后也不易分析原因,不利于事故的早期处理,省了小钱花大钱。为了减少支护事故,应精心设计和施工、强化监理,保护坑边住宅与环境,提高深基坑支护技术和管理水平。

2.4 地下降水安全技术

进行基坑工程土方开挖时,要求基坑围护体系起到挡土和地下室在无水条件下施工的作用。建筑基坑工程土方开挖一般要求"干"作业,要求将基坑区地下水位降至基坑底以下 $0.5\sim1.0m$。当开挖施工的开挖面低于地下水位时,土体的含水层被切断,地下水便会从坑外或坑底不断地渗入基坑内;另外,在基坑开挖期间,由于下雨或其他因素,可能会在基坑内造成滞留水,这样会使坑底地基土强度降低,压缩性增大。从基坑开挖施工的安全角度出发,对于采用支护体系的垂直开挖,由于坑内被动区土体含水量增加,导致其强度、刚度降低,对控制支护体系的稳定性、强度和变形都是十分不利的;对于放坡开挖来讲,也增加了边坡失稳和产生流砂的可能性。从施工角度出发,在地下水位以下进行开挖,如坑内有滞留水,一方面增加了土方开挖施工的难度,另一方面使地下主体结构的施工难以顺利进行,而且在水的浸泡下,地基土的强度明显降低,会影响到其承载力。因此,为保证开挖施工顺利进行,地下主体结构施工的正常进行,以及地基土的强度不受损失,一方面,在地下水位较高的地区,当开挖面低于地下水位时,需采取降低地下水位的措施;另一方面,在基坑开挖期间,坑内需采取排水措施以排除坑内滞留水,使基坑处于干燥的状态,以利于施工。

如土方开挖中遇到地表水和地下水,它们渗入基坑后,会对基坑施工造成不便,同时浸泡基土也对基坑施工很不利。为此,降水施工成为湿润土地段土方开挖中需要实施的一项工作。在湿润土地段进行土方开挖时,应根据施工现场的水文地质条件、施工条件、地区工程经验等条件进行综合分析。

2.4.1 基坑(槽、沟)排水

在地下水位较高或存在丰富地面滞水的地段开挖基坑(槽、沟)时,由于地下水的存在,土方开挖往往十分困难,工效很低,边坡易于塌方,地基也易被水浸泡,地基土被破坏,地基承载力降低,导致工程建成后建筑物会产生大量不均匀沉降,使结构物开裂或破坏。由于坑内外水位差很大,利用一般明沟方法排水,较易产生大量地下涌水,难以排干,而且当透水层为粉土类、砂石类时,还会出现严重的翻浆、冒泥、流砂等破坏现象,有时还会使边坡和坑壁失稳,或附近地面出现塌陷,严重影响邻近建筑物的安全。因此,在基坑土方开挖施工中,应根据工程地质和地下水文情况,采取有效的排水或降低地下水位措施,使基坑开挖和基础施工达到无水状态,以保证基础施工质量和施工顺利进行。开挖基坑(槽、沟)时,常用且有效的排水方法有以下几种。

1. 普通明沟和集水井排水

在开挖基坑的一侧、两侧或在基坑中部设置排水明(边)沟,在四角或每隔20～30m设一集水井,使地下水流汇集于集水井内,再用水泵将地下水排出基坑。排水沟、集水井应在挖至地下水位以前设置,排水沟、集水井应设在基础轮廓线以外,排水沟边缘应离开坡脚不小于0.3m。排水沟深度应始终保持比挖土面低0.4～0.5m,集水井应比排水沟低0.5～1.0m,或深于抽水泵的进水阀的高度以上,并随基坑的挖深而加深,保持水流畅通,地下水位低于开挖基坑底0.5m。如一侧设排水沟,应设在地下水的上游。一般小面积基坑排水沟深0.3～0.6m,底宽不应小于0.2～0.3m,排水沟的边坡为1.1～1.5,沟底设有0.2%～0.5%的纵坡,使水流不致阻塞。对于较大面积基坑排水,常用水沟截面尺寸可参考地下水位在不同土质中的深度来确定,集水井截面为0.6m×0.6m～0.8m×0.8m,井壁用竹笼、钢筋笼或木枋、木板支撑加固。在基坑底以下井底应填以20cm厚碎石或卵石,水泵抽水龙头应包以滤网,防止泥砂进入水泵。抽水应连续进行,直至基础施工完毕,回填土后才停止。如为渗水性强的土层,水泵出水管口应远离基坑,以防抽出的水再渗回坑内;同时,抽水时,可能使邻近基坑的水位相应降低,可利用这一条件,同时安排数个基坑一起施工。本方法施工方便,设备简单,降水费用低,管理维护较易,所以应用最为广泛。

本方法适用于土质情况较好、基坑开挖较小、地下水不丰富、基坑涌水量不大、一般基础及中等面积基础群和建(构)筑物基坑(槽、沟)的排水。

2. 分层明沟排水

当基坑开挖土层由多种土质组成,中部夹有透水性强的砂类土时,为避免上层地下水冲刷基坑下部边坡,造成塌方,可在基坑边坡上设置2～3层明沟及相应的集水井,分层阻截并排除上部土层中的地下水,排水沟与集水井的设置方法及尺寸基本与"普通明沟和集水井排水方法"相同。应注意防止上层排水沟的地下水溢流至下层排水沟,否则会因冲坏、掏空下部边坡而造成塌方。

本方法可保持基坑边坡稳定,减少边坡高度和扬程,但会加大土方开挖面积,增加土方量,适用于深度较大、地下水位较高,且上部有透水性强土层的建筑物基坑排水。

3. 深沟排水

当地下设备基础成群,基坑相连,土层渗水量和排水面积大时,为减少大量设置排水沟的复杂性,可在基坑外距坑边 6~30m 或基坑内深基础部位开挖一条纵长深的明排水沟作为主沟,使附近基坑地下水均通过深沟自流入下水道,或另设集水井用泵排到施工场地以外沟道再排走。在建(构)筑物四周或内部设支沟与主沟连通,将水流引至主沟排走,排水主沟的沟底应比最深基坑底低 0.5~1.0m。支沟比主沟低 50~70cm,通过基础部位用碎石及砂子作盲沟,以后在基坑回填前分段用黏土回填夯实截断,以免地下水在沟内继续流动而破坏地基土。深层明沟也可设在厂房内或四周的永久性排水沟位置,集水井宜设在深基础部位或附近,如施工期长或受场地限制,为不影响施工,也可将深沟做成盲沟排水。

本方法将多块小面积基坑排水变为集中排水,节省降水设施和费用,施工方便,降水效果好,但开挖深沟的工程量大,较为费事,适用于深度大的大面积地下室、箱形基础、设备基础群的排水。

4. 暗沟或渗排水层排水

在场地狭窄、地下水很多的情况下,设置明沟困难,可结合工程设计,在基础底板四周设暗沟(又称盲沟)或渗排水层,使暗沟及渗排水层的排水管(沟)坡向集水坑(井)。在挖土时,先挖排水沟,随挖加深,形成连通基坑内外的暗沟排水系统,以控制地下水位,挖至基础底板标高后,做成暗沟或渗排水层,使基础周围地下水流向永久性下水道或集中到设计的永久性排水坑,用水泵将地下水排走,使水位降低到基础底板以下。

本方法可避免地下水冲刷边坡造成塌方,减少边坡的开挖土方量适用于基坑深度较大、场地狭窄、地下水较丰富的构筑物施工基坑排水。

5. 工程设施排水

选择基坑附近的深基础工程先施工,作为施工排水的集水井或排水设施,使基础内及附近地下水汇流至较低处集中,再用水泵排走,或先施工建筑物周围或内部的正式防水、排水设计的渗排水工程或地下水道工程,利用其作为排水设施,在基坑一侧或两侧设排水明沟或暗沟,将水流引入渗排水系统或下水道排走。

本方法利用了永久性工程设施降排水,省去大量挖沟工程和排水设施,因此最为经济,适用于工程附近有较深大型地下设施(如设备基础群、地下室、油库等)工程的排水。

6. 综合排水

在深沟截水的基础上,如中部有透水性强的土层,再辅以分层明沟排水,或在上部再辅以轻型井点截水等方法,可以达到综合排除大量地下水的目的。

本方法排水效果好,可防止流砂现象,但多一道设施,费用稍高,适用于土质不均、基坑较深、涌水量较大的大面积基坑排水。

2.4.2 深基坑降水

在地下水位以下含水丰富的土层开挖大面积深基坑时,由于坑内外水位差很大,利用一般明沟方法排水,较易产生大量地下涌水,难以排干,而且当透水层为粉土类、砂石类时,还会出现严重的翻浆、冒泥、流砂等破坏现象,有时还会使边坡和坑壁失稳,或附近地面出现塌陷,严重影响邻近建筑物的安全。

这时一般采用人工降低地下水位方法施工,即采用各类井点降低地下水位。井点排水法是指在基坑开挖前沿开挖基坑的四周或一侧、二侧、三侧埋设一定数量的深于坑底的井点滤水管或管井,与总管连接,或直接与抽水设备连接从中抽水,使地下水位控制在基坑以下0.5~1.5m,以便在无水干燥的条件下开挖土方和进行基础施工。

此方法可防止因地下水渗流而发生流砂的现象,同时由于减小或消除动水压力,提高了边坡稳定性,边坡可放陡坡,减少土方开挖量。此外,井点降水可大大改善施工操作条件,避免水下作业,方便施工,提高工效,加快工程进度,提高工程质量,但井点降水设备一次性投资较高,运转费用较大,施工中应合理布置并适当安排工期,以减少作业时间,降低排水费用。

井点降水方法的种类很多,主要根据水文地质情况、现场条件、施工特点,如水的补给源、井点布置形式、要求降水深度以及邻近建筑管线情况、工程特点、场地及设备条件、施工技术水平等情况,综合比较经济、技术及节能等因素,选用一种或两种,或综合使用井点与明排。井点降水方法包括轻型井点降水、喷射井点降水、电渗井点降水、管井井点降水、深井井点降水、井点回灌技术等。

1. 轻型井点降水

轻型井点是利用在工程外围竖向埋设一系列深入含水层内的井点管,使井点管与集水总管连接,集水总管再与真空泵和离心水泵相连,利用真空泵使井点周围形成真空。地下水在真空泵吸力作用下,通过砂井、滤水管被强制吸入井点管和集水总管,排除空气后,由离心水泵的排水管排出,使井点附近的地下水位得以降低。这样,井点附近的地下水位与真空区外的地下水位之间形成一个水头差,真空范围外的地下水以重力方式流向井点排出地面,从而达到降低地下水位的目的。

一般井点管距坑壁不小于1.0~1.5m,井点间距一般为0.8~2.0m,井点管长5~7m,下端滤管长1.0~1.7m,下端深度要比坑底深0.9~1.2m。当要求降深大于6m时,多用多级降水,每增加3m,增加一级,最多为三级。当基坑宽度大于2倍的影响半径时,可在基坑中间加布井点;当宽度较小(<6m),要求降深较小(<5m)时,可在地下水的补给一侧布设一排井点,两端延伸长度一般以不小于坑宽为宜。

此方法机具简单,使用灵活,装拆方便,降水效果好,可防止流砂现象的发生,提高边坡稳定性,费用较低,需配置一套井点设备,适用于渗透系数为0.1~50m/d的土以及土层中含有大量的细砂和粉砂的土,或明沟排水易引起流砂、塌方的情况。

2. 喷射井点降水

喷射井点降水是利用井点管内部安装特制喷射器,用高压水泵或空气压缩机通过井点管中的内管向喷射器输入高压水(喷水井点)或压缩空气(喷气井点),形成水气射流,使管内形成负压,将地下水经井点外管与内管之间的间隙抽出排走。此方法排水深度大,可达8~20m,比多层轻型井点降水设备少,可节省基坑土方开挖量,施工快,费用低。

本方法适用于基坑开挖较深、降水深度大于6m、土渗透系数为3~50m/d的砂土、渗透系数为0.1~3m/d的白粉土、粉砂、淤泥质土、粉质黏土。

3. 电渗井点降水

在饱和黏性土中,特别是在淤泥和淤泥质黏土中,由于土的渗透系数很小(小于 0.1m/d),使用重力或真空作用的一般轻型井点降水效果很差,此时宜采用电渗井点排水。它是利用黏性土中的电渗现象和电泳特性使黏性土空隙中的水流动加快,起到一定的疏干作用,从而使软土地基排水效率得到提高。一般与轻型井点或喷射井点结合使用,效果较好,除有与一般井点相同的优点(如设备简单、施工方便、效果显著等)外,还可用于渗透系数很小(0.1~0.2m/d)的黏土和淤泥中,效果良好。同时,与电渗一起产生的电泳作用能使阳极周围土体加密,并可防止黏土颗粒淤塞井点管的过滤网,保证井点正常抽水,比轻型井点增加费用甚少(平均每立方米土增加电费 0.5~1.0 元)。

4. 管井井点降水

管井井点由滤水井管、吸水管和抽水机械等组成,其设备较为简单、排水量大、降水较深,较轻型井点有更大的降水效果,可代替多组轻型井点作用,水泵设在地面,易于维护。

本方法适用于渗透系数较大、地下水丰富的土层、砂层,或用明沟排水法易造成土粒大量流失,引起边坡塌方,以及用轻型井点难以满足要求的情况。但管井属于重力排水范畴,吸程高度受到一定限制,要求渗透系数较大(20~200m/d),降水深度仅为 3~5m。

5. 深井井点降水

深井又称引渗井、自渗井、砂(砾)渗井,在大面积深基坑开挖施工时,当基坑地层上部分布有上层滞水或潜水含水层,而其下部有一个不透水层(或不含水的透水层),或有一个层位比较稳定的潜水层(或承压含水层)时,它的水位比上层滞水或潜水水位低,且上、下水位差较大,下部含水层(或不含水的透水层)的渗透性较好,厚度较大,埋深适宜,当人工连通上下水层以后,在水头差的作用下,上层滞水或潜水就会自然地渗入下部透水(导水)层中,工程中常利用这一自渗现象将基坑内地下水位降低到基坑底板以下。该方法具有施工设备简单、节省降水设备、管理较易、费用较低等优点,是一种最为经济、实用、简便的降水方法。但采用本方法时,要准确掌握地质构造和含水层情况,特别是不透水层或不含水的透水层的位置、厚度变化和定向。

6. 井点回灌技术

在软弱土层中开挖基坑进行井点降水,由于基坑地下水位下降,使降水影响范围内土层中含水量减少,产生固结和压缩,土层中的含水浮力减少,从而使土颗粒间空隙被压密,致使地基产生不均匀沉降,从而导致邻近建(构)筑物产生下沉或开裂。

为了防止或减少井点降水对邻近建(构)筑物的不良影响,减少建(构)筑物下地下水的流失,一般采取在降水区和原有建(构)筑物之间土层中设置一道抗渗帷幕。通常有设置抗渗挡墙阻止地下水流失和采用补充地下水保持建(构)筑物地下水稳定两种方法。后者在降水井点系统与需要保护的建(构)筑物之间埋置一排回灌井点的方法最为合理而经济,其基本原理是在井点降水时,同时通过回灌点向土层中灌入足够的水量,使降水井点的影响半径不超过回灌点的范围,这样回灌井点就以一隔水帷幕阻止回灌井点外侧的建(构)筑物下的地下水流失,使地下水位保持不变,建(构)筑物下土层的承载力仍处于原始平衡状态,从而可有效地防止降水井点降水对周围建(构)筑物的影响。

总体来说,当土质情况良好,土的降水深度不大时,可采用单层轻型井点;当降水深度超过 6m,且层垂直渗透系数较小时,宜用二级轻型井点或多层轻型井点,或在坑中另布置井点,以分别降低上、下层的水位。当土的渗透系数小于 0.1m/d 时,可在一侧增加电极,改用电渗井点降水。如土质较差、水深度较大,采用多层轻型井点导致设备增多,土方量增大,经济上不合算时,采用喷射井点降水较为适宜;如果降水深度不大,土的渗透系数大,涌水量大,降水时间长,可选用管井井点降水;如果降水很深,涌水量大,土层复杂多变、降水时间很长,此时选用深井井点降水最为有效而经济。当各种井点降水方法会使邻近建筑物产生不均匀沉降和使用安全时,应采用回灌井点,或在基坑有建筑物一侧采用旋喷桩加固土壤和防渗,对侧壁和坑底进行加固处理。

2.4.3　地表水及地下水控制的注意事项

当建筑物坐落在地下水位较高的地段时,会给土方开挖以及基础施工带来很大困难。施工时,要注意以下几点。

(1) 选择正确的降水方法:从上文介绍的降水技术来看,已经出现很多降水方法,例如明沟降水、轻型井点降水、喷射井点降水、电渗井点降水以及深井井点降水等,其使用条件符合规范要求。采用不同的降水方法,可以在相同的降水时间内获得不同的降水深度,达到满足施工要求的目的。在选择降水方法时,必须通过地质勘查报告了解地下水位的标高。从而掌握本工程基底标高与地下水位的关系,确定降水的深度,正确选择降水方法。

(2) 降水系统施工完成后,应进行试运转,如果发现抽出的是浑水或无抽水量,很有可能是降水系统失效,应采取措施使其恢复正常,如没有恢复的可能,则应予以报废,另行设置新的井管。

(3) 降水与排水同样需要进行质量控制,比如排水沟的坡度,当排水不畅时,水可能会四溢,一旦进入基槽或基坑内,土经过水浸之后,其承载能力会大大降低;如果井点的间距太大,直接的后果是水位不易降低,达不到降水的目的。因此,为保证降水与排水的施工质量,应当使用降水与排水施工质量检验标准进行质量控制。

2.5　桩基础施工安全技术

2.5.1　预制桩施工安全技术

(1) 打桩前,应对邻近施工范围内的原有建筑物、地下管线等进行检查,对有影响的工程,应采取有效的加固防护措施或隔震措施,施工时加强观测,以确保施工安全。

(2) 打桩机行走道路必须平整、坚实,必要时铺设道碴,经压路机碾压密实。

(3) 打(沉)桩前,应先全面检查机械各个部件及润滑情况,钢丝绳是否完好,发现问题应及时解决;检查后,要进行试运转,严禁机械带故障工作。

(4) 安设打(沉)桩机架时,应铺垫平稳、牢固。吊桩就位时,桩必须达到 100% 设计强度,起吊点必须符合设计要求。

(5) 打桩时,严禁用手拨正桩头垫料,不得在桩锤未打到桩顶就起锤或过早刹车,以免损坏桩机设备。

　　（6）在夜间施工时，必须有足够的照明设施。

2.5.2　灌注桩施工安全技术

　　（1）施工前，应认真查清邻近建筑物情况，采取有效的防震措施。

　　（2）操作灌注桩成孔机械时，应保持垂直平稳，防止成孔时机械突然倾倒，或冲（桩）锤突然下落，造成人员伤亡或设备损坏。

　　（3）冲击锤（落锤）操作时，距锤 6m 范围内不得有人员行走或进行其他作业，非工作人员不得进入施工区域内。

　　（4）灌注桩在已成孔尚未灌注混凝土前，应用盖板封严或设置护栏，以防掉土或人员坠入孔内，造成安全事故。

　　（5）进行高空作业时，作业人员应系好安全带，灌注混凝土时，装、拆导管人员必须佩戴安全帽。

2.5.3　人工挖孔桩安全技术

　　（1）井口应有专人操作垂直运输设备，井内照明、通风、通信设施应齐全。

　　（2）要随时与井底人员联系，不得任意离开岗位。

　　（3）挖孔施工人员进入桩孔内时，必须佩戴安全帽，连续工作不宜超过 4h。

　　（4）挖出的弃土应及时运至堆土场堆放。

第 3 章 脚手架、模板工程安全技术

3.1 脚手架工程安全技术

脚手架是建筑施工中必不可少的临时设施,它由杆件或结构单元、配件通过可靠连接而组成,能承受相应荷载,具有安全防护功能,是为建筑施工提供作业条件的结构架体。脚手架包括作业脚手架和支撑脚手架。

作业脚手架是指由杆件或结构单元、配件通过可靠连接而组成,支承于地面、建筑物上,或附着于工程结构上,是为建筑施工提供作业平台和安全防护的脚手架,包括以各类不同杆件(构件)和节点形式构成的落地作业脚手架、悬挑脚手架、附着式升降脚手架等,简称作业架。

支撑脚手架是指由杆件或结构单元、配件通过可靠连接而组成,支承于地面或结构上,可承受各种荷载,具有安全保护功能,是为建筑施工提供支撑和作业平台的脚手架,包括以各类不同杆件(构件)和节点形式构成的结构安装支撑脚手架、混凝土施工用模板支撑脚手架等,简称支撑架。

建筑施工脚手架的设计、施工、使用及管理,应做到技术先进、安全适用、经济合理。脚手架应构造合理、连接牢固、搭设与拆除方便、使用安全可靠。

3.1.1 脚手架的统一要求

1. 脚手架的基本规定

1) 作业方案

脚手架的搭设和拆除作业是一项技术性、安全性要求很高的工作,专项施工方案是指导脚手架搭拆作业的技术文件。如果无专项施工方案而盲目进行脚手架的搭拆作业,极易引发安全事故。所以,在进行脚手架搭拆作业前,应根据工程特点编制专项施工方案,并应经审批后组织实施。

在进行脚手架的搭设和拆除作业前,应根据工程的特点对脚手架搭设和拆除进行设计和计算,编制出指导施工作业的技术文件,并按其组织实施。

专项施工方案的编制应符合工程实际,满足施工要求和安全承载、安全防护要求;应根据工程结构形式、构造、总荷载、施工条件、环境条件等因素,经过设计和计算确定脚手架搭设和拆除施工方案。

专项施工方案的审批应按专项施工方案的审批程序进行审查批准,是对专项施工方案进行审核把关,根据住房和城乡建设部办公厅《关于实施〈危险性较大的分部分项工程安全

管理规定〉有关问题的通知》(建办质〔2018〕31号)和《建设工程高大模板支撑体系施工安全监督管理导则》(建质〔2009〕254号)的规定,需进行审核论证的专项施工方案,应组织专家审核论证,并应按专家的意见对专项施工方案进行修改。在搭设、检查、验收、使用、维护、管理、拆除脚手架的过程中,应按方案指导施工。

2) 稳定性

脚手架是由多个稳定结构单元组成的。只有当架体是由多个相对独立的稳定结构单元体组成时,才可能保证脚手架是稳定结构体系。所以,脚手架的构造设计应能保证脚手架结构体系的稳定性。

架体的构造设计应注意以下事项。

(1) 脚手架的构造应满足设计计算基本假定条件(边界条件)的要求。脚手架设计计算的基本假定是进行设计计算的前提条件,是靠构造设计来满足的。对于作业脚手架而言,边界条件主要是对连墙件、水平杆、剪刀撑(斜撑杆)、扫地杆的设置;对于支撑脚手架而言,边界条件主要是对纵向和横向水平杆、竖向(纵、横)剪刀撑、水平剪刀撑、斜撑杆、扫地杆的设置。

(2) 脚手架的设计计算模型与脚手架的构造相对应。当构造发生变化时,设计计算的技术参数也要发生变化。

(3) 当剪刀撑、水平杆、扫地杆、节点连接形式等按不同构造方式设置时,架体的稳定承载力会存在很大差别。

3) 性能要求

脚手架是根据施工需要而搭设的施工作业平台,必须具有规定的性能。脚手架是采用工具式周转材料搭设的,且作为施工设施使用的时间较长,在使用期间,节点及杆件受荷载反复作用后极易松动、滑移,从而影响脚手架的承载性能。因此,脚手架的设计、搭设、使用和维护应满足下列要求。

(1) 应能承受设计荷载。

(2) 结构应稳固,不得发生影响正常使用的变形。

(3) 应满足使用要求,具有安全防护功能。

(4) 在使用中,脚手架结构性能不得发生明显改变。

(5) 当遇意外作用或偶然超载时,不得发生整体破坏。

(6) 脚手架所依附、承受的工程结构不应受到损坏。

2. 脚手架材质、构配件要求

1) 材料与规格

(1) 木质材料:常用剥皮杉杆或落叶松。立杆和斜杆(包括斜撑、抛撑、剪刀撑等)的小头直径一般不小于70mm;纵向水平杆、横向水平杆的小头直径一般不小于80mm;脚手板的厚度一般不小于50mm,应符合木质二等材。

(2) 竹质材料:一般采用3~4年以上生长期的毛竹。青嫩、枯脆、黑斑、腐烂、虫蛀以及裂纹连通二节以上的竹竿都不能用。

使用竹竿搭设脚手架时,其立杆、斜撑、顶撑、抛撑、剪刀撑、扫地杆和纵向水平杆的小头直径一般不小于75mm,纵、横向水平杆的小头直径不小于90mm。对直径为60~90mm的杆件,应双杆合并使用。搁栅、栏杆高度不得小于60mm。主要受力杆件的使用期限不宜超过1年。

(3) 钢管:应采用符合现行国家标准《直缝电焊钢管》(GB/T 13793—2016)或《低压流体输送用焊接钢管》(GB/T 3091—2015)中规定的3号普通钢管。其质量应符合国家标准《碳素结构钢》(GB/T 700—2006)中Q235-A级钢的规定。钢管的尺寸应按标准选用,每根钢管的最大质量不应大于25.8kg,钢管的尺寸为$\phi 48.3\times 3.6$mm。

(4) 扣件:扣件式钢管脚手架的扣件应采用可锻铸铁制作的扣件,其材质应符合现行国家标准《钢管脚手架扣件》(GB 15831—2006)的规定。采用其他材料制作的扣件,应经试验证明其质量符合该标准的规定后才能使用。扣件的螺杆拧紧扭力矩达到65N·m时不得发生破坏,使用时,扭力矩在40~65N·m。

(5) 脚手板:应满足强度、耐久性和重复使用要求,钢脚手板材质应符合现行国家标准《碳素结构钢》(GB/T 700—2006)中关于Q235级钢的规定;冲压钢脚手板的钢板厚度不宜小于1.5mm,板面冲孔内切圆直径应小于25mm。

(6) 绑扎材料的规格和要求如下。

① 钢丝的规格:绑扎木脚手架一般采用8号或10号镀锌钢丝。不得有锈蚀或机械损伤。8号钢丝的抗拉强度不得低于400N/mm²,10号钢丝的抗拉强度不得低于450N/mm²。

② 竹篾的材质和规格要求:竹脚手架一般来说应采用竹篾绑扎。竹篾用毛竹或慈竹劈成,要求质地新鲜,坚韧带青,使用前,应提前1天用水浸泡,3个月要更换一次。

③ 塑料篾的材质和规格要求:它是由塑料纤维编织成带状,在竹脚手架中用以代替竹篾的一种绑扎材料。单根塑料篾的抗拉能力不得低于250N。

④ 严禁重复使用竹竿的绑扎材料。

⑤ 不得接长使用竹竿的绑扎材料。

(7) 底座和托座:材质应符合现行国家标准《碳素结构钢》(GB/T 700—2006)中关于Q235级钢或《低合金高强度结构钢》(GB/T 1591—2018)中关于Q345级钢的规定,并应符合下列要求:

① 底座的钢板厚度不得小于6mm,托座U形钢板厚度不得小于5mm,钢板与螺杆应采用环焊,焊缝高度不应小于钢板厚度,并宜设置加劲板。

② 可调底座和可调托座螺杆插入脚手架立杆钢管的配合公差应小于2.5mm。

③ 可调底座和可调托座螺杆与可调螺母啮合的承载力应高于可调底座和可调托座的承载力,应通过计算确定螺杆与调节螺母啮合的齿数,螺母厚度不得小于30mm。

2) 构配件标准要求

脚手架构配件应具有良好的互换性,且可重复使用。构配件出厂质量应符合国家现行相关产品标准的要求,杆件、构配件的外观质量应符合下列规定。

(1) 不得使用带有裂纹、折痕、表面明显凹陷、严重锈蚀的钢管。

(2) 铸件表面应光滑,不得有砂眼、气孔、裂纹、浇冒口残余等缺陷,应将表面黏砂清除干净。

(3) 冲压件不得有毛刺、裂纹、明显变形、氧化皮等缺陷。

(4) 焊接件的焊缝应饱满,焊渣应清除干净,不得有未焊透、夹渣、咬肉、裂纹等缺陷。

3. 脚手架地基基础安全要求

脚手架地基基础安全要求如下。

（1）脚手架的基础可以用十个字来概括,即平整、夯实、硬化、垫木、排水沟（槽）。

（2）现浇混凝土宜为 C15 以上素混凝土,现浇混凝土宽度应超出脚手架宽度两边各 100mm 以上,待混凝土强度达到 70％以上时才可搭设脚手架。

（3）地基上应铺设 50mm（厚）×200mm（宽）木板,木板应平行于墙面放置。底座底面标高以高于自然地坪 50mm 为宜。

（4）地基应里高外低,坡度不少于 3％。应沿地基周圈设置排水沟（槽）。

（5）基础经验收合格后,应按施工组织设计的要求放线定位。

（6）直接支承在土体上的模板支架及脚手架,应在立杆底部设置可调底座,土体应采取压实、铺设块石或浇筑混凝土垫层等加固措施以防止不均匀沉降,也可在立杆底部垫设垫板,垫板的长度不宜少于 2 跨。

4. 构造要求

脚手架的构造和组架工艺应能满足施工需求,并应保证架体牢固、稳定。脚手架构造的总体要求如下。

（1）架体必须具有完整的组架方法和构造体系,使架体形成空间稳定的结构体系,保证脚手架能够安全稳定的承载;架体各部分杆件的组成方法、结构形状及连接方式等必须完整、配套、准确、合理。

（2）架体杆件的间距、位置等必须符合施工方案设计和相关标准的构造要求。

（3）架体杆件连接节点要满足标准规定的强度和刚度,保证节点传力可靠。

（4）架体的结构布置要满足传力明晰、合理的要求。

（5）应依据施工条件和环境变化搭设架体,并应满足安全施工要求。

5. 搭设与拆除

脚手架的搭设与拆除施工是一项技术性很强的工作,应按专项施工方案施工。在作业前,为了保证架体搭设质量和搭设与拆除作业安全,应对操作人员进行技术安全交底。

1）脚手架搭设

选择合理的搭设顺序和施工操作程序,是保证脚手架搭设安全和减少架体搭设积累误差的重要举措。脚手架搭设应按顺序施工,并应符合下列规定:

（1）落地作业脚手架、悬挑脚手架的搭设应与工程施工同步,一次搭设高度不应超过最上层连墙件两步,且自由高度不应大于 4m。

（2）支撑脚手架应逐排、逐层进行搭设。

（3）剪刀撑、斜撑杆等加固杆件应随架体同步搭设,不得滞后安装。

（4）搭设构件组装类脚手架时,应自一端向另一端延伸,自下而上按步架设,并应逐层改变搭设方向。

（5）每搭设完一步架体后,应按规定校正立杆间距、步距、垂直度及水平杆的水平度。

2）连墙件设置

连墙件是保证作业脚手架稳定的重要构件,必须与作业脚手架同步搭设,并连接牢固。作业脚手架连墙件的安装必须符合下列规定:

（1）连墙件的安装必须随作业脚手架搭设同步进行,严禁滞后安装。

（2）当作业脚手架操作层高出相邻连墙件 2 个步距及以上时,在上层连墙件安装完毕前,必须采取临时拉结措施。

3) 脚手架拆除

脚手架拆除作业具有一定的危险性,因此,为保证拆除作业安全,脚手架拆除作业应有序施工,并应符合下列规定。

(1) 架体的拆除应从上而下逐层进行,严禁上下层同时作业。

(2) 同层杆件和构配件必须按先外后内的顺序拆除;剪刀撑、斜撑杆等加固杆件必须在拆卸至该杆件所在部位时再拆除。

(3) 作业脚手架连墙件必须随架体逐层拆除,严禁先将连墙件整层或数层拆除后再拆架体。在拆除作业过程中,当架体的自由端高度超过 2 个步距时,必须采取临时拉结措施。

(4) 对脚手架进行拆除作业时,不得用重锤击打、撬别。应采用机械或人工将拆除的杆件、构配件运至地面,严禁抛掷构件。

6. 质量控制

脚手架工程重大安全事故的发生,绝大多数是因为在搭设时使用了不合格材料和构配件,搭设施工质量不符合现行国家标准和专项施工方案规定。究其原因,均与施工现场没有建立脚手架工程的质量管理制度,对脚手架材料、构配件及搭设施工质量没有严格检查验收有关。

因此,施工现场应建立脚手架工程的质量管理制度和搭设施工质量验收制度,这是对脚手架搭设质量进行控制,保证脚手架搭设施工质量和使用安全的重要措施。

脚手架搭设施工质量控制按搭设前、搭设过程中、搭设完工或阶段使用前三个环节进行质量控制,并应符合下列规定。

(1) 对搭设脚手架的材料、构配件和设备应进行现场检验。

(2) 在脚手架搭设过程中,应分步校验,并应进行阶段施工质量检查。

(3) 在脚手架搭设完工后,应进行验收,并应在验收合格后方可使用。搭设脚手架的材料、构配件和设备应按进入施工现场的批次分品种、规格进行检验。

对脚手架检验合格后,方可搭设施工,并应符合下列规定。

(1) 新产品应有产品质量合格证,工厂化生产的主要受力杆件、涉及结构安全的构件应具有型式检验报告。

(2) 材料、构配件和设备质量应符合《建筑施工脚手架安全技术统一标准》(GB 51210—2016)及国家现行相关标准的规定。

(3) 按规定应进行施工现场抽样复验的构配件,应经抽样复验合格。

(4) 周转使用的材料、构配件和设备,应经维修检验合格。

7. 安全管理

脚手架作为施工过程中的施工设施,既是人员集中的施工作业平台,又是施工和建筑材料等荷载的支撑体系,在现场使用的周期也比较长,易受施工环境、场地条件、施工进度等因素影响,也易受恶劣的自然天气和外力撞击等侵害。所以,必须对脚手架工程建立安全生产责任制度,建立安全检查考核制度,应该对项目部、班组及各类人员的安全管理责任作出规定。

脚手架工程的安全管理是脚手架搭设、使用、拆除过程中的重要工作。脚手架的使用与管理应满足下列要求。

（1）设置供操作人员上、下使用的安全扶梯、爬梯或斜道。

（2）搭设完毕后，应对脚手架进行检查验收，经检查合格后才准使用。特别是高层脚手架和满堂脚手架，更应在检查验收后才能使用。

（3）在脚手架上同时进行多层作业的情况下，各作业层之间应设置可靠的防护棚，以防止上层坠物伤及上、下层作业人员。

（4）在维修、加固脚手架专项施工方案中，应包括脚手架拆除方案和措施，拆除时，应严格遵守该方案和措施。

3.1.2　扣件式钢管脚手架

为建筑施工而搭设的，承受荷载，且由扣件和钢管等构成的脚手架与支撑架，统称为脚手架。扣件即采用螺栓紧固的扣接连接件。

1. 一般规定

1）施工方案

对于搭设高度超过规范要求的脚手架，应编制专项施工方案，基础、连墙件应经设计计算，专项施工方案经审批后实施；搭设高度超过 50m 的架体，必须采取加强措施，专项施工方案必须经专家论证。

2）构配件

（1）钢管：脚手架钢管应采用现行国家标准《直缝电焊钢管》（GB/T 13793—2016）或《低压流体输送用焊接钢管》（GB/T 3091—2015）中规定的 Q235 普通钢管；钢管的钢材质量应符合现行国家标准《碳素结构钢》（GB/T 700—2006）中关于 Q235 级钢的规定。

脚手架钢管宜采用 $\phi 48.3 \text{mm} \times 3.6 \text{mm}$ 钢管，且每根钢管的最大质量不应大于 25.8kg。

（2）扣件：应采用可锻铸铁或铸钢制作，其质量和性能应符合现行国家标准《钢管脚手架扣件》（GB 15831—2006）的规定。采用其他材料制作的扣件，应经试验证明其质量符合该标准的规定后方可使用。

扣件在螺栓拧紧扭力矩达到 65N·m 时，不得发生破坏。

扣件铸件的材料采用可锻铸铁或铸钢。扣件按结构形式分为直角扣件、旋转扣件、对接扣件。其中，直角扣件是用于垂直交叉杆件间连接的扣件；旋转扣件是用于平行或斜交杆件间连接的扣件；对接扣件是用于杆件对接连接的扣件。

（3）脚手板：可采用钢、木、竹材料制作，单块脚手板的质量不宜大于 30kg。

冲压钢脚手板的材质应符合现行国家标准《碳素结构钢》（GB/T 700—2006）中关于 Q235 级钢的规定。

木脚手板材质应符合现行国家标准《木结构设计标准》（GB 50005—2017）中关于 Ⅱa 级材质的规定（表 3-1）。脚手板厚度不应小于 50mm，两端宜各设置两道直径不小于 4mm 的镀锌钢丝箍。

表 3-1 普通木结构构件的材质等级

序号	主 要 用 途	材质等级
1	受拉或受弯构件	Ⅰa
2	受弯或受压构件	Ⅱa
3	受压构件及次要受弯构件	Ⅲa

竹脚手板宜采用由毛竹或楠竹制作的竹串片板、竹笆板;竹串片脚手板应符合现行行业标准《建筑施工木脚手架安全技术规范》(JGJ 164—2008)的相关规定。

(4) 可调托撑:其螺杆应与支托板焊接牢固,焊缝高度不得小于 6mm;可调托撑螺杆与螺母旋合长度不得少于 5 扣,螺母厚度不得小于 30mm。可调托撑抗压承载力设计值不应小于 40kN,支托板厚不应小于 5mm。

3) 荷载

荷载包含三项内容,即荷载分类、荷载取值、荷载组合,下面分别进行介绍。

(1) 荷载分类。对脚手架相关计算的基本依据是现行国家标准《冷弯薄壁型钢结构技术规范》(GB 50018—2002)和《建筑结构荷载规范》(GB 50009—2012),即对脚手架构件的计算采用了与上述标准相同的计算表达式、荷载分项系数和有关设计指标。根据上述标准的要求,作用于脚手架上的荷载分为永久荷载(恒荷载)和可变荷载(活载)。计算构件的内力(轴力)、弯矩、剪力等时,要区别这两种荷载,采用不同的荷载分项系数,永久荷载分项系数取 1.2,可变荷载分项系数取 1.4。

(2) 荷载取值分以下两种情况。

① 永久荷载:永久荷载标准值按每米立杆承受的结构自重标准值取值;冲压钢脚手板、木脚手板与竹串片脚手板自重标准值,栏杆与挡脚板自重标准值,脚手架上吊挂的安全设施(安全网、竹笆等)的荷载,应按实际情况采用。

② 施工荷载:根据脚手架的不同用途,确定装修、结构施工脚手架两种施工均布荷载(kN/m²),装修脚手架为 2kN/m²,结构施工脚手架为 3kN/m²。

(3) 荷载组合。设计脚手架的承重构件时,应根据使用过程中可能出现的荷载取其最不利组合进行计算。

钢管脚手架的荷载由横向水平杆、纵向水平杆和立杆组成的承载力构架承受,并通过立杆传给基础。剪刀撑、斜撑和连墙杆主要用于保证脚手架的整体刚度和稳定性,增加脚手架抵抗竖向荷载和水平荷载的能力。连墙杆则用于承受全部的风荷载。扣件则是架子组成整体的连接件和传力件。

① 扣件式钢管脚手架的荷载传递路线:作用于脚手架上的荷载可归纳为竖向荷载和水平荷载两类,它们的传递路线如下。作用于脚手架上的全部竖向荷载和水平荷载最终都是通过立杆传递的;由竖向荷载和水平荷载产生的竖向力由立杆传给基础;水平力则由立杆通过连墙件传给建筑物。分清组成脚手架的各构件各自传递哪些荷载,从而明确哪些构件是主要传力构件,各属于何种受力构件,以便按力学、结构知识对它们进行计算。

② 组成扣件式钢管脚手架的杆件受力分析:由荷载传递路线可知,立杆是传递全部竖向荷载和水平荷载的最重要构件,它主要承受压力。计算时,忽略因扣件连接偏心以

及施工荷载作用产生的弯矩。当不组合风荷载时,简化为轴压杆,以便于计算。当组合风荷载时,则为压弯构件。纵向、横向水平杆是受弯构件。连墙件也是最终将脚手架水平力传给建筑物的最重要构件,一般为偏心受压(刚性连墙件)构件,因偏心不大,可以简化为轴心受压构件进行计算。纵向或横向水平杆靠扣件连接将施工荷载、脚手板自重传给立杆,当连墙件采用扣件连接时,要靠扣件连接将脚手架的水平力由立杆传递到建筑物上。扣件连接是以扣件与钢管之间的摩擦力传递竖向力或水平力,因此规范规定要对扣件进行抗滑计算。

连墙件主要承受风荷载和脚手架平面外变形产生的轴向力,它对脚手架的稳定和强度起着重要的作用。连墙件的强度、稳定性和连接强度应按现行国家标准《冷弯薄壁型钢结构技术规范》(GB 50018—2002)、《钢结构设计标准》(GB 50017—2017)、《混凝土结构设计规范》(GB 50010—2010)(2015 年版)等的规定进行计算。

③ 立杆地基承载力计算:立杆的作用是将脚手架的荷载传递到地基,因此要求立杆基础底面的平均压力应大于立杆传下来的轴向力。

2. 扣件式钢管脚手架的构造要求

1) 基本构造及要求

扣件式钢管脚手架由钢管和扣件组成,它的基本构造形式与木脚手架基本相同,有单排架和双排架两种。

立杆、纵向水平杆、横向水平杆三杆的交叉点称为主节点。主节点处立杆和纵向水平杆的连接扣件与纵向水平杆与横向水平杆的连接扣件的间距应小于 150mm。在脚手架使用期间,不能拆除主节点处的纵向、横向水平杆,纵、横向扫地杆及连墙件。

2) 常用单、双排脚手架设计尺寸

单排脚手架的搭设高度不应超过 24m;双排脚手架的搭设高度不宜超过 50m。根据国内几十年的实践经验及对国内脚手架的调查,立杆采用单管的落地脚手架搭设高度一般在 50m 以下。当需要的搭设高度大于 50m 时,一般都会比较慎重地采用加强措施,如采用双管立杆、分段卸荷、分段搭设等方法。

从经济方面考虑,当搭设高度超过 50m 时,钢管、扣件的周转使用率降低,脚手架的地基基础处理费用也会增加。高度超过 50m 的脚手架,采用双管立杆(或双管高取架高的 2/3)搭设或分段卸荷等有效措施时,应根据现场实际工况条件进行专门设计及论证。

常用的密目式安全立网全封闭式双、单排脚手架结构的设计尺寸应分别符合表 3-2、表 3-3 的要求。

3) 纵向水平杆

(1) 纵向水平杆可设置在立杆内侧,其长度不能小于三跨。

(2) 纵向水平杆用对接扣件接长,也可采用搭接。

(3) 纵向水平杆的对接、搭接应符合下列规定。

纵向水平杆的对接扣件应交错布置。两根相邻纵向水平杆的接头不宜设置在同步或同跨内;不同步且不同跨的两相邻接头在水平方向错开的距离不应小于 500mm;各接头中心至最近主节点的距离不宜大于纵距的 1/3,如图 3-1 所示。

表 3-2 常用密目式安全立网全封闭式双排脚手架的设计尺寸

连墙件设置	立杆横距 l_b/m	步距 h/m	下列荷载时的立杆纵距 l_a/m				脚手架允许搭设高度 H/m
			$2+0.35$/ (kN/m^2)	$2+2+2×0.35$/ (kN/m^2)	$3+0.35$/ (kN/m^2)	$3+2+2×0.35$/ (kN/m^2)	
二步三跨	1.05	1.5	2.0	1.5	1.5	1.5	50
		1.8	1.8	1.5	1.5	1.5	32
	1.30	1.5	1.8	1.5	1.5	1.5	50
		1.8	1.8	1.2	1.5	1.2	30
	1.55	1.5	1.8	1.5	1.5	1.5	38
		1.8	1.8	1.2	1.5	1.2	22
三步三跨	1.05	1.5	2.0	1.5	1.5	1.5	43
		1.8	1.8	1.2	1.5	1.2	24
	1.30	1.5	1.8	1.5	1.5	1.2	30
		1.8	1.8	1.2	1.5	1.2	17

注:(1)表中所示 2+2+2×0.35,包括下列荷载:2+2 为二层装修作业层施工荷载标准值;2×0.35 为二层作业层脚手板自重荷载标准值,单位均为 kN/m²。

(2)作业层横向水平杆间距,应按不大于 $l_a/2$ 设置。

(3)地面粗糙度为 B 类,基本风压 $W_o=0.4kN/m^2$。

表 3-3 常用密目式安全立网全封闭式单排脚手架的设计尺寸

连墙件设置	立杆横距 l_b/m	步距 h/m	下列荷载时的立杆纵距 l_a/m		脚手架允许搭设高度 H/m
			$2+0.35$/(kN/m^2)	$3+0.35$/(kN/m^2)	
二步三跨	1.2	1.5	2.0	1.8	24
		1.8	1.5	1.2	24
	1.4	1.5	1.8	1.5	24
		1.8	1.5	1.2	24
三步三跨	1.2	1.5	2.0	1.8	24
		1.8	1.2	1.2	24
	1.4	1.5	1.8	1.5	24
		1.8	1.2	1.2	24

注:同表 3-2。

搭接长度不应小于 1m,应等间距设置 3 个旋转扣件进行固定,端部扣件盖板边缘至纵向水平杆端部的距离不应小于 100mm。

当使用冲压钢脚手板、木脚手板、竹串片脚手板时,纵向水平杆应作为横向水平杆的支座,用直角扣件固定在立杆上;当使用竹笆脚手板时,纵向水平杆应采用直角扣件固定在横向水平杆上,并应等间距设置,间距不应大于 400mm。

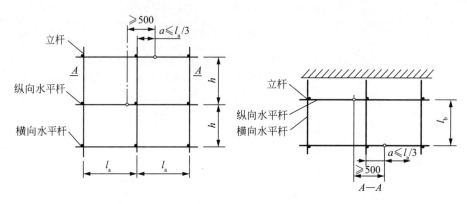

图 3-1　纵向水平杆对接接头布置

4) 横向水平杆

主节点处必须设置一根横向水平杆,应用直角扣件扣接,且严禁拆除。

作业层上非主节点处的横向水平杆,宜根据支承脚手架的需要等间距设置,最大间距不应大于纵距的 1/2。

脚手架必须设置纵、横向扫地杆。纵向扫地杆应采用直角扣件固定在距底座上皮不大于 200mm 处的立杆上。横向扫地杆也应采用直角扣件固定在紧靠纵向扫地杆下方的立杆上。当立杆基础不在同一高度上时,必须将高处的纵向扫地杆向低处延长两跨与立杆固定,高低差不应大于 1m。靠边坡上方的立杆轴线到边坡的距离不应小于 500mm,如图 3-2 所示。

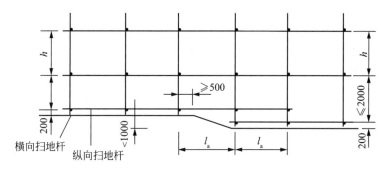

图 3-2　纵、横向扫地杆构造

5) 脚手板

当使用冲压钢脚手板、木脚手板、竹串片脚手板时,双排脚手架的横向水平杆两端均采用直角扣件固定在纵向水平杆上;单排脚手架的横向水平杆的一端应用直角扣件固定在纵向水平杆上,另一端应插入墙内,插入长度不应小于 180mm。

脚手板的设置应符合下列规定:作业层脚手板应铺满、铺稳;冲压钢脚手板、木脚手板、竹串片脚手板等应设置在三根横向水平杆上。当脚手板长度小于 2m 时,可采用两根横向水平杆支承,但应将脚手板两端与其可靠固定,严防倾翻。

钢脚手板、木脚手板、竹串片脚手板这三种脚手板的铺设可采用对接平铺,也可采用搭接铺设。脚手板对接平铺时,接头处必须设两根小横杆,脚手板外伸长度应取 130~150mm,两块脚手板外伸长度的和不应大于 300mm;脚手板搭接铺设时,接头必须支在横向水平杆上,搭接长度应大于200mm,其伸出横向水平杆的长度不应小于100mm,如图3-3所示。

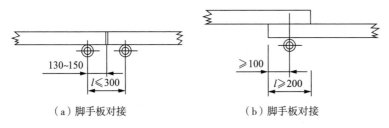

（a）脚手板对接　　　　　　（b）脚手板对接

图 3-3　脚手板对接、搭接构造

使用竹笆脚手板时,双排脚手架的横向水平杆两端应用直角扣件固定在立杆上;单排脚手架的横向水平杆一端应用直角扣件固定在立杆上,另一端插入墙内,且插入长度不应小于180mm。

竹笆脚手板应按其主筋垂直于纵向水平杆方向铺设,且采用对接平铺,四个角应用直径1.2mm的镀锌钢丝固定在纵向水平杆上,如图3-4所示。

作业层端部脚手板探头长度应取150mm,其板长两端均应与支承杆可靠地固定。

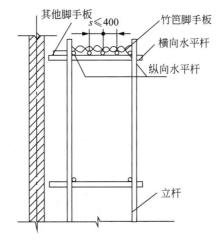

图 3-4　铺竹笆脚手板时纵向水平杆的构造

6）立杆

（1）每根立杆底部应设置底座,底座下再设垫板。

（2）脚手架底层步距不应大于2m。

（3）立杆必须用连墙件与建筑物可靠连接。

（4）立杆接长除顶层顶部可采用搭接外,其余各层必须采用对接扣件连接。

（5）立杆上的搭接扣件应交错布置,并满足以下要求:

① 两根相邻立杆的接头不应设置在同步内,同步内隔一根立杆的两个相邻接头在高度方向错开的距离不宜小于500mm;

② 各接头中心至主节点的距离不宜大于步距的1/3。

（6）搭接长度不应小于1m,应采用不小于两个旋转扣件固定,端部扣件盖板的边缘至杆端的距离不应小于 100mm。

(7) 脚手架立杆顶端栏杆宜高出女儿墙上端 1m,宜高出檐口上端 1.5m。

7) 连墙件

对连墙件数量的设置,除应满足下列设计计算要求外,尚应符合表 3-4 的规定。

表 3-4　连墙件布置最大间距

脚手架高度		竖向间距	水平间距	每根连墙件覆盖面积/m²
双排	≤50m	$3h$	$3l_a$	≤40
	>50m	$2h$	$3l_a$	≤27
单排	≤24m	$3h$	$3l_a$	≤40

注:h 为步距,l_a 为纵距。

(1) 宜靠近主节点设置,偏离主节点的距离不应大于 300mm。

(2) 连墙件应从底层第一步大横杆处开始设置,当在该处设置有困难时,应采用其他可靠措施固定。

(3) 开口型脚手架的两端必须设置连墙件,连墙件的垂直间距不应大于建筑物的层高,并且不应大于 4m。

(4) 连墙件中的连墙杆应呈水平设置,当不能水平设置时,应向脚手架一端下斜连接。

(5) 连墙件必须采用可承受拉力和压力的构造。对于高度为 24m 以上的双排脚手架,应采用刚性连墙件与建筑物连接。

(6) 当脚手架下部暂不能搭设连墙件时,应采取防倾覆措施。当搭设抛撑时,抛撑应采用通长杆件,并用旋转扣件固定在脚手架上,与地面的倾角应在 45°~60°;连接点中心至主节点的距离不应大于 300mm。抛撑应在搭设连墙件后再拆除。

(7) 当架高超过 40m,且有风涡流作用时,应采取抗上升翻流作用的连墙措施。

8) 门洞桁架

单、双排脚手架门洞宜采用上升斜杆、平行弦杆桁架结构形式,斜杆与地面的倾角 α 应在 45°~60°。门洞桁架的形式宜按下列要求确定。当步距(h)小于纵距(l_a)时,应采用 A型。当步距(h)大于纵距(l_a)时,应采用 B 型,并应符合下列规定:

(1) $h=1.8$m 时,纵距(l_a)不应大于 15m;

(2) $h=2.0$m 时,纵距(l_a)不应大于 1.2m。

单、双排脚手架门洞桁架的构造应符合下列规定。

(1) 单排脚手架门洞处,应在平面桁架的每一节间设置一根斜腹杆;双排脚手架门洞处的空间桁架,除下弦平面外,应在其余 5 个平面内的图示节间设置一根斜腹杆。

(2) 斜腹杆宜采用旋转扣件固定在与之相交的横向水平杆的伸出端上,旋转扣件中心线至主节点的距离不宜大于 150mm。当斜腹杆在 1 跨内跨越 2 个步距时,宜在相交的纵向水平杆处增设一根横向水平杆,将斜腹杆固定在其伸出端上。

(3) 斜腹杆宜采用通长杆件,当必须接长使用时,宜采用对接扣件连接,也可采用搭接,搭接构造应符合相关规范的规定。

当单排脚手架穿过窗洞时,应增设立杆,或增设一根纵向水平杆,如图 3-5 所示。

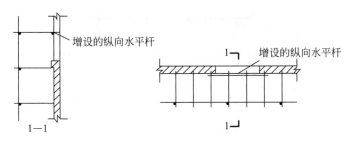

图 3-5　单排脚手架穿过窗洞构造

门洞桁架下的两侧立杆应为双管立杆,副立杆高度应高于门洞口 1～2 步。门洞桁架中伸出上、下弦杆的杆件端头均应增设一个防滑扣件,该扣件宜紧靠主节点处的扣件。

9）剪刀撑与横向斜撑

（1）剪刀撑的设置:双排脚手架应设置剪刀撑与横向斜撑,单排脚手架应设置剪刀撑。每道剪刀撑跨越立杆的根数为 5～6 根,斜杆与地面的倾角应在 45°～60°,剪刀撑跨越立杆的根数,如表 3-5 所示。

表 3-5　剪刀撑斜杆与地面的倾角及跨越立杆的最多根数

剪刀撑斜杆与地面的倾角 $\alpha/(°)$	45	50	60
剪刀撑跨越立杆的最多根数 n	7	6	5

剪刀撑斜杆应采用搭接或对接连接接长,应用旋转扣件固定在与之相交的横向水平杆的伸出端或立杆上,旋转扣件中心线至主节点的距离不应大于 150mm。对于高度在 24m 及以上的双排脚手架,应在外侧全立面连续设置剪刀撑;对于高度在 24m 以下的单、双排脚手架,均必须在外侧两端、转角及中间间隔不超过 15m 的立面上各设置一道剪刀撑,并应由底至顶连续设置,如图 3-6 和图 3-7 所示。

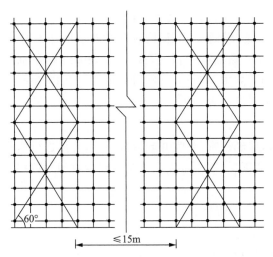

图 3-6　高度 24m 以下剪刀撑布置

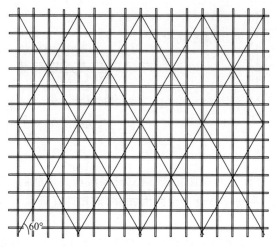

图 3-7　高度 24m 以上剪刀撑布置

（2）横向斜撑的设置：横向斜撑应在同一节间由底至顶层呈"之"字形连续设置；对于高度在 24m 以下的封闭型双排脚手架，可不设横向斜撑；对于高度在 24m 以上的封闭型双排脚手架，除拐角应设置横向斜撑外，中间应每隔 6 跨间距设置一道横向斜撑；开口型双排脚手架两端均必须设置横向斜撑。

10）斜道

（1）人行并兼作材料运输的斜道的形式：对于高度不大于 6m 的脚手架，宜采用"一"字形斜道；对于高度大于 6m 的脚手架，宜采用"之"字形斜道。

（2）斜道的构造：斜道应附着外脚手架或建筑物设置；运料斜道宽度不应小于 1.5m，坡度不应大于 1∶6；人行斜道宽度不应小于 1m，坡度不应大于 1∶3；拐弯处应设置平台，其宽度不应小于斜道宽度；斜道两侧及平台外围均应设置栏杆及挡脚板。栏杆高度应为 1.2m，挡脚板高度不应小于 180mm。运料斜道两端、平台外围和端部均应按规定设置连墙件；每两步应加设水平斜杆；应按规定设置剪刀撑和横向斜撑。

（3）斜道脚手板的构造：横铺脚手板时，应在横向水平杆下增设纵向支托杆，纵向支托杆的间距不应大于 500mm；顺铺脚手板时，接头应采用搭接，下面的板头应压住上面的板头，板头的凸棱处应采用三角木填顺；人行斜道和运料斜道的脚手板上应每隔 250～300mm 设置一根防滑木条，木条厚度应为 20～30mm。

3. 脚手架验收

脚手架搭设完毕后，应经检查、验收并确认合格后，方可进行作业。主管工长、架子班组长和专职安全技术人员应逐层、逐流水段内一起组织验收，并填写验收单。

1）验收时间

（1）基础完工后及脚手架搭设前；

（2）作业层上施加荷载前；

（3）每搭设完 6～8m 高度后；

（4）达到设计高度后；

（5）遇有六级及以上强风或大雨后，冻结地区解冻后；

（6）停用超过一个月。

2）验收要求

（1）脚手架的基础处理、做法、埋置深度必须正确可靠；

（2）架子的布置，立杆、大小横杆间距应符合要求；

（3）连墙点要安全可靠；

（4）剪刀撑、斜撑应符合要求；

（5）脚手架的扣件和绑扎拧紧程度应符合规定；

（6）脚手板的铺设应符合规定。

4. 脚手架常见安全隐患

脚手架常见的安全隐患有以下多种类型：

（1）脚手架未编制专项施工方案，或方案未经审批；

（2）脚手架连墙件的设置不符合规范要求；

（3）杆件间距与剪刀撑的位置不符合规范要求；

（4）脚手板、立杆、纵向水平杆、横向水平杆材质不符合规范要求；

（5）施工层脚手板未铺满；

（6）搭设脚手架前，未进行交底，未组织脚手架分段及搭设完毕的检查验收，或验收记录不全面；

（7）脚手架上材料堆放不均匀，荷载超过规范要求；

（8）通道及卸料平台的防护栏杆不符合规范要求；

（9）脚手架搭设人员未经专业培训上岗作业。

5. 脚手架工程的安全技术要求

在建筑施工中，脚手架是一项不可缺少的重要工具。脚手架要求有足够的面积，能满足工人操作、材料堆放和运输的需要，还要求坚固稳定，能保证施工期间在各种荷载和气候条件下不变形、不倾斜、不摇晃。

脚手架施工作业属于高处作业，其安全技术主要有以下要求：

（1）必须有完善的施工方案，并经企业技术负责人审批；

（2）必须有完善的安全防护措施，要按规定设置安全网、防护栏、挡脚板；

（3）操作人员上、下架子时，要有保证安全的扶梯、爬梯或斜道；

（4）必须有良好的防电、避雷装置，钢脚手架等均应可靠接地，对于高于四周建筑物的脚手架，应设避雷装置；

（5）必须按规定设扫地杆、连墙件和剪刀撑，保证架体牢固；

（6）脚手板要铺满、铺稳，不得留探头板，要保证有3个支撑点，并绑扎牢固；

（7）在脚手架的搭设和使用过程中，必须随时进行检查，经常清除架上的垃圾，注意控制架上荷载，禁止在架上过多地堆放材料和多人挤在一起；

（8）在工程复工或风、雨、雪后，应对脚手架进行详细检查，发现有立杆沉陷、悬空、接头松动、架子歪斜等情况时，应及时处理；

（9）遇六级以上大风或大雾、大雨，应暂停高处作业，雨、雪后上架操作时，要有防滑措施；

（10）应设置供操作人员上、下使用的安全扶梯、爬梯或斜道；

（11）搭设完毕后，应进行检查验收，经检查验收合格后才能使用，特别是高层脚手架和满堂脚手架，更应在检查验收合格后才能使用；

（12）在脚手架上同时进行多层作业的情况下，应在各作业层之间设置可靠的防护棚，以防止上层坠物伤及下层作业人员。

3.1.3　悬挑式脚手架

1. 一般规定

悬挑式脚手架是指架体结构卸荷在附着于建筑结构的刚性悬挑梁（架）上的脚手架，用于建筑施工中的主体或装修工程的作业及其安全防护需要，每段搭设高度不得大于 20m。当搭设长度为 20m 及以上时，应符合《危险性较大的分部分项工程安全管理规定》（住建部令〔2018〕37 号）的规定。悬挑架的支承结构应为型钢制作的悬挑梁或悬挑桁架等，不得采用钢管；其节点应采用螺栓连接或焊接，不得采用扣件连接。与建筑结构的固定方式应经设计计算确定。

悬挑钢梁的选型计算、锚固长度、间距设置、斜拉措施等对悬挑架体的稳定有着重要的影响；型钢悬挑梁宜采用双轴对称截面的型钢，现场多使用工字钢；悬挑钢梁前端应采用吊拉卸荷，结构预埋吊环应使用 HPB300 级钢筋制作，但钢丝绳、钢拉杆卸荷不参与悬挑钢梁受力计算。

2. 悬挑式脚手架搭设前的准备工作

悬挑式脚手架的设计制作等必须遵守国家有关的规范标准。

悬挑式脚手架施工前，应编制专项施工方案，必须有施工图和设计计算书，且符合安全技术条件，审批手续齐全（施工单位编制→施工单位审批→施工单位技术负责人批准→报送监理单位→总监理工程师组织监理工程师审核→总监理工程师批准→报送建设单位），并在专职安全管理人员监督下实施。

悬挑式脚手架的支承方式和与建筑结构的固定方式应经设计计算确定，必须得到工程设计单位的认可，主要考虑是否会破坏建筑结构。当采用型钢悬挑梁作为脚手架的支承结构时，应进行下列设计计算。

（1）计算型钢悬挑梁的抗弯强度、整体稳定性和挠度。

（2）计算型钢悬挑梁锚固件及其锚固连接的强度。

（3）验算型钢悬挑梁下建筑结构的承载能力。

3. 悬挑式脚手架选择和制作应注意的问题

选择和制作悬挑式脚手架时，应注意以下几个问题。

（1）对悬挑式脚手架必须编制专项施工方案，方案必须经企业技术负责人审批并签字盖章。对于架体高度在 20m 及以上的悬挑式脚手架工程，应按《危险性较大的分部分项工程安全管理规定》（住建部令〔2018〕37 号）组织专家论证。

（2）安装应符合专项施工方案要求。

（3）型钢悬挑梁悬挑端应设置能使脚手架立杆与钢梁可靠固定的定位点，定位点离悬挑梁端部不应小于 100mm。

（4）悬挑式脚手架的支承结构应为型钢制作的悬挑梁或悬挑桁架等，不得采用钢管。

（5）必须经过设计计算，其计算内容包括材料的抗弯强度、抗剪强度、整体稳定性和挠度。

（6）悬挑式脚手架应水平设置在梁上，锚固位置必须设置在主梁或主梁以内的楼板上，不得设置在外伸阳台上或悬挑板上。

（7）制作节点（如悬挑梁的锚固点、悬挑桁架的节点）时，必须采用焊接或螺栓连接，不得采用扣件连接，以保证节点是刚性的。

（8）支承体与结构的连接方式必须进行设计，设计时，应考虑连接件的材质以及连接件与型钢的固定方式。目前普遍采用预埋圆钢环或 U 形螺栓，预埋件不得使用螺纹钢。

（9）采用 U 形螺栓时，其固定方式有压板固定式（紧固）和双螺母固定式（防松），直接承受荷载的普通螺栓连接应采用双螺母或其他防止螺栓松动的有效措施。

① 当型钢悬挑梁与建筑结构采用螺栓钢压板连接固定时，钢压板尺寸不应小于 100mm×10mm（宽×厚）。

② 当采用螺栓角钢压板连接时，角钢的规格不应小于 63mm×63mm×6mm。

（10）型钢悬挑梁宜采用双轴对称截面的型钢。悬挑钢梁型号及锚固件应按设计确定，钢梁截面高度不应小于 160mm。悬挑梁尾端应在两处及两处以上固定于钢筋混凝土梁板结构上。锚固型钢悬挑梁的 U 形钢筋拉环或锚固螺栓的直径不宜小于 16mm，如图 3-8 所示。

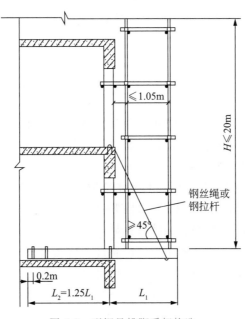

图 3-8 型钢悬挑脚手架构造

（11）每个型钢悬挑梁外端宜设置钢丝绳或钢拉杆与上一层建筑结构斜拉结。钢丝绳、钢拉杆不参与悬挑钢梁受力计算；钢丝绳与建筑结构拉结的吊环应使用 HPB300 级钢筋，其直径不宜小于 20mm，如图 3-8 所示。

（12）用于锚固的 U 形钢筋拉环或螺栓应采用冷弯成型钢。U 形钢筋拉环、锚固螺栓与型钢间隙应用钢楔或硬木楔楔紧，如图 3-9 所示。

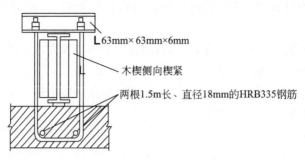

图 3-9　悬挑钢梁 U 形螺栓固定构造

（13）悬挑钢梁的悬挑长度应按设计确定,固定段长度不应小于悬挑段长度的 1.25 倍。型钢悬挑梁固定端应采用不少于 2 个(对)的 U 形钢筋拉环或锚固螺栓与建筑结构梁、板固定,U 形钢筋拉环或锚固螺栓应预埋至混凝土梁、板底层钢筋位置,并应与混凝土梁、板底层钢筋焊接或绑扎牢固。

4. 悬挑式脚手架其他应注意的安全技术问题

悬挑式脚手架除以上所述之外,连墙件、剪刀撑以及纵横向扫地杆等的设置应与《建筑施工扣件或钢管脚手架安全技术规范》(JGJ 130—2011)的要求相同。其中,对于高度超过设计高度的架件,由于悬伸长度较长,降低了悬挑梁的抗弯性能与整体稳定性,因此,此处必须有可靠的加强措施。悬挑架底部必须张挂安全平网防护,其他防护也与落地式钢管脚手架相同。

3.1.4　附着升降脚手架

在高层建筑施工中,常在建筑物外围采用悬挑钢管脚手架等作为工作面和外防护架,这种方法效率低,安全性差,劳动强度大,周转材料耗用多,施工成本较高。附着升降脚手架的施工工艺可以较好地解决这些问题。

附着升降脚手架是指采用各种形式的架体结构及附着支承结构,依靠设置于架体或工程结构上的专用升降设备实现升降的施工外脚手架。这种方式工效高,劳动强度低,整体性好,安全可靠,能节省大量周转材料,经济效益显著。

目前该项技术日臻成熟,许多施工单位都制订了行之有效的附着升降脚手架的施工工法。但附着升降脚手架属于定型施工设备,一旦出现坠落等安全事故,往往会造成非常严重的后果。

1. 概述

1）主要特点

附着升降脚手架是指预先组装一定高度(一般为 4 个标准层)的脚手架,将其附着在建筑物的外侧,利用自身的提升设备,从下至上提升一层,施工一层主体,当主体施工完毕,再从上至下装修一层下降一层,直至将底层装修完毕。按施工工艺需要,附着升降脚手架可以整体提升脚手架,也可以分段提升脚手架,它比落地式脚手架节省工料,而且建筑越高,其经济效益和社会效益越显著,特别适合高层和超高层建筑的施工。该类脚手架具有以下特点:

（1）脚手承重架可在墙柱、楼板、阳台处连接，连接灵活；

（2）每榀脚手架各有两处承重连接和附着连接，整体牢靠稳定；

（3）有防止外倾及导向功能，受环境因素的影响小；

（4）脚手架可实现一次安装、多次进行循环升降，操作简单，工效高、速度快，材料成本低；

（5）可按施工流水段进行分段、分单元升降，便于流水交叉作业；

（6）由手动（或电动）葫芦提升，可控性强；

（7）具备防坠落保险装置，安全性高；

（8）主体及装修均可应用该设备。

但是，如果附着升降脚手架设计或使用不当，即存在比较大的危险性，会引发脚手架坠落事故。

2）基本组成

附着升降脚手架一般由架体、水平梁架、竖向主框架、附着支撑、提升机构及安全装置六部分组成。

3）传力方式

附着升降脚手架实际上是把一定高度的落地脚手架移到空中，通过承力构架（水平梁架及竖向主框架）采用附着支撑与工程结构连接。附着升降脚手架属于侧向支承的悬空脚手架，架体的全部荷载通过附着支撑传给工程结构。其荷载传递方式如下：架体将竖向荷载传给水平梁架，水平梁架以竖向主框架为支座，竖向主框架承受水平梁架的传力及主框架自身荷载，主框架通过附着支撑传给工程结构。

4）使用条件

（1）适用范围：不携带施工外模板的附着升降脚手架适用于高度小于150m的高层、超高层建筑物或高耸构筑物。对于使用高度超过150m，或携带施工外模板的附着升降脚手架，应对风荷载取值、架体构造等方面进行专项研究后作出相应的加强设计。

（2）认证制度：使用附着升降脚手架具有较大的危险性，它不仅是一种单项施工技术，而且是形成定型化反复使用的工具或载人设备，所以应该有足够的安全保障，必须对使用和生产附着升降脚手架的厂家和施工企业实行资格认证制度。

①《建筑施工附着升降脚手架管理暂行规定》（建字〔2000〕230号）第五十五条规定："建设部对从事附着升降脚手架工程的施工单位实行资质管理，未取得相应资质证书的，不得施工；对附着升降脚手架实行认证制度，即所使用的附着升降脚手架必须经过国务院建设行政主管部门组织鉴定或者委托具有资格的单位进行认证。"第五十六条规定："附着升降脚手架工程的施工单位应当根据资质管理有关规定到当地建设行政主管部门办理相应审查手续。"并规定："对已获得附着脚手架资质证书的施工单位实行年检管理制度。"

② 附着升降脚手架各结构构件在施工现场组装后，在有住房和城乡建设部发放的生产和使用许可证的基础上，经当地建筑安全监督管理部门核实并具体检验合格后，发放准用证，方可使用。

③ 附着升降脚手架处于研制阶段和在工程使用前，应提出该阶段的各项安全措施，经使用单位的上级部门批准，并到当地安全监督管理部门备案。

④ 附着升降脚手架应由专业队伍施工，对承包附着升降脚手架工程任务的专业施工队

伍进行资格认证,给合格者发放证书,不合格者不准承接工程任务。

⑤ 各工种操作工人及有关人员均应持证上岗。

⑥ 施工企业自己设计并且自己使用的附着式升降脚手架,无须经住房和城乡建设部组织鉴定,但必须在使用前向当地安全监督管理部门申报,并经审查认定。申报单位应提供有关设计、生产和技术性能检验合格资料,包括防倾覆、防坠落、同步以及起重机具等装置。

以上规定说明,未经过认证或认证不合格的,不准生产、制造附着式升降脚手架;使用附着式升降脚手架的工程项目,必须向当地建筑安全监督管理机构登记备案,并接受监督检查。

(3)施工组织设计:附着升降脚手架的平面布置,附着支承构造和组装节点图,防坠落和防倾覆安全措施,提升机具和吊具,以及索具的技术性能和使用要求等,从组装、使用到拆除的全过程,应有专项施工组织设计。施工组织设计应由项目经理部的施工负责人组织编写,并经上级技术部门或技术负责人审批。

① 施工组织设计应包括附着升降脚手架的设计、施工、检查、维护和管理等,以及各提升机位的布点、架体搭设、水平梁架及主框架的安装、导轨的安装、提升机构及各安全装置的设置,附着支承的连接以及工程结构部位的质量要求等。每次提升(下降)前的检查验收和脚手架应检查验收固定后的上人作业条件等,都要详细写入施工组织设计。

② 应按原设计要求,针对施工工艺特点,并结合现场作业条件,施工过程中的检查部位、检查要点、检查方法、确认精度以及发现问题处理方法等,均应写入施工组织设计中,以便施工现场执行。

③ 应编写各工种的操作规程。由于此种脚手架施工工艺区别于其他脚手架,应针对该类型脚手架特点和施工工艺,按各作业条件的工种分工,重新编写操作规程,并于施工前和施工中组织相关人员学习、执行。

④ 施工组织设计还应对如何加强对脚手架使用过程中的管理作出规定,建立质量、安全保证体系及相关的管理制度。工程项目的总包单位应对施工现场的安全工作实行统一监督管理,对具体的施工队伍进行审查;对施工过程进行监督检查,发现问题应及时解决。分包单位应对脚手架的使用安全负直接责任。

2. 一般规定

(1)附着升降脚手架应具有足够强度和刚度,架体结构构造合理,安全可靠,能适应工程结构特点,且满足支承和防倾要求,还应具有可靠的升降动力设备和能保证同步性能及限载要求的控制系统或控制措施,以及可靠的防坠等方面的安全装置。

(2)在附着升降脚手架中采用的升降动力设备、防坠装置、同步及限载控制系统等定型产品的技术性能与安全度应满足附着升降脚手架的安全技术要求。

(3)附着升降脚手架在保证安全的前提下,应力求技术先进,经济合理,方便施工。

(4)设计各类附着升降脚手架时,应明确其技术性能指标和适用范围,使用时,不得违反技术性能规定,也不得擅自扩大使用范围。

(5)使用附着升降脚手架的工程项目必须根据工程特点及使用要求编制专项施工组织设计,履行审批和签字手续后予以执行。

3. 设计计算

附着升降脚手架的架体竖向主框架、架底梁架、导轨与每个楼层的固定、设计荷载、压杆及拉杆的长细比等各组成部件,以及防坠安全装置性能等,均应进行设计验算,由建筑施工单位项目部技术负责人编制设计计算书,计算书与制作安装图等有关资料必须经上级技术部门或总工程师审批。

1) 基本要求

(1) 附着升降脚手架的设计计算应执行《建筑施工附着升降脚手架安全技术规程》(DGJ 08905—1999)、《建筑结构荷载规范》(GB 50009—2012)、《钢结构设计标准》(GB 50017—2017)、《冷弯薄壁型钢结构技术规范》(GB 50018—2002)、《混凝土结构设计规范》(GB 50010—2010)(2015 年版)、《建筑施工脚手架安全技术统一标准》(GB 51210—2016)以及其他有关的标准和规定。

(2) 附着升降脚手架的架体结构和附着支承结构应按以概率理论为基础的极限状态设计法进行设计计算。

(3) 附着升降脚手架升降机构中的吊具、索具应按机械设计的容许应力设计法进行设计计算。

(4) 附着升降脚手架应按其结构形式与构造特点确定不同工况下的计算简图,分别进行荷载计算及强度、刚度、稳定性计算或验算。必要时,应通过整体模型试验验证脚手架架体结构的强度和刚度。

(5) 附着升降脚手架的设计除应满足计算要求外,还应符合有关构造及装置规定。

(6) 在满足结构安全与使用要求的前提下,附着升降脚手架的设计应尽量减轻架体的自重。

2) 设计内容

附着升降脚手架的设计计算应包括下列项目:

(1) 水平支承结构的变形计算,杆件的强度与稳定性计算,节点及连接件的强度验算;

(2) 竖向主框架的整体稳定性与变形计算,杆件的强度与稳定性计算,节点及连接件的强度验算;

(3) 架体板的整体稳定性计算,杆件的强度与稳定性计算,节点及连接件的强度验算;

(4) 附着支承结构的强度与稳定性计算,节点及连接件的强度验算;

(5) 升降机构中吊具、索具的强度计算;

(6) 附着处工程结构混凝土强度的验算,必要时,还应进行变形验算;

(7) 确保安全的其他项目。

4. 构造要求

1) 整体式附着升降脚手架的架体尺寸

(1) 架体高度不应大于 5 倍的建筑层高,架体每步步高宜取 1.8m;

(2) 架体宽度不应大于 1.2m;

(3) 直线布置的架体跨度不应大于 8m,折线或曲线布置的架体跨度不应大于 5.4m,悬挑长度不宜大于 1/4 相邻跨架体跨度,且最大值不得超过 2m。悬挑长度超过 1/4 限值时,架体结构上必须采取相应的措施,以确保结构安全;

(4) 架体悬臂高度不宜大于 4.8m,当悬臂高度超过 4.8m 时,架体结构上必须采取相应的措施,以确保结构安全;

(5) 架体全高与支承跨度的乘积不应大于 110m^2。

2）单片式附着升降脚手架的架体尺寸

（1）架体高度不应大于建筑层高的 4 倍,架体每步步高宜取 1.8m;

（2）架体宽度不应大于 1.2m;

（3）架体跨度不应大于 6m,悬挑长度不应大于相邻跨架体跨度的 1/4;

（4）架体悬臂高度在使用工况和升降工况下均不应大于 4.8m 和 1/2 架体全高。

3）附着升降脚手架的架体结构

（1）单片式附着升降脚手架在相邻两个机位之间的架体必须沿直线布置,实行互爬升降的附着升降脚手架在工程结构转角部位应设计专门的转角结构;整体式附着升降脚手架在相邻两个机位之间的架体宜沿直线布置;当采用折线或曲线布置时,必须进行力矩平衡设计与计算,或进行整体模型试验。

（2）架体跨度大于 3.0m 时,架体结构中必须设置水平支承结构,水平支承结构可采用水平桁架形式或水平框架形式。

（3）架体在与附着支承结构相连的竖向平面内必须设置具有足够刚度和强度的定型竖向主框架。竖向主框架不得采用一般脚手管和扣件搭设,竖向主框架与附着支承结构的连接不得采用钢管扣件或碗扣方式。

（4）架体内外立面应按跨设置剪刀撑,剪刀撑斜角为 45°～60°。

（5）架体板内部应设置必要的竖向斜杆和水平斜杆,以确保架体结构的整体稳定性。

4）架体结构应采取可靠的加强构造措施部位

（1）与附着支承结构的连接处;

（2）位于架体上的升降机构的设置处;

（3）位于架体上的防坠装置的设置处;

（4）平面布置的转角处;

（5）碰到塔式起重机、施工电梯、物料平台等设施而断开或开洞处;

（6）其他有加强要求的部位。

5）附着升降脚手架架体安全防护的要求

（1）架体外侧必须用密目安全网（2000 目/100cm²)围挡,并兜过架体底部,底部还必须加设小眼网;密目安全网及小眼网必须可靠地固定在架体上。

（2）每一作业层必须在靠架体外侧设置防护栏杆、围护笆等防护设施。

（3）在使用工况下,架体与工程结构外表面之间、单片架体之间的间隙必须封闭,升降工况下架体开口处必须有防止人员及物料坠落的可靠措施。

6）其他要求

（1）升降动力设备、防坠装置与架体结构的连接应通过水平支承结构或竖向主框架来实现。在正常使用工况下和升降工况下,附着支承结构的防倾构件与架体结构的连接应通过竖向主框架来实现。

（2）必须单独设置物料平台等可能增大架体外倾力矩的设施,单独升降,不得与附着升降脚手架连接。

（3）附着支承结构采用螺栓与工程结构连接时,应采用双螺母,螺杆露出螺母不应少于 3 牙。螺栓宜采用穿墙螺栓,若必须采用预埋螺栓时,预埋螺栓的长度及构造应满足承载力要求,螺栓钢垫板应根据设计确定,最小不得小于 100mm×100mm×8mm。

（4）架体结构内侧与工程结构之间的距离不宜超过0.4m，超过时，应对附着支承结构予以加强。位于阳台等悬挑结构处的附着支承结构应进行特别设计，以确保悬挑结构与附着支承结构的安全。附着支承结构应采取腰形孔、可调节螺杆等构造措施，以适应工程结构在允许范围内的施工误差。

（5）附着支承结构与工程结构连接处的混凝土的强度应按计算确定，并不得小于C10。

（6）附着支承结构应有防止脚手架发生侧向位移的构造措施。其升降动力设备应具有满足附着升降脚手架使用要求的工作性能，用于整体式附着升降脚手架的升降动力设备应有相应的同步及限载控制系统相配套。升降动力设备的额定起重数量不应小于吊点最大设计荷载（不考虑荷载附加计算系数）的1.8倍。

（7）同步及限载控制系统应通过控制吊点实际荷载来控制各机位间的升降差。吊点实际荷载的变化值不应超过吊点最大设计荷载（不考虑荷载附加计算系数）的±50%。同步及限载控制系统应具备超载报警停机、失载报警停机等功能，并宜与防坠装置实现联动。中央控制台宜具有显示每一机位的设置、荷载值、即时荷载值、机位状态等功能。升降时，控制中心宜设置于工程结构上，对于单片式附着升降脚手架，可通过人工控制来实现同步升降。

（8）整体式附着升降脚手架的升降动力控制台应具备点控和群控等功能，采用电动系统时，控制台还应具备逐台工作显示、故障信号显示、漏电保护、缺相保护、短路保护等功能，并符合其他相关的安全用电规定。

（9）在脚手架平面布置中，升降动力机位应与架体主框架对应布置，并且每一个机位设置一套防坠装置。防坠装置的技术性能除满足承载力的要求外，制动时间和制动距离应符合以下规定：整体式附着升降脚手架，制动时间不大于0.2s，制动距离不大于80mm；单片式附着升降脚手架，制动时间不大于0.5s，制动距离不大于150mm。

（10）防坠装置可以单独设置，也可以作为保险装置附着于升降设施中。

（11）在附着升降脚手架使用中，除应有防止坠落、倾覆的设施外，还应结合工程特点采取防止发生其他事故的保险设施。

5. 安全装置

1）防倾装置

（1）设置防倾斜装置的目的是控制脚手架在升降过程中的倾斜度和晃动程度，架体在两个方向（前后、左右）的晃动倾斜均不能超过30mm。防倾装置应有足够的刚度，在架体升降过程中始终保持水平约束，确保升降状态下的稳定性。

（2）防倾装置的要求如下。

① 防倾装置必须与竖向主框架、附着支撑结构或工程结构可靠连接。应用螺栓连接，不得采用钢管扣件或碗扣方式连接。

② 防倾装置的导向间隙应小于5mm，在升降和使用状态下，位于同一竖向平面的防倾装置均不得少于2处，并且其最上和最下一个防倾覆支承点之间的最小间距不得小于架体全高的1/3。

2）防坠装置

（1）设置防坠装置的目的是防止因脚手架在升降工况下发生断绳、折轴等意外故障而造成脚手架坠落事故，当脚手架意外坠落时，能及时牢靠地将架体卡住，以确保安全。

（2）防坠装置的要求如下。

① 防坠装置应设置在竖向主框架部位,且每一竖向主框架提升设备处必须设置一个防坠装置。

② 防坠装置必须灵敏,其制动距离规格如下:对于整体式升降脚手架,制动距离不大于80mm;对于单片式升降脚手架,制动距离不大于150mm。

③ 防坠装置应有专门详细的检查方法和管理措施,以确保其工作可靠、有效。

④ 防坠装置与提升设备必须分别设置在两套附着支承结构上,若有一套失效,另一套必须能独立承担全部坠落荷载。

对于防坠装置的可靠性,必须提供专业技术部门的检测报告,一般应通过 100~150 次坠落荷载试验,以验证其可靠性及抗疲劳性能;日常除有固定的管理措施外,应能提供在施工现场可随机检测其可靠性的方法,由人工控制自发生坠落到架体卡住时的坠落距离不大于 150mm。

3）同步装置

（1）作用:控制脚手架在升降过程中,各机位应保持同步升降,当其中一台机位超过规定的数值时,即切断脚手架升降动力源,使其停止工作,避免发生超载事故。

（2）要求:《建筑施工附着升降脚手架管理暂行规定》（建字〔2000〕230 号）中规定:"同步及荷载控制系统应通过控制各提升设备间的升降差和控制各提升设备的荷载来控制各提升设备的同步性,且应具备超载报警停机、欠载报警等功能。"

在严格按设计规定控制各提升点的同步性时,相邻提升点的高差不大于 30mm,整体架最大升降差不得大于 800m。

① 关于同步及荷载双控问题。

《建筑施工附着升降脚手架管理暂行规定》（建字〔2000〕230 号）要求同步装置应同时实现,通过架体同步升降和荷载监控的双控方法来保证架体升降的同步性,即通过控制各吊点的升降差和各吊点实际承受荷载两个方面来达到升降同步,避免发生个别吊点超载问题。

升降差包括动作行程同步差和累计行程同步差。动作行程同步差可按一个单循环升降的行程差计算,当其设备无单循环行程连续动作时,可按每分钟计算;累计行程同步差为升降一个层高的同步差。相邻吊点同步差不大于 30mm,整体同步差不大于 80mm。

在脚手架升降过程中,因跨度不均、架体受力不均以及架体受阻、机械故障等,会造成各吊点受力不均,导致升降过程中各吊点运行不同步、机具超载,进而引发事故。必须安装吊点（机位）限载预警装置,控制各吊点最大荷载达到设备额定荷载的 80％时报警,自动切断动力源,避免发生事故。

② 关于装置的自动功能。

自动显示:在升降过程中,自动显示每个吊点的负载和高度,并同时显示平均高度和相邻吊点升降差。

自动调整:自动调整吊点过快或过慢的升降速度,使相邻吊点的升降差控制在允许范围内。

遇故障自停:当设备发生故障或不正常负载时,自动停止升降动作,便于及时排除故障,防止发生事故。

6. 安装、使用与拆除的管理

1）一般规定

（1）附着升降脚手架的安装及每一次升降、拆除前,均应根据专项施工组织设计要求组织技术人员和操作人员进行安全技术交底。

（2）对于附着升降脚手架安装使用过程中使用的计量器具，应定期进行计量检定。

（3）遇六级以上（包括六级）大风、大雨、大雪、浓雾等恶劣天气时，禁止进行附着升降脚手架作业；遇六级以上（包括六级）大风时，还应事先对脚手架采取必要的加固措施或其他应急措施，并撤离架体上的所有施工活荷载。夜间禁止进行附着升降脚手架的升降作业。

（4）附着升降脚手架施工区域应有防雷措施。

（5）在安装、升降、拆除附着升降脚手架过程中，应在操作区域及可能坠落的范围内设置安全警戒。

（6）采用整体式附着升降脚手架时，施工现场应配备必要的通信工具，以加强通信联系。

（7）在附着升降脚手架使用全过程中，施工人员应遵守现行标准《建筑施工高处作业安全技术规范》（JGJ 80—2016）、《建筑安装工人安全技术操作规程》（〔80〕建工劳字第 24 号）的有关规定。各工种操作人员应基本固定，并按规定持证上岗。

（8）附着升降脚手架施工用电应符合现行标准《施工现场临时用电安全技术规范》（JGJ 46—2005）的要求。

（9）在单项工程中使用的升降动力设备、同步及限载控制系统、防坠装置等设备，应分别采用同一厂家、同一规格型号的产品，并应编号使用。

（10）动力设备、控制设备、防坠装置等应有防雨、防尘等措施。对于保护要求较高的电子设备，还应有防晒、防潮、防电磁干扰等方面的措施。

（11）整体式附着升降脚手架的控制中心应有专人负责操作，并应有安全防护措施，禁止闲杂人员入内。

（12）附着升降脚手架在空中悬挂时间超过 30 个月或连续停用时间超过 10 个月时，必须予以拆除。

（13）附着升降脚手架上应设置必要的消防设施。

2）安装

（1）施工准备。

① 应根据工程特点和使用要求编制专项施工组织设计。对于特殊尺寸的架体，应进行专门设计，在使用过程中，架体因工程结构的变化而需要局部变动时，应制订专门的处理方案。

② 应根据施工组织设计要求落实现场施工人员及组织机构。

③ 核对脚手架搭设材料与设备的数量、规格，查验产品质量合格证（出厂合格证）、材质检验报告等文件资料，必要时应进行抽样检验。主要搭设材料应满足以下规定。

脚手管外观表面质量平直光滑，没有裂纹、分层、压痕、硬弯等缺陷，并应进行防锈处理；立杆最大弯曲变形应小于 $L/500$，横杆最大弯曲变形应小于 $L/150$；端面平整，切斜偏差应小于 1.70mm；实际壁厚不得小于标准公称壁厚的 90%。焊接件焊缝应饱满，焊缝高度应符合设计要求，没有咬肉、夹渣、气孔、未焊透、裂纹等缺陷。螺纹连接件应无滑丝、严重变形、严重锈蚀等现象。扣件应符合现行标准《钢管脚手架扣件》（GB 15831—2006）的规定。安全围护材料及其他辅助材料应符合相应国家标准的有关规定。

④ 准备必要的电工工具、机械工具和机电设备，并检查其是否合格，限载控制系统的传感器等均应在每个单体工程使用前进行标定。

⑤ 安装与拆除附着升降脚手架而需要塔式起重机配合时，应核验塔式起重机的施工技

术参数是否满足需要。

⑥ 采用电动设备升降附着升降脚手架时,应核验施工现场的供电容量。

(2)安装注意事项。

① 安装搭设附着升降脚手架前,应核验工程结构施工时设置的预留螺栓孔或预埋件的平面位置、标高、预留螺栓孔的孔径、垂直度等,还应核实预留螺栓孔或预埋件处混凝土的强度等级。预留螺栓孔或预埋件的中心位置偏差应小于 15mm,预留螺栓孔孔径最大值与螺栓直径的差值应小于 5mm,预留孔应垂直于结构外表面,不能满足要求时,应采取合理可行的补救措施。

② 安装搭设附着升降脚手架前,应设置可靠的安装平台来承受安装时的竖向荷载。安装平台上应设有安全防护措施。安装平台的水平精度应满足架体安装精度要求,任意两点间的高差最大值不应大于 20mm。

③ 附着升降脚手架的安装搭设应按照施工组织设计规定的程序进行。

④ 在安装过程中,应严格控制水平支承结构与竖向主框架的安装偏差。水平支承结构相邻两机位处的高差应小于 20mm;相邻两榀竖向主框架的水平高差应小于 20mm;竖向主框架的垂直偏差应小于 3‰;若有竖向导轨,则导轨垂直偏差应小于 2‰。

⑤ 在安装过程中,架体与工程结构间应采取可靠的临时水平拉撑措施,确保架体稳定。

⑥ 对于扣件式或碗扣式脚手杆件搭设的架体,其搭设质量应符合相关标准的要求。

⑦ 扣件螺栓螺母的预紧力矩应控制在 40～50N·m。

⑧ 作业层与安全围护设施的搭设应满足设计和使用要求。

⑨ 架体搭设的整体垂直偏差应小于 4‰,底部任意两点间的水平高差不应大于 50mm。

⑩ 当脚手架邻近高压线时,必须有相应的防护或隔离措施。

(3)调试与验收注意事项。

① 施工单位应自行对下列项目进行调试与检验,并对调试和检验情况作详细的书面记录:架体结构中采用扣件式脚手杆件搭设的部分,应对扣件拧紧质量按 50％的比例进行抽检,合格率应达到 100％;采用碗扣式脚手杆件搭设的架体,应对碗扣连接点拧紧情况进行全数检查;对所有螺纹连接处进行全数检查;进行架体提升试验,应检查升降动力设备能否正常运行;对电动系统进行用电安全性能测试;整体式附着升降脚手架按机位数 30％的比例进行超载和失载试验,检验同步及限载控制系统的可靠性;对防坠装置制动的可靠性进行检验;还应进行其他必须检验、调试的项目。

② 脚手架调试验收合格后,方可办理投入使用的手续。

3)升降作业

(1)升降前,应均匀预紧机位,以避免预紧引起机位过大超载。

(2)在完成下列项目检查后方能发布升降令,应对如下检查情况做详细的书面记录:

① 附着支承结构附着处混凝土的实际强度已达到脚手架设计要求;

② 所有螺纹连接处的螺母已拧紧;

③ 应撤去的施工活荷载已撤离完毕;

④ 所有障碍物已拆除,所有不必要的约束已解除;

⑤ 动力系统能正常运行;

⑥ 所有碗扣式脚手架的碗扣连接点已拧紧;

⑦ 碗扣连接点已拧紧,所有相关人员已到位,无关人员已全部撤离;

⑧ 所有预留螺栓孔洞或预埋件均符合上述相关要求;

⑨ 所有防坠装置功能正常;

⑩ 所有安全措施已落实,其他必要的检查项目也已完成。

(3)在升降过程中,必须统一指挥,指令规范,并应配备必要的巡视人员。

(4)在升降过程中,若出现异常情况,必须立即停止升降,并进行检查,彻底查明原因并消除故障后,方能继续升降。对于每次异常情况,均应彻底查明原因,消除故障后方能继续升降,并做详细的书面记录。

(5)在整体式附着升降脚手架升降过程中,由于升降动力不同步引起超载或失载过度时,应通过点控予以调整。

(6)采用葫芦作为升降动力时,在升降过程中,应严防发生翻链、铰链现象。

(7)采用附着升降脚手架进行升降作业时,应暂停使用塔式起重机、施工电梯等设备。

(8)升降到位后,必须及时固定脚手架。在没有完成固定工作且未办妥交付使用手续前,脚手架操作人员不得交班或下班。

(9)架体升降到位,完成下列检查项目后,方能办理交付使用的手续,并对下列检查情况做详细的书面记录:

① 附着支承结构已固定完毕;

② 所有螺纹连接处已拧紧;

③ 所有安全围护措施已落实;

④ 所有碗扣连接点及脚手扣件未松动;

⑤ 其他必要的检查项目。

(10)脚手架由提升转为下降时,应制订专门的升降转换措施,确保转换过程的安全。

4)使用

(1)在使用过程中,脚手架上的施工荷载必须符合设计规定,严禁超载,严禁放置影响局部杆件安全的集中荷载,应及时清理建筑垃圾。

(2)脚手架只能作为操作架,不得作为施工外模板的支模架。

(3)在使用过程中,禁止进行下列违章作业:

① 利用脚手架吊运物料;

② 在脚手架上推车;

③ 在脚手架上拉结吊装线缆;

④ 任意拆除脚手架杆部件和附着支承结构;

⑤ 任意拆除或移动架体上的安全防护设施;

⑥ 塔式起重机起吊构件时碰撞或扯动脚手架;

⑦ 其他影响架体安全的违章作业。

(4)在使用过程中,应以 1 个月为周期,按上述相关要求作安全检查,不合格部位应立即整改。

(5)脚手架在空中暂时停用时,应以 1 个月为周期,按上述相关要求进行检查,不合格部位立即整改。

(6)脚手架在空中停用时间超过 1 个月,或遇六级以上(包括六级)大风后复工时,应按上述相关要求进行检查,检查合格后方能投入使用。

5）拆除

（1）脚手架的拆除工作必须按施工组织设计中有关拆除的规定执行。拆除工作宜在低空进行。

（2）脚手架的拆除工作应有安全可靠的防止人员和物料坠落的措施。

（3）拆下的材料应做到随拆随运,分类堆放,严禁抛扔。

6）维修保养及报废

（1）每浇捣一次工程结构混凝土,或完成一层外装饰后,即应及时清理架体、设备及构配件上的混凝土残渣、尘土等建筑垃圾。

（2）升降动力设备、控制设备应每月进行一次维护保养。其中,升降动力设备的链条、丝绳等应每升降一次就进行一次维护保养。

（3）螺纹连接件应每月进行一次维护保养。

（4）每完成一个单体工程,应对脚手杆件及配件、升降动力设备、控制设备、防坠装置等进行一次检查、维修和保养,必要时,应送生产厂家检修。

（5）附着升降脚手架的各部件及专用装置、设备均应制订相应的报废制度,标准不得低于以下规定：

① 焊接件严重变形或严重锈蚀时,即应予以报废；

② 穿墙螺栓与螺母在使用1个单体工程后,发生严重变形、严重磨损或严重锈蚀时,即应予以报废；其余螺纹连接件在使用2个单体工程后,发生严重变形、严重磨损或严重锈蚀时,即应予以报废；

③ 动力设备一般部件损坏后,允许进行更换维修,但主要部件损坏后应予以报废；

④ 防坠装置的部件有明显变形时,应予以报废,其弹簧件使用1个单体工程后应予以更换。

7）检验

（1）检验前应具备的文件资料。

① 设计文件：包括设计计算书及设计图纸,应符合相关标准的规定；

② 安装、使用操作规程：应注明附着升降脚手架的跨度、最大使用高度、搭设步数等基本技术参数,附外购设备的使用说明书（主要包括升降动力设备和防坠装置）；

③ 电气控制升降动力系统的电气原理图。

（2）试验架等硬件及环境应满足《建筑施工附着升降脚手架安全技术规程》（DGJ 08905—1999)的相关要求。

（3）应检验项目。

① 结构性能检验：包括架体主尺寸测量、主要构件应力测试、最大跨度挠度测量及竖向主框架顶端水平变形等；

② 升降同步及限载性能检验：包括非人工动力设备升降同步性能检验、限载装置性能检验等；

③ 防坠装置检验；

④ 电动动力系统的用电安全性能检验：包括电控柜用电安全性能检验、绝缘电阻测试和接地电阻测试等。

（4）检验标准。

① 结构性能检验标准：架体主尺寸与计算书上的相应尺寸误差不得超过5％；主要构件应力与设计值基本一致；大横杆最大跨度的挠度不得大于跨度的1/150，水平支承结构最大跨度的挠度不得大于跨度的1/350；在使用工况或升降工况的水平荷载作用下，竖向主框架的顶端水平变形均不得大于相应悬臂高度的1/80。

② 升降同步性能检验标准：非人工动力设备在行程不小于1000mm的情况下，相邻机位之间的高差不得大于20mm，最大倾斜度不得大于跨度的2.5‰；限载装置应具有超载保护和失载保护功能，荷载超载或失载50％以上应能停止上升、下降动作，并通过声光报警；防坠装置检验标准参照《建筑施工附着升降脚手架安全技术规程》(DGJ 08905—1999)规定的电动动力系统的用电安全性能检验标准执行。其中，电控柜应有缺相保护、短路保护及超失载断电报警等功能；绝缘电阻不得小于0.5MΩ；接地电阻不得大于4Ω。

3.1.5　碗扣式钢管脚手架

碗扣式钢管脚手架是指采用碗扣方式连接的钢管脚手架。它是一种多功能脚手架，基本解决了扣件式钢管脚手架的缺陷，它具有如下特点：独创了带齿的碗扣式接头，结构合理，解决了偏心距问题，力学性能明显优于扣件式和其他类型接头；装卸方便，安全可靠，劳动效率高，功能多；不易丢失零散扣件等。碗扣式脚手架适用于工业与民用建筑工程施工中脚手架及模板支撑架的设计、施工和使用，还适用于烟囱、水塔等一般构筑物以及道路、桥梁、水坝等工程。

1. 基本组成和搭设高度

1）基本组成

碗扣式钢管脚手架由立杆、横杆、上碗扣、下碗扣、横杆接头、上碗扣、限位销、专用斜杆、水平斜杆、十字撑、八字斜杆、间横杆、挑梁、连墙杆可调底座、可调托撑、梯架、脚手板等组成。其节点的构成如图3-10所示。

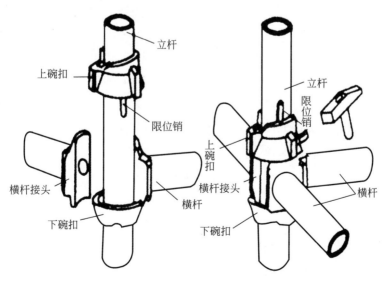

图 3-10　碗扣式脚手架节点构造图

碗扣式钢管脚手架立杆碗扣节点应按0.6m的模数设置。立杆上应设有接长用套管及连接销孔。

2）搭设高度

当搭设高度$H \leqslant 20m$时，落地碗扣式钢管脚手架可按普通架子常规搭设；当搭设高度$H > 20m$及超高、超重、大跨度的模板支撑体系，必须制订专项施工设计方案，并进行结构分析和计算。双排碗扣式钢管脚手架外脚手架的搭设高度在结构分析和计算时应考虑最不利立杆的单肢承载力（应为立杆最下段），施工荷载和层数及脚手板铺设层数，立杆的纵向、横向间距及横杆的步距，连墙件间距，风荷载等因素的影响。

2. 构配件

1）构配件种类、规格及用途

碗扣式钢管脚手架构配件种类、规格及用途见表3-6。

表3-6　碗扣式钢管脚手架主要构配件种类、规格及用途

名　称	型　号	规格/mm	设计质量/kg
立杆	LG—120	$\phi 48 \times 3.5 \times 1200$	7.05
	LG—180	$\phi 48 \times 3.5 \times 1800$	10.19
	LG—240	$\phi 48 \times 3.5 \times 2400$	13.34
	LG—300	$\phi 48 \times 3.5 \times 3000$	16.48
横杆	HG—30	$\phi 48 \times 3.5 \times 300$	1.32
	HG—60	$\phi 48 \times 3.5 \times 300$	2.47
	HG—90	$\phi 48 \times 3.5 \times 900$	3.63
	HG—120	$\phi 48 \times 3.5 \times 1200$	4.78
	HG—150	$\phi 48 \times 3.5 \times 1500$	5.93
	HG—180	$\phi 48 \times 3.5 \times 1800$	7.08
间横杆	JHG—90	$\phi 48 \times 3.5 \times 900$	4.37
	JHG—120	$\phi 48 \times 3.5 \times 1200$	5.93
	JHG—120+30	$\phi 48 \times 3.5 \times (1200+300)$	6.85
	JHG—120+60	$\phi 48 \times 3.5 \times (1200+600)$	8.16
专用斜杆	XG—0912	$\phi 48 \times 3.5 \times 150$	6.33
	XG—1212	$\phi 48 \times 3.5 \times 170$	7.03
	XG—1218	$\phi 48 \times 3.5 \times 2160$	8.66
	XG—1518	$\phi 48 \times 3.5 \times 2340$	9.30
	XG—1818	$\phi 48 \times 3.5 \times 2550$	10.04
专用斜杆	ZXG—0912	$\phi 48 \times 3.5 \times 1270$	5.89
	ZXG—1212	$\phi 48 \times 3.5 \times 1500$	6.76
	ZXG—1218	$\phi 48 \times 3.5 \times 1920$	8.73

续表

名　称	型　号	规格/mm	设计质量/kg
十字撑	XZC—0912	$\phi48\times2.5\times1390$	4.72
	XZC—1212	$\phi48\times2.5\times1560$	5.31
	XZC—1218	$\phi48\times2.5\times2060$	7.00
窄挑梁	TL—30	宽度300	1.53
宽挑梁	TL—60	宽度600	8.60
立杆连接销	LLX	$\phi12$	0.18
可调底座	KTZ—45	可调范围≤300	5.82
	KTZ—60	可调范围≤450	7.12
	KTZ—75	可调范围≤600	8.50
可调托座	KTC—45	可调范围≤300	7.01
	KTC—60	可调范围≤450	8.31
	KTC—75	可调范围≤600	9.69
脚手板	JB—120	1200×270	12.80
	JB—150	1500×270	15.00
	JB—180	1800×270	17.90
架梯	JT—255	2546×530	34.70

2) 构配件材料、制作要求

(1) 碗扣式钢管脚手架用钢管应采用符合现行国家标准《直缝电焊钢管》(GB/T 13793—2016)或《低压流体输送用焊接钢管》(GB/T 3091—2015)中关于 Q235A 级普通钢管的规定,其材质性能应符合现行国家标准《碳素结构钢》(GB/T 700—2006)中的规定。

(2) 碗扣式钢管脚手架用钢管规格为 $\phi48\times3.5$mm,钢管壁厚不得小于(3.5~0.025)mm。

(3) 上碗扣、可调底座及可调托撑螺母应采用可锻铸铁或铸钢制造,其材料机械性能应符合《可锻铸铁件》(GB/T 9440—2010)中关于 KTH330—08 及《一般工程用铸造碳钢件》(GB/T 11352—2009)中关于 ZG270—500 的规定。

(4) 下碗扣、横杆接头、斜杆接头应采用碳素铸钢制造,其材料机械性能应符合《一般工程用铸造碳钢件》(GB/T 11352—2009)中关于 ZG230—450 的规定。

(5) 采用钢板热冲压整体成形的下碗扣,钢板应符合《碳素结构钢》(GB/T 700—2006)标准中关于 Q235A 级钢的要求,板材厚度不得小于 6mm,并经 600~650℃的时效处理,严禁利用废旧锈蚀钢板改制。

(6) 立杆连接外套管壁厚不得小于(3.5~0.025)mm,内径不大于 50mm,外套管长度不得小于 160mm,外伸长度不小于 110mm。

(7) 杆件的焊接应在专用工装上进行,各焊接部位应牢固可靠,焊缝高度不小于 3.5mm,其组焊的形位公差应符合表 3-7 的要求。

表 3-7　杆件组焊形位公差要求

序号	项　　目	允许偏差/mm
1	杆件管口平面与钢管轴线垂直度	0.5
2	立杆下碗扣间距	±1.0
3	下碗扣碗口平面与钢管轴线垂直度	≤1.0
4	接头的接触弧面与横杆轴心垂直度	≤1.0
5	横杆两接头接触弧面的轴心线平行度	≤1.0

（8）立杆上的上碗扣应能上下窜动、前后窜动、灵活转动，不得有卡滞现象；杆件最上端应有防止上碗扣脱落的措施。

（9）立杆之间的连接孔处应能插入 $\phi12\mathrm{mm}$ 的连接销。

（10）在碗扣节点上同时安装 1～4 个横杆，上碗扣均应能锁紧。

（11）构配件外观质量有以下要求：

① 钢管应无裂纹、凹陷、锈蚀，不得采用接长钢管；

② 铸造件表面应光整，不得有砂眼、缩孔、裂纹、浇冒口残余等缺陷，表面黏砂应清除干净；

③ 冲压件不得有毛刺、裂纹、氧化皮等缺陷；

④ 各焊缝应饱满，焊药应清除干净，不得有未焊透、夹砂、咬肉、裂纹等缺陷；

⑤ 构配件防锈漆涂层应均匀、牢固；

⑥ 主要构配件上的生产厂标识应清晰。

（12）可调底座及可调托撑丝杆与螺母捏合长度不得少于 4～5 扣，插入立杆内的长度不得小于 150mm。

3. 结构设计计算

1）基本规定

（1）碗扣式钢管脚手架结构设计应满足《建筑结构可靠度设计统一标准》(GB 50068—2018)、《建筑结构荷载规范》(GB 50009—2012)、《钢结构设计规范》(GB 50017—2017)、《冷弯薄壁型钢结构技术规范》(GB 50018—2016)等国家标准的规定，采用以概率理论为基础的极限状态设计法，以分项系数的设计表达式进行设计。

（2）脚手架的结构设计应保证整体结构形成几何不变体系，以"结构计算简图"为依据进行结构计算。脚手架立、横、斜杆组成的节点视为"铰接"。

（3）要满足脚手架立、横杆构成的网格体系保持几何不变条件，应保证网格的每层有一根斜杆，如图 3-11 所示。

（4）应沿立杆轴线（包括平面 x、y 两个方向）的每行、每列网格结构竖向每层有 1 根斜杆，以保证模板支撑架（满堂架）的几何不变条件，如图 3-12 所示。也可采用侧面增加连杆与结构柱、墙连接（图 3-13），或采用格构柱法（图 3-14）。

（5）可在每层设 1 根斜杆，以保证双排脚手架沿纵轴方向形成两片网格结构的几何不变条件（图 3-13），在 y 轴方向应与连墙件支撑作用共同分析：

① 当两立杆间无斜杆时［图 3-15(a)］，立杆的计算长度等于拉墙件间垂直距离；

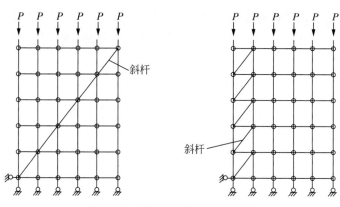

图 3-11　网络结构几何不变条件

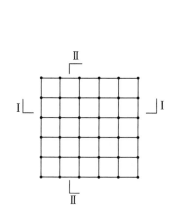

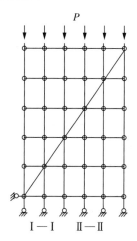

图 3-12　满堂架几何不变体系

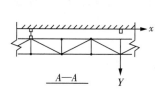

图 3-13　增加支撑链杆法

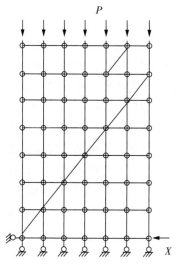

图 3-14　格构柱法

② 当两立杆间增设斜杆时[图 3-15(b)],则其立杆计算长度等于立杆节点间的距离;

③ 对于无拉墙件立杆,应在拉墙件标高处增设水平斜杆,使内外大横杆间形成水平桁架(图 3-13 中 A—A 剖面)。

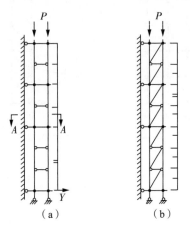

图 3-15 双排外脚手架结构计算简图

(6)双排脚手架无风荷载时,立杆一般按承受垂直荷载计算,当有风荷载时,按压弯构件计算。

(7)当横杆承受非节点荷载时,应进行抗弯强度计算,当风荷载较大时,应验算连接斜杆两端扣件的承载力。

(8)所有杆件长细比 $\lambda = 10/i$ 不得大于 250(i 为回转半径)。

(9)当杆件变形有控制要求时,应按照正常使用极限状态验算其变形。

(10)脚手架不挂密目网时,可不进行风荷载计算;当脚手架采用密目安全网或其他方法封闭时,则应按挡风面积进行计算。

2)施工设计

施工设计应包括以下内容。

(1)工程概况。用于说明所服务对象的主要情况。对于外脚手架,应说明所建主体结构的高度、平面形状及尺寸;对于模板支撑架,应按平面图说明标准楼层的梁板结构等。

(2)架体结构设计和计算。架体结构设计和计算的步骤如下:首先是制订方案;其次进行荷载计算;再次进行最不利位置立杆、横杆、斜杆强度验算,连墙件及基础强度验算;最后绘制架体结构计算图(包括平面图、立面图、剖面图等)。

(3)确定各个部位斜杆的连接措施及要求,对于模板支撑架,应绘制顶端节点构造图。

(4)确定结构施工的组织形式及具体要求,编制构配件用料表及供应计划。

(5)说明架体的搭设、使用和拆除方法。

(6)保证质量安全的技术和组织措施。

架体的上述设计还必须满足碗扣式钢管脚手架的构造要求。

4. 构造要求

1)双排外脚手架的构造要求

(1)双排脚手架应根据使用条件及荷载要求选择结构设计尺寸,横杆步距宜选用

1.8m,廊道宽度(横距)宜选用 1.2m,立杆纵向间距可选择不同规格的系列尺寸。

（2）曲线布置的双排外脚手架组架时,应按曲率要求使用不同长度的内、外横杆组架,曲率半径应大于 2.4m。

（3）双排外脚手架拐角为直角时,宜采用横杆直接组架,如图 3-16(a)所示;拐角为非直角时,可采用钢管扣件组架,如图 3-16(b)所示。

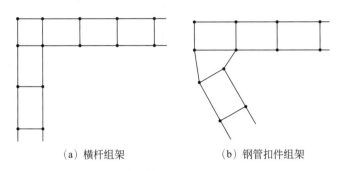

(a) 横杆组架　　　　　　(b) 钢管扣件组架

图 3-16　拐角组架图

（4）脚手架首层立杆应采用不同的长度交错布置,严禁拆除底部横杆(扫地杆),立杆应配置可调底座。

（5）脚手架专用斜杆的设置应符合下列规定。

① 斜杆应设置在有纵向及廊道横杆的碗扣节点上。

② 脚手架拐角处及端部必须设置竖向通高斜杆,如图 3-17 所示。

③ 脚手架高度不大于 20m 时,每隔 5 跨设置一组竖向通高斜杆;脚手架高度大于 20m时,每隔 3 跨设置一组竖向通高斜杆;斜杆必须对称设置,如图 3-17 所示。

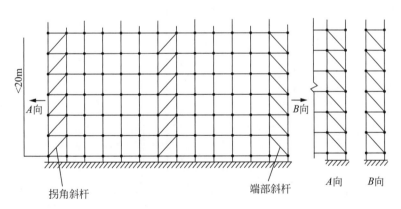

图 3-17　专用斜杆设置图

④ 临时拆除斜杆时,应调整斜杆位置,并严格控制同时拆除的根数。

（6）当采用钢管扣件做斜杆时,应符合下列规定。

① 斜杆应每步与立杆扣接,连接点距碗扣节点的距离不宜大于 150mm;当出现不能与立杆扣接的情况时,也可采取与横杆扣接,扣接点应牢固。

② 斜杆宜设置成"八"字形,斜杆水平倾角宜为 45°～60°,纵向斜杆间距可间隔 1～2跨,如图 3-18 所示。

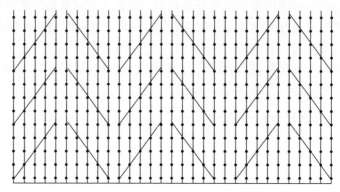

图 3-18 钢管扣件斜杆设置图

③ 当脚手架高度超过 20m 时,斜杆应在内、外排对称设置。

(7) 连墙杆的设置应符合下列规定。

① 连墙杆与脚手架立面及墙体应保持垂直,每层连墙杆应在同一平面,水平间距应不大于 4 跨。

② 连墙杆应设置在有廊道横杆的碗扣节点处,采用钢管扣件做连墙杆时,连墙杆应采用直角扣件与立杆连接,连接点距碗扣节点距离不应大于 150mm。

③ 连墙杆必须采用可承受拉、压荷载的刚性结构。

(8) 当连墙件竖向间距大于 4m 时,连墙件内、外立杆之间必须设置廊道斜杆或十字撑,如图 3-19 所示。

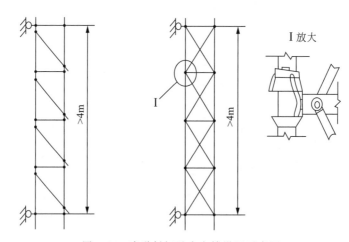

图 3-19 廊道斜杆及十字撑设置示意图

(9) 当脚手架高度超过 20m 时,上部 20m 以下的连墙杆水平处必须设置水平斜杆。

(10) 脚手板的设置应符合下列规定:

① 钢脚手板的挂钩必须完全落在廊道横杆上,并带有自锁装置,严禁浮放。

② 平放在横杆上的脚手板,必须与脚手架连接牢靠,可适当加设间横杆,脚手板探头长度应小于 150mm。

③ 作业层的脚手板框架外侧应设挡脚板及防护栏,护栏应采用 2 道横杆。

（11）人行坡道坡度可为1∶3,并应在坡道脚手板下增设横杆,坡道可折线上升。

（12）人行梯架应设置在尺寸为1.8m×1.8m的脚手架框架内,梯子宽度为廊道宽度的1/2,梯架可在一个框架高度内折线上升。应在梯架拐弯处设置脚手板及扶手。

（13）脚手架上的扩展作业平台挑梁宜设置在靠建筑物一侧,应按脚手架离建筑物间距及荷载选用窄挑梁或宽挑梁。宽挑梁可铺设两块脚手板,宽挑梁上的立杆应通过横杆与脚手架连接,如图3-20所示。

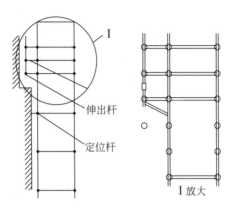

图3-20 扩展作业平台示意图

2）模板支撑架构造要求

（1）模板支撑架应根据施工荷载组配横杆及选择步距,根据支撑高度选择组配立杆、可调托撑及可调底座。

（2）模板支撑架高度超过4m时,应在四周拐角处设置专用斜杆或四面设置"八"字斜杆,并在每排每列设置一组通高"十"字撑或专用斜杆,如图3-21所示。

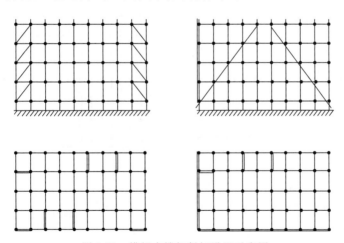

图3-21 模板支撑架斜杆设置示意图

（3）模板支撑架高宽比不得超过3∶1,否则应扩大下部架体尺寸,或者按有关规定验算,采取设置缆风绳等加固措施。

（4）房屋建筑模板支撑架可采用立杆支撑楼板、横杆支撑梁的梁板合支方法。当梁的荷载超过横杆的设计承载力时,可采取独立支撑的方法,并与楼板支撑连成一体,如图3-22

所示。

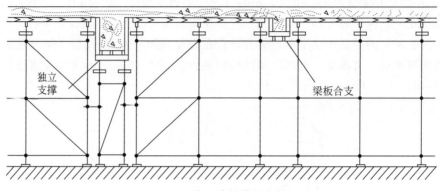

图 3-22　房屋建筑模板支撑架

（5）人行通道应符合下列规定。

① 设置双排脚手架人行通道时,应在通道上部架设专用梁,通道两侧脚手架应加设斜杆,如图 3-23 所示。

② 设置模板支撑架人行通道时,应在通道上部架设专用横梁,横梁结构应经过设计计算确定。通道两侧支撑横梁的立杆应根据计算加密,通道周围脚手架应组成一体。通道宽度不应大于 4.8m,如图 3-24 所示。

③ 洞口顶部必须设置封闭的覆盖物,两侧设置安全网。通行机动车的洞口必须设置防撞设施。

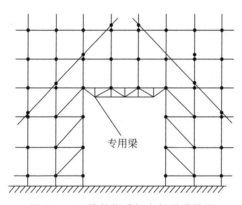

图 3-23　双排外脚手架人行通道设置

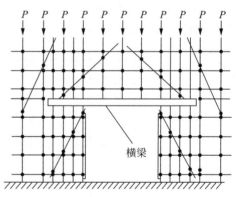

图 3-24　模板支撑架人行洞口设置图

5. 搭设与拆除

1）施工准备

（1）脚手架施工前,必须制订施工设计或专项方案,保证其技术可靠和使用安全,经技术审查批准后方可实施。

（2）搭设脚手架前,工程技术负责人应按脚手架施工设计或专项方案的要求对搭设和使用人员进行技术交底。

（3）对进入现场的脚手架构、配件,使用前,应对其质量进行复检。

（4）构、配件应按品种、规格分类放置在堆料区内，或码放在专用架上，清点好数量备用。脚手架堆放场地应排水畅通，不得有积水。

（5）如连墙件采用预埋方式，应提前与设计单位协商，并保证在浇筑混凝土前埋入预埋件。

（6）脚手架搭设场地必须平整、坚实，排水措施得当。

2）地基与基础处理

（1）脚手架地基基础必须按施工设计进行施工，按地基承载力要求进行验收。

（2）地基高低差较大时，可利用立杆 0.6m 节点位差调节。

（3）土壤地基上的立杆必须采用可调底座。

（4）脚手架基础经验收合格后，应按施工设计或专项施工方案的要求放线定位。

3）脚手架的搭设

（1）底座和垫板应准确地放置在定位线上；垫板宜采用长度不小于 2 跨，厚度不小于 50mm 的木垫板；底座的轴心线应与地面垂直。

（2）脚手架应按立杆、横杆、斜杆、连墙件的顺序逐层搭设，每次上升高度不大于 3m。底层水平框架的纵向直线度不应大于 $L/200$；横杆间水平度不应大于 $L/400$。其中，L 为支座跨度。

（3）脚手架的搭设应分阶段进行，第一阶段的摺底高度一般为 6m，搭设后，必须经检查验收后方可正式投入使用。

（4）脚手架的搭设应与建筑物的施工同步上升，每次搭设高度必须高于即将施工楼层 1.5m。

（5）脚手架全高的垂直度应小于 $L/500$；最大允许偏差应小于 100mm。

（6）脚手架内、外侧加挑梁时，挑梁范围内只允许承受人行荷载，严禁堆放物料。

（7）连墙件必须随架子高度及时上升，并设置在规定位置处，严禁任意拆除连墙件。

（8）作业层设置应符合下列要求：

① 必须满铺脚手板，外侧应设挡脚板及护身栏杆；

② 可用横杆在立杆的 0.6m 和 1.2m 的碗扣接头处搭设两道护身栏杆；

③ 作业层下的水平安全网应按相关安全技术规范规定设置。

（9）采用钢管扣件作加固件、连墙件、斜撑时，应符合《建筑施工扣件式钢管脚手架安全技术规范》(JGJ 130—2011)的有关规定。

（10）脚手架搭设到顶时，应组织技术、安全及施工人员对整个架体结构进行全面的检查和验收，及时解决存在的结构缺陷。

4）脚手架拆除

（1）应全面检查脚手架的连接、支撑体系等是否符合构造要求，按技术管理程序批准后，方可实施拆除作业。

（2）拆除脚手架前，现场工程技术人员应对在岗操作工人进行有针对性的安全技术交底。

（3）拆除脚手架时，必须划出安全区，设置警戒标志，派专人看管。

（4）拆除前，应清理脚手架上的器具及多余的材料和杂物。

（5）拆除作业应从顶层开始逐层向下进行，严禁同时拆除上、下层。

（6）严禁提前拆除连墙件，必须拆到该层时方可拆除。

（7）拆除的构、配件应成捆用起重设备吊运或人工传递到地面，严禁抛掷。

（8）脚手架采取分段、分立面拆除时，必须事先确定分界处的技术处理方案。

（9）应分类堆放拆除的构、配件，以便于运输、维护和保管。

5）模板支撑架的搭设与拆除

（1）模板支撑架的搭设应与模板施工相配合，利用可调底座或可调托撑调整底模标高。

（2）按施工方案弹线定位，放置可调底座后，分别按"先立杆、后横杆、再斜杆"的搭设顺序进行。

（3）建筑楼板多层连续施工时，应保证上、下层支撑立杆在同一轴线上。

（4）将模板支撑架搭设在结构的楼板、挑台上时，应对楼板或挑台等结构承载力进行验算。

（5）拆除模板支撑架应符合《混凝土结构工程施工质量验收规范》（GB 50204—2015）中混凝土强度的有关规定。

（6）拆除架体时，应按施工方案设计的拆除顺序进行。

6. 检查与验收

1）技术资料

进入现场的腕扣式钢管脚手架构、配件应具备如下证明资料：主要构、配件应有产品标识及产品质量合格证；供应商应提供配套的管材、零件、铸件、冲压件等材质、产品性能检验报告等。

2）构、配件进场检查

构、配件进场质量检查的重点如下：钢管管壁厚度；焊接质量；外观质量；可调底座和可调托撑丝杆直径、与螺母配合间隙及材质等。

3）搭设质量检验

（1）脚手架搭设质量应按下列规定分阶段进行检验：

① 首段以高度为 6m 进行第一阶段（摺底阶段）的检查和验收；

② 架体应随施工进度定期进行检查；达到设计高度后，进行全面的检查和验收；

③ 遇六级以上大风或大雨、大雪后，须进行特殊情况的检查；

④ 停工超过 1 个月恢复使用前的检验。

（2）对整体脚手架的重点检查应包括以下内容：

① 保证架体几何不变性的斜杆、连墙件、十字撑等设置是否完善；

② 基础是否有不均匀沉降，立杆底座与基础面的接触有无松动或悬空情况；

③ 立杆上的碗扣是否可靠锁紧；

④ 是否安装立杆连接销，斜杆扣接点是否符合要求，以及扣件的拧紧程度。

（3）检验组织：搭设高度在 20m 以下（含 20m）的脚手架，应由项目负责人组织技术、安全及监理等人员进行验收；对于高度超过 20m 的脚手架，以及超高、超重、大跨度的模板支撑架，应由其上级安全生产主管部门负责人组织架体设计及监理等人员进行检查验收。

（4）技术文件：验收脚手架时，应具备的技术文件包括施工组织设计及变更文件；高度超过 20m 的脚手架的专项施工设计方案；周转使用的脚手架构、配件使用前的复验合格记录；搭设的施工记录和质量检查记录。高度大于 8m 的模板支撑架的检查和验收要求与脚手架相同。

7. 安全管理与维护

（1）作业层上的施工荷载应符合设计要求，不得超载，不得在脚手架上集中堆放模板、钢筋等物料。

（2）混凝土输送管、布料杆及塔架拉结缆风绳不得固定在脚手架上。

（3）不得将大模板直接堆放在脚手架上。

（4）遇六级及六级以上大风或雨雪、大雾天气时，应停止脚手架的搭设和拆除作业。

（5）在脚手架使用期间，严禁擅自拆除架体结构杆件。如需拆除，必须报请技术主管同意，确定补救措施后方可实施。

（6）严禁在脚手架基础及邻近处进行挖掘作业。

（7）脚手架应与架空输电线路保持安全距离，工地临时用电线路架设及脚手架接地防雷措施等应按现行行业标准《施工现场临时用电安全技术规范》（JGJ 46—2019）的有关规定执行。

（8）使用脚手架构、配件后，应清除表面黏结的灰渣，校正杆件变形，表面做防锈处理后待用。

3.2　模板工程安全技术

模板工程，就其材料用量、人工、费用及工期来说，在混凝土结构工程施工中是十分重要的组成部分，在建筑施工中也占有相当重要的位置。据统计，每平方米竣工面积需要配置 $0.15m^2$ 模板。模板工程的劳动用工约占混凝土工程总用工的 1/3。特别是近年来城市建设高层建筑增多，现浇钢筋混凝土结构数量增加，据测算约占全部混凝土工程的 70% 以上，模板工程的重要性更为突出。

3.2.1　模板的分类及作用

按模板的功能分类，常用的模板主要分为以下五类。

1. 定型组合模板

定型组合模板包括定型组合钢模板、钢木定型组合模板、组合铝模板以及定型木模板。目前我国推广和应用量较大的是定型组合钢模板。

2. 墙体大模板

墙体大模板有钢制大模板、钢木组合大模板以及由大模板组合而成的筒子模等。

3. 飞模（台模）

飞模是用于楼盖结构混凝土浇筑的整体式工具式模板，具有拆支方便、周转快、文明施工的特点。飞模形式包括铝合金桁架与木（竹）胶合板面组成的铝合金飞模，轻钢桁架与木（竹）胶合板面组成的轻钢飞模，用门式钢脚手架或扣件钢管脚手架与胶合板或定型模板面组成的脚手架飞模，以及将楼面与墙体模板连成整体的工具式模板——隧道模。

4. 滑升模板

滑升模板是整体现浇混凝土结构施工的一项新工艺,广泛应用于工业建筑的烟囱、水塔、筒仓、竖井和民用高层建筑剪力墙、框剪、框架结构施工。滑升模板主要由模板面、围圈、提升架、液压千斤顶、操作平台、支承杆等组成,一般采用钢模板面,也可用木或木(竹)胶合板面。围圈、提升架、操作平台一般为钢结构,支承杆一般用直径 25mm 的圆钢或螺纹钢制成。

5. 木模板

木模板板面采用木板或木胶合板,支承结构采用木龙骨、木立柱,连接件采用螺栓或铁钉。

3.2.2　模板的构造和使用材料的性能

模板通常由三部分组成:模板面、支承结构(包括水平支承结构,如龙骨、桁架、小梁等,以及垂直支承结构,如立柱、格构柱等)和连接配件(包括穿墙螺栓、模板面连接卡扣、模板面与支承构件以及支承构件之间连接零配件等)。模板的结构设计,必须能承受作用于模板结构上的所有垂直荷载和水平荷载(包括混凝土的侧压力、振捣和倾倒混凝土产生的侧压力、风力等)。在所有可能产生的荷载中,要选择最不利的组合验算模板整体结构和构件及配件的强度、刚度和稳定性。当然,在模板结构设计中,首先必须保证模板支撑系统形成空间稳定的结构体系。

模板工程所使用的材料,可以是钢材、木材和铝合金等。下面分别介绍这些材料的规格和性能。

1. 钢材

采用平炉或氧气转炉 3 号钢(沸腾钢或镇静钢)、16Mn 钢、16Mnq 钢。钢材质量应符合现行国家标准《碳素结构钢》(GB/T 700—2006)的规定。

钢管应符合现行国家标准《直缝电焊钢管》(GB/T 13793—2016)或《低压流体输送用焊接钢管》(GB/T 3091—2015)中规定的 3 号普通钢管,其质量应符合现行国家标准《碳素结构钢》(GB/T 700—2006)中关于 Q235A 级钢的规定。不得使用有严重锈蚀、弯曲、压扁及裂纹等疵病的钢管。钢管应符合现行国家标准《直缝电焊钢管》(GB/T 13793—2016)或《低压流体输送用焊接钢管》(GB/T 3091—2015)中规定的 3 号普通钢管,其质量应符合现行国家标准《碳素结构钢》(GB/T 700—2006)中关于 Q235A 级钢的规定。不得使用有严重锈蚀、弯曲、压扁及裂纹等疵病的。

钢铸件应符合现行国家标准《一般工程用铸造碳钢件》(GB/T 11352—2009)的规定。

组合钢模板及配件制作质量应符合现行国家标准《组合钢模板技术规范》(GB/T 50214—2013)的规定。

模板支架的材料宜优先选用钢材。

2. 木材

木材的树种可根据各地区实际情况选用,材质不宜低于Ⅲ等材。不得使用有腐朽、折裂、枯节等疵病的木材。木材选材时,应根据模板构件受力种类按表 3-8 选用适当等级的木材。

表 3-8 木材材质等级

构件受力种类	材质等级
受拉或拉弯构件	Ⅰ等材
受弯或压弯构件	Ⅱ等材
受压构件	Ⅲ等材

3. 铝合金

在建筑模板结构中采用铝合金时,应采用纯铝加入锰、镁等合金元素后的铝合金型材。

4. 面板材料

面板除采用钢、木外,可采用胶合板、复合纤维板、塑料板、玻璃钢板等。其中,胶合板应符合《混凝土模板用胶合板》(GB/T 17656—2018)的有关规定。

1) 覆面木胶合板

覆面木胶合板的规格和技术性能应符合下列规定。

(1) 厚度应采用 12~18mm 的板材。

(2) 其剪切强度应符合下列要求:

① 不浸泡,不蒸煮,1.4~1.8N/mm^2;

② 室温水浸泡,1.2~1.8N/mm^2;

③ 沸水煮,24h,1.2~1.8N/mm^2;

④ 含水率 5%~13%;

⑤ 密度 4.5~8.8kg/m^3。

2) 覆面竹胶合板

覆面竹胶合板应符合以下要求:表面应平整光滑,具有防水、耐磨、耐酸碱的保护膜,厚度不小于 15mm。

3) 复合纤维板

复合纤维板应符合下列规定。

(1) 表面应平整光滑不变形,厚度应采用 12mm 及以上板材。

(2) 技术性能应符合下列要求:① 72h 吸水率<5%;② 72h 吸水膨胀率<4%;③ 耐酸碱腐蚀性,在 1%苛性钠中浸泡 24h,无软化及腐蚀现象;④ 耐水汽性能,在水蒸气中喷蒸 24h,表面无软化及明显膨胀。

3.2.3 荷载规定

设计模板时,首先要确定模板应承受的荷载。荷载分为三类。

1. 荷载标准值

(1) 恒荷载标准值:包括模板及其支架自重标准值、新浇筑混凝土自重标准值、钢筋自重标准值,以及当采用内部振捣器时,新浇筑的混凝土作用于模板的侧压力标准值的确定方法及计算公式。

(2) 活荷载标准值:包括施工人员及设备荷载标准值。

(3) 风荷载标准值。

2. 荷载设计值

计算模板及支架结构或构件的强度、稳定性和连接的强度时,应采用荷载设计值(荷载标准值乘以荷载分项系数)。计算正常使用极限状态的变形时,应采用荷载标准值。

荷载分项系数规定如下:永久荷载为1.2,活荷载为1.4。

钢模板及其支架的荷载设计值可乘以0.95的折减系数。采用冷弯薄壁型钢,其荷载设计值不应折减。

3. 荷载组合

按极限状态设计时,其荷载组合应按两种情况分别选派:

(1)对于承载能力极限状态,应按荷载效应的基本组合采用。

(2)对于正常使用极限状态,应采用标准组合。模板及其支架荷载效应组合的各项荷载应分别按平板和薄壳的模板及支架、梁和拱模板的底板及支架、梁、拱、柱、墙的侧模等进行选取。

当验算模板及其支架的刚度时,规定其最大变形值不得超过下列容许值:对结构表面外露的模板,为模板构件计算跨度的1/400;对结构表面隐蔽的模板,为模板构件计算跨度的1/250;支架的压缩变形或弹性挠度,为相应的结构计算跨度的1/1000。

3.2.4 设计计算

1. 一般规定

对于模板及其支架,应根据工程结构形式、荷载大小、地基土类别、施工设备和材料供应等条件进行设计。

1)模板及其支架的设计要求

(1)应具有足够的承载能力、刚度和稳定性,应能可靠地承受新浇混凝土的自重、侧压力和施工过程中所产生的荷载及风荷载。

(2)构造应简单,装拆方便,便于钢筋的绑扎、安装和混凝土的浇筑、养护等。

2)模板设计应包括的内容

(1)根据混凝土的施工工艺和季节性施工措施确定其构造和所承受的荷载。

(2)绘制配板设计图、支撑设计布置图、细部构造和异形模板大样图。

(3)按模板承受荷载的最不利组合对模板进行验算。

(4)制订安装及拆除模板的程序和方法。

(5)编制模板及配件的规格、数量汇总表和周转使用计划。

(6)编制模板施工安全、防火技术措施及设计、施工说明书。

2. 钢模板及其支撑的设计

钢模板及其支撑的设计应符合现行国家标准《钢结构设计规范》(GB 50017—2017)的规定,其截面塑性发展系数取1.0。组合钢模板、大模板、滑升模板等的设计还应符合国家现行标准《组合钢模板技术规范》(GB/T 50214—2013)、《大模板多层住宅结构设计与施工规程》(JGJ 20—1984)和《液压滑动模板施工技术规范》(GBJ 113—1987)的相应规定。

3. 木模板及其支架的设计

木模板及其支架的设计应符合现行国家标准《木结构设计规范》(GB 50005—2017)的

规定。其中,受压立杆除满足计算需要外,其梢径不得小于 60mm。

4. 模板结构构件的长细比规定

(1) 受压构件长细比:支架立柱及桁架不应大于 150;拉条、缀条、斜撑等联系构件不应大于 200。

(2) 受拉构件长细比:钢杆件不应大于 350,木杆件不应大于 250。

5. 用扣件式钢管脚手架等作支架立柱的规定

(1) 连接扣件和钢管立杆底座应符合现行国家标准《钢管脚手架扣件》(GB 15831—2006)的规定。

(2) 采用四柱形,并于四面两横杆间设有斜缀条时,可按格构式柱计算,否则应按单立杆计算,其荷载应直接作用于四角立杆的轴线上。

(3) 支架立柱为群柱架时,其高宽比不应大于 5,否则应架设抛撑或缆风绳,保证该方向的稳定。

6. 用门式钢管脚手架作支架立柱的规定

(1) 混合使用几种门式钢管脚手架(简称门架)时,必须取支承力最小的门架作为设计依据。

(2) 荷载宜直接作用在门架两边立杆的轴线上,必要时可设横梁,将荷载传于两立杆顶端,且应按单榀门架进行承力计算。

7. 支承楞梁计算

次楞一般为两跨以上连续楞梁,当跨度不等时,应按不等跨连续楞梁或悬臂楞梁设计;主楞可根据实际情况按连续梁、简支梁或悬臂梁设计;同时,主、次楞梁均应进行最不利抗弯强度与挠度验算。

8. 柱箍

柱箍用于直接支承和夹紧柱模板,应用扁钢、角钢、槽钢和木楞制成,其受力状态为拉弯杆件,按拉弯杆件计算。

9. 钢、木支柱应承受模板结构的垂直荷载

当支柱上、下端之间不设纵横向水平拉条,或设有构造拉条时,按两端铰接的轴心受压杆件计算,其计算长度 $L_0 = L$(支柱长度);当支柱上、下端之间设有多层不小于 $40\text{mm} \times 50\text{mm}$ 的方木或脚手架钢管的纵横向水平拉条时,仍按两端铰接轴心受压杆件计算,其计算长度 L_0 应取支柱上多层纵、横向水平拉条之间最大的长度。当多层纵、横向水平拉条之间的间距相等时,应取底层。

3.2.5 模板安装

1. 模板安装的规定

(1) 应对模板施工单位进行全面的安全技术交底,施工单位应具有相应的资质。

(2) 挑选合格的模板和配件。

(3) 安装模板时,应按设计与施工说明书循序拼装。

(4) 竖向模板和支架支承部分安装在基土上时,应加设垫板,如钢管垫板上应加底座。垫板应有足够强度和支承面积,且应中心承载。基土应坚实,并有排水措施。对湿陷性黄土,应有防水措施;对特别重要的结构工程,可采用混凝土、打桩等措施防止支架柱下沉。对冻胀性土,应有防冻融措施。

(5) 在模板及其支架在安装过程中,必须设置有效防倾覆的临时固定设施。

(6) 对于现浇钢筋混凝土梁、板,当跨度大于 4m 时,模板应起拱;当设计无具体要求时,起拱高度宜为全跨长度的 $1/1000 \sim 3/1000$。

(7) 对于现浇多层或高层房屋和构筑物,安装上层模板及其支架时,应符合下列规定:

① 下层楼板应具有承受上层荷载的承载能力或加设支架支撑;

② 上层支架立柱应对准下层支架立柱,并于立柱底铺设垫板;

③ 当采用悬臂吊模板、桁架支模方法时,其支撑结构的承载能力和刚度必须符合要求。

(8) 当层间高度大于 5m 时,宜选用桁架支模或多层支架支模。当采用多层支架支模时,支架的横垫板应平整,支柱应垂直,上、下层支柱应在同一竖向中心线上,且其支柱不得超过二层,并必须待下层形成整体空间后,方允许支安上层支架。

(9) 模板安装作业高度超过 2m 时,必须搭设脚手架或平台。

(10) 安装模板时,上、下应有人接应,随装随运,严禁抛掷。且不得将模板支搭在门窗框上,也不得将脚手板支搭在模板上,并严禁将模板与井字架脚手架或操作平台连成一体。

(11) 当有五级及其以上的风时,应停止一切吊运作业。

(12) 拼装高度为 2m 以上的竖向模板,施工人员不得站在下层模板上拼装上层模板在安装过程中,应设置足够的临时固定设施。

(13) 当支撑成一定角度倾斜,或其支撑的表面倾斜时,应采取可靠措施确保支点稳定,支撑底脚必须有防滑移的措施。

(14) 除设计图另有规定者外,所有垂直支架柱应保证其垂直。其垂直允许偏差,当层高不大于 5m 时为 6mm,当层高大于 5m 时为 8mm。

(15) 已安装好的模板上的实际荷载不得超过设计值。不得随意拆除或移动已承受荷载的支架和附件。

2. 单立柱做支撑要求

单立柱做支撑时,应符合下列要求。

(1) 木立柱宜选用整料,当不能满足要求时,立柱的接头不宜超过 2 个,并应采用对接夹板接头方式。立柱底部可采用垫块垫高,但不得采用单码砖垫高。

(2) 立柱支撑群(或称满堂架)应沿纵、横向设水平拉杆,其间距按设计规定;应在立杆上、下两端 200mm 处设纵、横向扫地杆,架体外侧每隔 6m 设置一道剪刀撑,并沿竖向连续设置,剪刀撑与地面的夹角应为 $45° \sim 60°$,当楼层高超过 10m 时,还应设置水平方向剪刀撑。拉杆和剪刀撑必须与立柱牢固连接。

(3) 单立柱支撑的所有底座板或支撑顶端都应与底座和顶部模板紧密接触,支撑头不得承受偏心荷载。

(4) 采用扣件式钢管脚手架作立柱支撑时,立杆接长必须采用对接,主立杆间距不得大于 1m,纵、横杆的步距不应大于 1.2m。

(5) 门式钢管脚手架(简称门架)作支撑时,跨距和间距宜小于 1.2m;支撑架底部垫木上应设固定底座或可调底座。支撑宽度为 4 跨以上或 5 个间距及以上时,应在周边底层、顶层、中间每 5 列、5 排于每门架立杆根部设 $\phi48mm \times 3.5mm$ 通长水平加固杆,并应用扣件与门架立杆扣牢。

支撑高度超过 10m 时，应在外侧周边和内部每隔 15m 间距设置剪刀撑，剪刀撑不应大于 4 个间距，与水平夹角应为 45°～60°。沿竖向应连续设置，并用扣件与门架立杆扣牢。

3.2.6　模板拆除

模板拆除（简称拆模）时，下方不能有人，拆模区应设警戒线，以防有人误入被砸伤。拆模施工应符合以下规定。

1. 拆模申请要求

拆模之前，必须有拆模申请，并根据同条件养护试块强度记录达到规定时，技术负责人方可批准拆模。

2. 拆模顺序和方法的确定

各类模板拆除的顺序和方法应根据模板设计的规定进行。当模板设计无规定时，可按先支的后拆，后支的先拆顺序进行。先拆非承重的模板，后拆承重的模板及支架。

3. 拆模时混凝土强度

拆模时，混凝土的强度应符合设计要求。当设计无要求时，应符合下列规定：

（1）不承重的侧模板，包括梁、柱、墙的侧模板，只要混凝土强度能保证其表面及棱角不因拆除模板而受损坏，即可拆除。一般墙体大模板在常温条件下，混凝土强度达到 $1N/mm^2$，即可拆除。

（2）承重模板，包括梁、板等水平结构构件的底模，应根据与结构同条件养护的试块强度达到规定，方可拆除。

（3）在拆模过程中，如发现实际结构混凝土强度并未达到要求，有影响结构安全的质量问题，应暂停拆模，经妥当处理，实际强度达到要求后，方可继续拆除。

（4）已拆除模板及其支架的混凝土结构，应在混凝土强度达到设计的混凝土强度标准值后，才允许承受全部设计的使用荷载。

4. 现浇楼盖及框架结构拆模

一般现浇楼盖及框架结构的拆模顺序如下：拆柱模斜撑与柱箍→拆柱侧模→拆楼板底模→拆梁侧模→拆梁底模。

楼板小钢模的拆除，应设置供拆模人员站立的平台或架子，还必须将洞口和临边进行封闭后，才能开始工作。拆除时，应先拆除钩头螺栓和内外钢楞，然后拆下 U 形卡、L 形插销，再用钢钎轻轻撬动钢模板，用木锤或带胶皮垫的铁锤轻击钢模板，把第一块钢模板拆下，然后将钢模逐块拆除。拆下的钢模板不准随意向下抛掷，要向下传递至地面。

拆除多层楼板模板支柱时，下面应保留几层楼板的支柱，应根据施工速度、混凝土强度增长的情况、结构设计荷载与支模施工荷载的差距通过计算确定。

5. 现浇柱模板拆除

柱模板拆除顺序如下：拆除斜撑或拉杆（或钢拉条）→自上而下拆除柱箍或横楞→拆除竖楞并由上向下拆除模板连接件、模板面。

第4章 主体结构工程安全技术

4.1 砌体工程安全技术

4.1.1 砌筑砂浆工程安全技术

（1）砂浆搅拌机械必须符合《建筑机械使用安全技术规程》(JGJ 33—2012)及《施工现场临时用电安全技术规范》(JGJ 46—2019)的有关规定，施工中，应定期对其进行检查、维修，保证机械使用安全。

（2）应及时回收落地砂浆，回收时，不得夹有杂物，并应及时将砂浆运至拌合地点，掺入新砂浆中拌合使用。

（3）现场应建立健全安全环保责任制度、技术交底制度、检查制度等各项管理制度。

（4）现场各施工面安全防护设施齐全有效，个人防护用品使用正确。

4.1.2 砌块砌体工程安全技术

（1）吊放砌块前，应检查吊索及钢丝绳的安全可靠程度，严禁使用不灵活或性能不符合要求的吊索及钢丝绳。

（2）堆放在楼层上的砌块重力，不得超过楼板允许承载力。

（3）所使用的机械设备必须安全可靠、性能良好，同时设有限位保险装置。

（4）机械设备用电必须符合"三相五线制"及三级保护的规定。

（5）操作人员必须戴好安全帽，佩戴劳动保护用品等。

（6）作业层的周围必须进行封闭围护，同时设置防护栏及张挂安全网。

（7）对于楼层内的预留孔洞、电梯口、楼梯口等，必须进行防护，可采取栏杆搭设的方法进行围护，预留洞口采取加盖的方法进行围护。

（8）对于砌体中的落地灰及碎砌块，应及时清理成堆，装车或装袋运输，严禁从楼上或架子上抛下。

（9）吊装砌块和构件时，应注意其重心位置，禁止用起重拔杆拖运砌块，不得起吊有破裂、脱落、危险的砌块。

（10）起重拔杆回转时，严禁将砌块停留在操作人员上空，或在空中整修、加工砌块。

（11）安装砌块时，不准站在墙上操作和在墙上设置受力支撑、缆绳等，在施工过程中，对稳定性较差的窗间墙，独立柱应加稳定支撑。

(12) 因刮风,使砌块和构件在空中摆动不能停稳时,应停止吊装工作。

4.1.3 石砌体工程安全技术

(1) 操作人员应戴安全帽和帆布手套。

(2) 搬运石块时,应检查搬运工具及绳索是否牢固,应用双绳抬石。

(3) 在架子上凿石时,应注意打凿方向,避免飞石伤人。

(4) 砌筑时,脚手架上的堆石不宜过多,应随砌随运。

(5) 用锤打石时,应先检查铁锤有无破裂,锤柄是否牢固。打锤要按照石纹走向落锤,锤口要平,落锤要准,同时要看清附近情况有无危险,然后落锤,以免伤人。

(6) 不准在墙顶或脚手架上修改石材,以免振动墙体影响质量,或石片掉下伤人。

(7) 不得往下掷石块。运石上、下时,要把脚手板钉装牢固,并钉装防滑条及扶手栏杆。

(8) 堆放材料时,必须离开槽、坑、沟边沿1m以外,堆放高度不得高于0.5m;往槽、坑、沟内运石料及其他物质时,应用溜槽或吊运,严禁下方有人停留。

(9) 墙身砌体高度超过地坪1.2m以上时,应搭设脚手架。

(10) 砌石用的脚手架和防护栏板应经检查验收方可使用,施工中,不得随意拆除或改动脚手架和防护栏板。

4.1.4 填充墙砌体工程安全技术

(1) 砌体施工脚手架要搭设牢固。

(2) 外墙施工时,必须有外墙防护及施工脚手架,墙与脚手架间的间隙应封闭,防止高空坠物伤人。

(3) 严禁站在墙上做画线、吊线、清扫墙面、支设模板等施工作业。

(4) 在脚手架上堆放普通砖时,不得超过两层。

(5) 操作时,精神要集中,不得嬉笑打闹,以防发生意外事故。

(6) 现场应实行封闭化施工,有效控制噪声、扬尘、废物、废水等排放。

4.2 钢筋混凝土工程安全技术

4.2.1 模板工程安全技术

1. 材质要求

(1) 钢模板的材质,应符合《碳素结构钢》(GB/T 700—2006)中关于Q235号钢的标准。

(2) 定型钢模板必须有出厂检验合格证,对成批的新钢模板,应在使用前进行荷载试验,符合要求方可使用。

(3) 木模板的材质应符合《木结构工程施工质量验收规范》(GB 50206—2012)中的承重结构选材标准,材质不宜低于Ⅲ等材。

2. 支撑系统

(1) 模板支撑设计应根据荷载、支撑高度、使用面积进行。荷载按现行国家标准《混凝土结构工程施工质量验收规范》(GB 50204—2015)和模板有关技术规定取值,并进行荷载组合。

(2) 钢模板及其支撑的设计应符合《钢结构设计规范》(GB 50017—2017)的规定,其设计荷载值应乘以 0.85 的折减系数;采用冷弯薄壁型钢应符合《冷弯薄壁型钢结构技术规范》(GB 50018—2016)的规定,其设计荷载值不予折减;采用组合钢模板时,其荷载应根据《组合钢模板技术规范》(GB/T 50214—2013)的有关技术规定取值。

(3) 木模板及其支撑的设计应符合《木结构设计规范》(GB 50005—2017)的规定,当木材含水率小于 25% 时,强度设计值可提高 30%,荷载设计值要乘以 0.9 的折减系数。

(4) 木模板及其支撑材质不宜低于 Ⅲ 等材,严禁使用脆性、过分潮湿、易于变形和弯扭不直的木材。

(5) 支撑木杆应用松木或杉木,不得采用杨木、柳木、桦木、椴木等易变形开裂的木材。

(6) 在模板的支设、拆除过程中,要严格按照设计要求的步骤进行,全面检查支撑系统的稳定性。

3. 模板安装

(1) 在支模过程中,应遵守安全操作规程,如遇途中停歇,应将就位的支顶、模板联结稳固,不得空架浮搁。

(2) 模板及其支撑系统在安装过程中,必须设置临时固定设施,严防倾覆。

(3) 对于拼装完毕的大块模板或整体模板,应在吊装前确定吊点位置,先进行试吊,确认无误后,方可正式吊运安装。

(4) 安装整块柱模板时,不得将其支在柱子钢筋上代替临时支撑。

(5) 支设高度在 3m 以上的柱模板,四周应设斜撑,并应设立操作平台,低于 3m 的柱模板可用马凳操作。

(6) 支设悬挑形式的模板时,应有稳定的立足点。支设临空构筑物模板时,应搭设支架。模板上有预留洞时,应在安装后将洞盖好。

(7) 在支模时,操作人员不得站在支撑上,而应设置立人板,以便操作人员站立。立人板应用木质 50mm×200mm 中板为宜,并适当绑扎固定。不得用钢模板或尺寸为 50mm×100mm 的木板。

(8) 承重焊接钢筋骨架和模板一起安装时,模板必须固定在承重焊接钢筋骨架的节点上。

(9) 当层间高度大于 5m 时,若采用多层支架支模,则应在两层支架立柱间铺设垫板,且应平整,上、下层支柱要垂直,并应设置在同一垂直线上。

(10) 当模板高度大于 5m 以上时,应搭脚手架,设防护栏,禁止上、下在同一垂直面操作。

(11) 因特殊情况而在临边、洞口作业时,如无可靠的安全设施,必须系好安全带,并扣好保险钩,高挂低用,经医生确认不宜高处作业的人员,不得进行高处作业。

(12) 在模板上施工时,堆物(钢筋、模板、木方等)不宜过多,不准集中在一处堆放。

(13) 模板安装就位后,要采取防止触电的保护措施,施工楼层上的漏电箱必须设漏电保护装置,防止漏电伤人。

4. 模板拆除

(1)装拆高处、复杂结构模板时,事先应有可靠的安全措施。

(2)拆楼层外边模板时,应有防高空坠落及防止模板向外倒跌的措施。

(3)在模板拆装区域周围,应设置围栏,并悬挂明显的标志牌,禁止非作业人员入内。

(4)拆模起吊前,应检查对拉螺栓是否拆净,在确无遗漏并保证模板与墙体完全脱离后方准起吊。

(5)模板拆除后,在清扫和涂刷隔离剂时,模板要临时固定好,板面相对停放之间,应留出50～60mm宽的人行通道,模板上方要用拉杆固定。

(6)拆模后,应及时拔除或敲平模板或木方上的钉子,防止钉子扎伤脚。

(7)在施工现场,不得乱扔模板所用的脱模剂,以防止影响环境质量。

(8)拆模时,临时脚手架必须牢固,不得用拆下的模板作脚手架。

(9)组合钢模板拆除时,上、下应有人接应,模板随拆随运走,严禁从高处抛掷下。

(10)拆基础及地下工程模板时,应先检查基坑土壁状况,如有不安全因素时,必须采取安全措施后,方可作业。拆除的模板和支撑件不得在基坑上口1m以内堆放,应随拆随运走。

(11)拆模必须一次性拆清,不得留有无撑模板。混凝土板有预留孔洞时,拆模后,应随时在其周围做好安全护栏,或用板将孔洞盖住。防止作业人员因扶空、踏空而坠落。

(12)拆模间歇时,应将已活动的模板、拉杆、支撑等固定牢固,防止其突然掉落伤人。

(13)拆模时,应逐块拆卸,不得成片松动、撬落或拉倒,严禁作业人员在同一垂直面上同时操作。

(14)拆4m以上模板时,应搭脚手架或工作台,并设防护栏杆。严禁站在悬臂结构上敲拆底模。

(15)两人抬运模板时,应相互配合,协同工作。传递模板、工具时,应用运输工具或绳索系牢后升降,不得乱抛。

5. 模板存放

(1)施工楼层上不得长时间存放模板,当模板临时在施工楼层存放时,必须有可靠的防止倾倒措施,禁止将模板沿外墙周边存放在外挂架上。

(2)放置模板时,应满足自稳角要求,两块大模板应采取板面相对的存放方法。

(3)停放大模板时,必须满足自稳角的要求,对自稳角不足的模板,必须另外拉结固定。

(4)没有支撑架的大模板应存放在专用的插放支架上,叠层平放时,叠放高度不应超过2m(10层),底部及层间应加垫木,且上下对齐。

6. 滑模、爬模

(1)滑模装置的电路、设备均应接零接地,手持电动工具设漏电保护器,平台下照明采用36V低压照明,动力电源的配电箱按规定配置。主干线采用钢管穿线,跨越线路采用流体管穿线,平台上不允许乱拉电线。

(2)滑模平台上应设置一定数量的灭火器,施工用水管可代用作消防用水管使用。严禁在操作平台上吸烟。

（3）各类机械操作人员应按机械操作技术规程操作、检查和维修,确保机械安全,吊装索具应按规定经常进行检查,防止吊物伤人,任何机械均不允许非机械操作人员操作。

（4）拆除滑模装置时,要严格按拆除方法和拆除顺序进行。在割除支承杆前,必须对提升架加临时支护,防止倾倒伤人,支承杆割除后,及时在台上拔除,防止其在吊运过程中掉下伤人。

（5）滑模平台上的物料不得集中堆放,一次吊运钢筋数量不得超过平台上的允许承载能力,并应分布均匀。

（6）为防止扰民,振动器宜采用低噪声新型振动棒。

（7）爬模施工为高处作业,必须按照《建筑施工高处作业安全技术规范》(JGJ 80—2016)的要求进行。

（8）每项爬模工程在编制施工组织设计时,要制订具体的安全、防火措施。

（9）设专职安全、防火员跟班负责安全防火工作,广泛宣传安全第一的思想,认真进行安全教育、安全交底,提高全员的安全防火措施。

（10）经常检查爬模装置的各项安全设施,特别是安全网、栏杆、挑架、吊架、脚手板、安全关键部位的紧固螺栓等。应检查施工的各种洞口防护,检查电器、设备、照明安全用电的各项措施。

4.2.2 钢筋工程安全技术

1. 钢筋加工制作

（1）钢筋调直、切断、弯曲、除锈、冷拉等各道工序的加工机械必须遵守国家现行标准《建筑机械使用安全技术规程》(JGJ 33—2012)的规定,保证安全装置齐全有效,动力线路用钢管从地坪下引入,机壳要有保护零线。

（2）施工现场用电必须符合国家现行标准《施工现场临时用电安全技术规范》(JGJ 46—2019)的规定。

（3）制作成型钢筋时,场地要平整,工作台要稳固,照明灯具必须加网罩。

（4）钢筋加工场地必须设专人看管,非钢筋加工制作人员不得擅自进入钢筋加工场地。

（5）各种加工机械在作业人员下班后一定要拉闸断电。

2. 钢筋绑扎安装

（1）进入现场的作业人员应戴安全帽,进行高处作业的人员应扎紧衣袖,系牢安全带。

（2）现场应平稳、分散堆放加工好的钢筋,防止其倾倒、塌落伤人。

（3）搬运钢筋时,应防止钢筋碰撞障碍物,防止在搬运中碰撞电线,发生触电事故。

（4）多人运送钢筋时,起、落、转、停动作要一致,人工上、下传递时,不得在同一垂直线上进行。

（5）从事钢筋挤压连接和钢筋直螺纹连接施工的有关人员应培训、考核、持证上岗,并经常进行安全教育,防止发生人身和设备安全事故。

（6）在高处进行挤压操作时,必须遵守国家现行标准《建筑施工高处作业安全技术规范》(JGJ 80—2016)的规定。

（7）建筑物内的钢筋要分散堆放,在高空绑扎、安装钢筋时,不得将钢筋集中堆放在模板或脚手架上。

（8）在高空、深坑绑扎钢筋和安装骨架时，必须搭设脚手架和马道。

（9）绑扎 3m 以上的柱钢筋时，必须搭设操作平台，不得站在钢箍上绑扎。已绑扎的柱骨架应用临时支撑拉牢，以防倾倒。

（10）绑扎圈梁、挑檐、外墙、边柱钢筋时，应搭设外脚手架或悬挑架，并按规定挂好安全网。脚手架必须由专业架子工搭设，且符合安全技术操作规程。

（11）绑扎筒式结构（如烟囱、水池等）时，不得站在钢筋骨架上操作或上下。

（12）不得在雨、雪、风力六级以上（含六级）天气露天作业。雨雪后，应在清除积水、积雪后方可作业。

4.2.3 预应力工程安全技术

张拉预应力时，应注意以下事项。

（1）配备符合规定的设备，并随时注意检查，及时更换不符合安全要求的设备。

（2）电工、焊工、张拉工等特种作业工人必须经过培训考试合格取证后持证上岗。操作机械设备时，要严格遵守各机械的规程，严格按使用说明书操作，并按规定配备防护用具。

（3）成盘预应力筋开盘时，应采取措施，防止尾端弹出伤人；严格防止与电源搭接，电源不准裸露。

（4）在预应力筋张拉轴线的前方和高处作业时，结构边缘与设备之间不得站人。

（5）使用油泵前，应进行常规检查，重点是在设定油压下不能自动开通安全阀。

（6）输油路要做到"三不用"，即输油管破损不用，接口损伤不用，接口螺母不扭紧、不到位不用。不准带压检修油路。

（7）使用油泵时，不得超过额定油压，千斤顶不得超过规定张拉最大行程。油泵和千斤顶的连接必须到位。

（8）预应力筋下料盘切割时，防止钢丝、钢绞线弹出伤人，或因砂轮锯片破碎伤人。

（9）对张拉平台、脚手架、安全网、张拉设备等，现场施工负责人应组织技术人员、安全人员及施工班组共同检查，合格后方可使用。

（10）采用锥锚式千斤顶张拉钢丝束时，先使千斤顶张拉缸进油，压力表针有启动时再打楔块。

（11）镦头锚固体系在张拉过程中随时拧上螺母。

（12）对于两端张拉的预应力筋，两端正对预应力筋部位应采取措施进行防护。

（13）张拉预应力筋时，操作人员应站在张拉设备的作用力方向的两侧，严禁站在建筑物边缘与张拉设备之间，以防在张拉过程中有可能来不及躲避偶然发生的事故而造成伤亡。

4.2.4 预应力工程混凝土工程安全技术

1. 混凝土浇筑前

（1）采用手推车运输混凝土时，不得争先抢道，装车不应过满；卸车时，应有挡车措施，不得用力过猛或撒把，以防车把伤人。

（2）使用井架提升混凝土时，应设制动安全装置，升降应有明确信号，操作人员未离开提升台时，不得发升降信号。在提升台内停放手推车时，要平衡，车把不得伸出台外，应把车轮前后挡牢。

（3）浇筑混凝土前，应对振动器进行试运转，振动器操作人员应穿绝缘靴、戴绝缘手套；振动器不能挂在钢筋上，湿手不能接触电源开关。

（4）混凝土运输、浇筑部位应有安全防护栏杆和操作平台。

（5）现场施工负责人应为机械作业提供道路、水电、机棚或停机场地等必备的条件，并消除对机械作业有妨碍或不安全的因素。夜间作业时应设置充足的照明。

2. 混凝土浇筑

（1）机械进入作业地点后，施工技术人员应向操作人员进行施工任务和安全技术措施交底。操作人员应熟悉作业环境和施工条件，听从指挥，遵守现场安全规则。

（2）操作人员在作业过程中，应集中精力正确操作，注意机械工况，不得擅自离开工作岗位，也不得将机械交给其他无证人员操作。严禁无关人员进入作业区或操作室内。

（3）使用机械与安全生产发生矛盾时，必须首先服从安全要求。

（4）作业时，脚手架上堆放的材料不得过于集中，存放砂浆的灰斗、灰桶应放平放稳。

（5）混凝土浇筑完成后，应进行场地清理，将脚手板上的余浆清除干净，灰斗、灰桶内的余浆刮尽，用水清洗净。

4.3 钢结构工程安全技术

钢结构工程主要由型钢和钢板等制成的钢梁、钢柱、钢桁架等构件组成，各构件或部件之间通常采用焊缝、螺栓或铆钉连接，是主要的建筑结构类型之一。与其他建筑结构相比，钢结构的抗拉、抗压强度高、构件断面小、自重较轻、结构性能好，在高层建筑及桥梁中的应用越来越多。但钢结构施工高空作业、立体交叉作业较多，吊装重型构件作业频繁，且施工人员在施工过程中经常处于高空作业状态，发生高处坠落、物体打击等事故的风险较大。

4.3.1 钢零件及钢部件加工安全技术

1. 一般要求

（1）一切材料、构件必须平整稳固堆放，应放在不妨碍交通和吊装安全的地方，应及时清除边角余料。

（2）布置机械和工作台等设备时，应便于安全操作，通道宽度不得小于1m。

（3）一切机械、砂轮、电动工具、气电焊等设备都必须设有安全防护装置。

（4）对电气设备和电动工具，必须保证绝缘良好，露天电气开关要设防雨箱并加锁。

（5）凡是受力构件用电焊点固后，在焊接时不准在点焊处起弧，以防熔化塌落。

（6）焊接和切割锰钢、合金钢、有色金属部件时，应采取防毒措施。如接触焊件，必要时，应用橡胶绝缘板或干燥的木板隔离，并隔离容器内的照明灯具。

（7）在进行焊接、切割、气刨作业前，应清除现场的易燃易爆物品。离开操作现场前，应切断电源,锁好闸箱。

(8)在现场进行射线探伤时,周围应设警戒区,并挂"危险"标志牌,现场操作人员应背离射线 10m 以外。在 30°投射角范围内,一切人员要远离 50m 以上。

(9)构件就位时,应用撬杠拨正,不得用手扳或站在不稳固的构件上操作。严禁在构件下面操作。

(10)用撬杠拨正物件时,必须手压撬杠,禁止骑在撬杠上,不得将撬杠放在肋下,以免回弹伤人。在高空使用撬杠时,不能向下使劲过猛。

(11)用尖头扳子拨正配合螺栓孔时,必须插入一定深度方能撬动构件,如发现螺栓孔不符合要求时,不得用手指塞入检查。

(12)保证电气设备绝缘良好。在使用电气设备时,首先应该检查是否有保护接地,接好保护接地后再进行操作。另外,电线的外皮、电焊钳的手柄以及一些电动工具都要保证有良好的绝缘性能。

(13)带电体与地面、带电体之间,带电体与其他设备和设施之间,均需要保持一定的安全距离。如常用的开关设备的安装高度应为 1.3~1.5m;起重吊装的索具、重物等与导线的距离不得小于 1.5m(电压在 4kV 及其以下)。

(14)工地或车间的用电设备,一定要按要求设置熔断器、断路器、漏电开关等器件。如熔断器的熔丝熔断后,必须查明原因,由电工更换,不得随意加大熔丝断面或用铜丝代替。

(15)手持电动工具必须加装漏电开关,在金属容器内施工时,必须采用安全低电压。

(16)推拉闸刀开关时,一般应戴好干燥的皮手套,头部要偏斜,以防推拉开关时被电火花灼伤。

(17)使用电气设备时,操作人员必须穿胶底鞋,戴胶皮手套,以防触电。

(18)工作中,当有人触电时,不要赤手接触触电者,应该迅速切断电源,然后立即组织抢救。

2. 触电伤害事故预防安全技术

(1)电器设备对于应使用合格产品,进入施工现场时,应严格落实验收手续。

(2)总配电箱应设在靠近电源的区域,分配电箱应设在用电设备或负荷相对集中的区域,分配电箱与开关箱的距离不得超过 30m,开关箱与其控制的固定式用电设备的水平距离不宜超过 3m。

(3)确保三级配电,两级保护。每台用电设备必须有各自专用的开关箱,严禁用同一个开关箱直接控制 2 台及 2 台以上用电设备(含插座)。

(4)配电箱、开关箱外形结构应能防雨、防尘。配电箱、开关箱内的电器必须可靠、完好,严禁使用破损、不合格的电器。

(5)电缆线路应采用埋地或架空敷设,严禁沿地面明设,并应避免机械损伤和介质腐蚀。埋地电缆路径应设方位标志。

3. 机械伤害事故预防安全技术

(1)操作人员应熟悉机械工具的安全操作规程。

(2)机械工具应具有合格证等质量证明文件,经验收合格后方能使用。

(3)建立机械使用台账,专人负责管理,做好日常维护保养工作。

(4)发生故障时,应及时报告项目部,并由专业人员负责检修,不得使用有故障的设备进行作业。

4. 物体打击事故预防安全技术

钢结构构件在制作加工以及转运、存放过程中有发生物体打击事故的风险,应注意如下几点。

(1) 构件应码放在专门区域,设置警示标识,底部按设计位置设置垫木。

(2) 存放构件时,应保证物料安全存放的自稳角度,或通过设置插架等保证物料不滑脱。

5. 电气焊作业安全技术

(1) 电焊工必须持证上岗。

(2) 严格落实动火作业审批制度。

(3) 动火作业时,看火人必须持有效合格的灭火器材,在焊渣掉落的最下方安全距离外履职。

(4) 合理安排施工工序,防止上方动火作业时下方可燃材料未隔离。

4.3.2 钢结构连接工程安全技术

钢结构构件的连接施工是钢结构施工的主要工序,施工难度大,危险种类多,容易造成高处坠落、起重伤害、触电伤害和火灾等事故。

1. 一般要求

(1) 电焊机要设单独的开关,开关应放在防雨的闸箱内,拉合闸时,应戴手套侧向操作。

(2) 焊钳与把线必须绝缘良好,连接牢固,更换焊条时,应戴手套操作。在潮湿地点工作时,应站在绝缘胶板或木板上。

(3) 焊接预热工件时,应有石棉布或挡板等隔热措施。

(4) 禁止把线、地线与钢丝绳接触,更不得用钢丝绳或机电设备代替零线。所有地线接头必须连接牢固。

(5) 更换场地移动把线时,应切断电源,并不得手持把线爬梯登高。

(6) 清除焊渣、采用电弧气刨清根时,应戴防护眼镜或面罩,以防止铁渣飞溅伤人。

(7) 多台焊机在一起集中施焊时,焊接平台或焊件必须接地,并应有隔光板。

(8) 有雷雨时,应停止露天焊接工作。

(9) 施焊场地周围应清除易燃易爆物品,或进行覆盖、隔离。

(10) 必须在易燃易爆气体或液体扩散区施焊时,应经有关部门检试许可后方可施焊。

(11) 工作结束后,应切断焊机电源,并检查操作地点,确认无起火危险后方可离开。

2. 高处坠落事故预防安全技术

进行钢结构构件的连接作业时,应使用梯子或其他登高设施。当钢柱或钢结构接高时,应设置操作平台。并应注意如下事项。

(1) 悬空作业时,应设有牢固的立足点,并应配置登高和防坠落的设施。

(2) 吊装钢结构时,构件宜在地面组装,应一并设置安全设施。吊装时,应在作业层下方设置一道水平安全网;钢结构安装施工宜在施工层搭设水平通道,水平通道两侧应设置防护栏杆,当利用钢梁作为水平通道时,应在钢梁一侧设置连续的安全绳,安全绳宜采用钢丝绳。

（3）进行钢结构构件连接作业时,安全防护设施宜采用标准化、定型化产品。

（4）当遇到六级以上强风、浓雾、沙尘暴等恶劣天气时,不得进行露天攀登或悬空高处作业。暴风雪及台风暴雨后,应对高处作业安全设施进行检查,当发现有松动、变形、损坏或脱落等现象时,应立即修理完善,维修合格后再使用。

（5）监督作业工人应正确使用个人安全防护用品。

3. 起重伤害事故预防安全技术

钢结构构件连接施工时,起重吊装作业频繁,危险性较大,应注意如下几点。

（1）起重吊装作业前,必须编制吊装作业专项施工方案,并应进行安全技术措施交底;作业中,未经技术负责人批准,不得随意更改施工方案。

（2）起重机操作人员、起重信号工、司索工等特种作业人员必须持特种作业资格证书上岗,严禁非起重机驾驶人员驾驶、操作起重机。

（3）起重吊装作业前,应由主管人员依据使用说明书或国家标准检查所使用的机械、滑轮、吊具和地锚等,必须符合安全要求。

（4）吊装时,应根据构件的外形、中心及工艺要求选择吊点。

（5）严格执行"十不吊",即信号不明不准吊;斜牵斜挂不准吊;吊物重力不明或超负荷不准吊;散物捆扎不牢或物料装放过满不准吊;吊物上有人不准吊;埋在地下的物品不准吊;安全装置失灵或带病不准吊;现场光线阴暗看不清吊物起落点不准吊;棱刃物与钢丝绳直接接触无保护措施不准吊;六级以上强风不准吊。

（6）吊装大、重构件和采用新的吊装工艺时,应先进行试吊,确认无问题后,方可正式起吊。

（7）应在吊装作业起重臂旋转半径范围内拉设警戒线,并设专职安全管理人员旁站监督。

4. 触电伤害事故预防安全技术

钢结构构件连接过程中易发生触电伤害,在施工过程中,应注意如下要求。

（1）各类电焊机的整机应符合以下要求。

① 焊机内外应整洁,不应有明显锈蚀。

② 各部件连接螺栓应紧固牢靠,不应有缺损。

③ 机架、机壳、盖罩不应有变形、开焊和开裂。

④ 行走轮及牵引件应完整,行走轮润滑应良好。

⑤ 焊接机械的零部件应完整,不应有缺损。

（2）现场使用的电焊机应设有防雨、防潮、防晒、防砸机棚,并应装设相应的消防器材。

（3）电焊机导线应具有良好的绝缘性能,绝缘电阻不得小于 $0.5M\Omega$;接地线接地电阻不得大于 4Ω;接线部分不得有腐蚀和受潮。

（4）电焊钳应有良好的绝缘和隔热性能;电焊钳握柄应绝缘良好,握柄和导线连接应牢靠,接触良好。

（5）电焊机的二次线应采用防水橡皮护套铜芯软电缆,电缆长度不宜大于 30m,一次线长度不宜大于 5m,电焊机必须设单独的电源开关和自动断电装置,应配装二次侧空载降压器。两侧接线应压接牢固,必须安装可靠的防护罩。

(6)安全防护装置应齐全有效;漏电保护器参数应匹配,安装应正确,动作应灵敏可靠。

(7)吊装作业起重机的任何部位与架空输电线路边线之间的距离要符合规定。

(8)吊装作业使用行灯照明时,电压不得超过 36V。

5. 火灾事故预防安全技术

钢结构构件连接时,电气焊作业点位较多,易发生火灾,施工过程中应注意如下几点。

(1)电焊工必须持证上岗。

(2)严格履行动火作业审批制度。

(3)动火作业时,看火人必须持有效合格的灭火器材,在焊渣掉落的最下方安全距离外履职。

(4)合理安排施工工序,禁止交叉作业。

4.3.3 钢结构安装工程安全技术

1. 一般规定

(1)每台提升油缸上装有液压锁,以防油管破裂及重物下坠。

(2)液压和电控系统采用连锁设计,以免提升系统由于误操作造成事故。

(3)控制系统应具有异常自动停机、断电保护等功能。

(4)雨天或五级风以上停止提升作业。

(5)在安装钢绞线时,地面应划分安全区,以避免重物坠落,造成人员伤亡。

(6)在正式施工时,也应划定安全区,高空要有安全操作通道,并设有扶梯、栏杆。

(7)在提升过程中,应指定专人观察地锚、安全锚、油缸、钢绞线等的工作情况;若有异常,直接报告控制中心。

(8)在施工过程中,要密切观察网架结构的变形情况。

(9)在提升过程中,未经许可,不得擅自进入施工现场。

2. 防止高空坠落

(1)吊装人员应戴安全帽,高空作业人员应系好安全带,穿防滑鞋,带工具袋。

(2)吊装工作区应有明显标志,并设专人警戒,与吊装无关人员严禁入内。起重机工作时,起重臂杆旋转半径范围内,严禁站人。

(3)运输吊装构件时,严禁在被运输、吊装的构件上站人指挥和放置材料、工具。

(4)高空作业施工人员应站在操作平台或轻便梯子上工作。吊装屋架应在上弦设临时安全防护栏杆或采取其他安全措施。

(5)登高用梯子吊篮,临时操作台应绑扎牢靠,梯子与地面夹角以 60°~70°为宜,操作台跳板应铺平绑扎,严禁出现挑头板。

3. 防坠物伤人

(1)高空往地面运输物件时,应用绳捆好吊下。吊装时,不得在构件上堆放或悬挂零星物件。零星材料和物件必须用吊笼或钢丝绳、保险绳捆扎牢固,才能吊运和传递,不得随意抛掷材料物件、工具,防止滑脱伤人或发生其他意外事故。

(2)构件必须绑扎牢固,起吊点应通过构件的重心位置,吊升时应平稳,避免振动或摆动。

(3) 起吊构件时,速度不应太快,不得在高空停留过久,严禁猛升猛降,以防构件脱落。

(4) 构件就位后,在临时固定前,不得松钩、解开吊装索具。构件固定后,应检查连接牢固和稳定情况,当连接确实安全可靠时,方可拆除临时固定工具和进行下步吊装。

(5) 在风雪天、霜雾天和雨期进行吊装时,高空作业应采取必要的防滑措施,如在脚手板、走道、屋面铺麻袋或草垫,夜间作业应有充分照明。

(6) 设置吊装禁区,禁止与吊装作业无关的人员入内。地面操作人员应尽量避免在高空作业正下方停留、通过。

4. 防止起重机倾覆

(1) 起重机行驶的道路必须平整、坚实、可靠,停放地点必须平坦。

(2) 起重吊装指挥人员和起重机驾驶人员必须经考试合格持证上岗。

(3) 吊装时,指挥人员应位于操作人员视力能及的地点,并能清楚地看到吊装的全过程。起重机驾驶人员必须熟悉信号,并按指挥人员的各种信号进行操作,并不得擅自离开工作岗位,且应遵守现场秩序,服从命令听指挥。应事先统一规定指挥信号,发出的信号要鲜明、准确。

(4) 在风力大于或等于六级时,禁止在露天进行起重机移动和吊装作业。

(5) 当所要起吊的重物不在起重机起重臂顶的正下方时,禁止起吊。

(6) 起重机停止工作时,应刹住回转和行走机构,关闭和锁好司机室门。吊钩上不得悬挂构件,并升到高处,以免摆动伤人和造成吊车失稳。

5. 防止吊装结构失稳

(1) 吊装构件时,应按规定的吊装工艺和程序进行,对于未经计算和可靠的技术措施,不得随意改变或颠倒工艺程序安装结构构件。

(2) 构件吊装就位后,应经初校和临时固定或连接可靠后开可卸钩,最后固定后方可拆除临时固定工具。对于高宽比很大的单个构件,未经临时或最后固定组成一稳定单元体系前,应设溜绳或斜撑拉(撑)固。

(3) 构件固定后,不得随意撬动或移动位置,如需重校时,必须回钩。

(4) 多层结构吊装或分节柱吊装,应吊装完一层(或一节柱)后,将下层(下节)灌浆固定后,方可安装上层或上一节柱。

4.3.4　压型金属板工程安全技术

压型金属板工程安全技术一般有如下规定。

(1) 压型钢板施工时,两端要同时拿起,轻拿轻放,避免滑动或翘头,施工剪切下来的料头要放置稳妥,随时收集,避免坠落。禁止非施工人员进入施工楼层,避免焊接弧光灼伤眼睛或晃眼造成摔伤,焊接辅助施工人员应戴墨镜配合施工。

(2) 施工时,下一楼层应有专人监控,防止其他人员进入施工区和焊接火花坠落造成失火。

(3) 施工中,工人不可聚集,以免集中荷载过大,造成板面损坏。

(4) 施工的工人不得在屋面奔跑、打闹、抽烟和乱扔垃圾。

（5）当天吊至屋面上的板材应安装完毕，如果有未安装完的板材应做临时固定，以免被风刮下，造成事故。

（6）早上屋面易有露水，坡屋面上彩板面滑，应特别注意防护措施。

（7）在现场切割过程中，切割机械的底面不宜与彩板面直接接触，最好垫以薄三合板材。

（8）吊装中，不要将彩板与脚手架、柱子、砖墙等碰撞和摩擦。

（9）在屋面上施工的工人应穿胶底且不带钉子的鞋。

（10）操作工人携带的工具等应放在工具袋中，如放在屋面上，应放在专用的布或其他片材上。

（11）不得将其他材料散落在屋面上，或污染板材。

（12）板面铁屑清理，板面在切割和钻孔中会产生铁屑，这些铁屑必须及时清除，不可过夜。因为铁屑在潮湿空气条件下或雨天中会立即锈蚀，在彩板面上形成一片片红色锈斑，附着于彩板面上，形成后很难清除。此外，应及时清理其他切除的彩板头，铝合金拉铆钉上拉断的铁杆等。

（13）在用密封胶封堵缝时，应将附着面擦干净，以使密封胶在彩板上有良好的结合面。

（14）电动工具的连接插座应加防雨措施，避免造成事故。

4.3.5　钢结构涂装工程安全技术

钢结构建筑易锈蚀且不耐高温，因此钢结构工程往往需要做防腐蚀和防火处理。除了热浸镀锌，使用涂料进行防腐蚀和防火是最为方便简单又经济有效的方法。钢结构涂装工程安全技术一般有如下规定。

（1）配制使用乙醇、苯、丙酮等易燃材料的施工现场，应严禁烟火和使用电炉等明火设备，并应配置消防器材。

（2）配制硫酸溶液时，应将硫酸注入水中，严禁将水注入硫酸中；配制硫酸乙酯时，应将硫酸慢慢注入酒精中，并充分搅拌，温度不得超过60℃，以防酸液飞溅伤人。

（3）防腐涂料的溶剂，常易挥发出易燃易爆的蒸汽，当达到一定浓度后，遇火易引起燃烧或爆炸，施工时，应加强通风降低积聚浓度。

（4）涂料施工的安全措施主要要求如下：涂漆施工场地要有良好的通风，如在通风条件不好的环境涂漆时，必须安装通风设备。

（5）因操作不小心而使涂料溅到皮肤上时，可用木屑加肥皂水擦洗；最好不用汽油或强溶剂擦洗，以免引起皮肤发炎。

（6）使用机械除锈工具（如钢丝刷、粗锉、风动或电动除锈工具）清除锈层、工业粉尘、旧漆膜时，为避免眼睛被玷污或受伤，要戴上防护眼镜，并戴上防尘口罩，以防呼吸道被感染。

（7）在涂装对人体有害的漆料（如红丹的铅中毒、天然大漆的漆毒、挥发型漆的溶剂中毒等）时，需要戴上防毒口罩、封闭式眼罩等保护用品。

（8）在喷涂硝基漆或其他挥发型易燃性较大的涂料时，严禁使用明火，严格遵守防火规则，以免失火或引起爆炸。

（9）施工人员进行高空作业时，要束好安全带，进行双层作业时，要戴安全帽；要仔细检查跳板、脚手杆子、吊篮、云梯、绳索、安全网等施工用具有无损坏、捆扎牢不牢,有无腐蚀或搭接不良等隐患;每次使用之前,应在平地上做起重试验,以防造成事故。

（10）施工场所的电线,要按防爆等级的规定安装;电动机的启动装置与配电设备,应该是防爆式的,要防止漆雾飞溅在照明灯泡上。

（11）不允许把盛装涂料、溶剂或用剩的漆罐开口放置。浸染涂料或溶剂的破布及废棉纱等物,必须及时清除;涂漆环境或配料房要保持清洁,出入通畅。

（12）操作人员涂漆施工时,如感觉头痛、心悸或恶心,应立即离开施工现场,到通风良好、空气新鲜的地方,如仍然感到不适,应速去医院检查治疗。

（13）油漆、稀释剂与其他物资应分类分库存放,仓库要有禁止烟火等明显标识。

（14）涂装作业区应保证空气流通,促进通风换气。

（15）监督作业工人应正确佩戴个人安全防护用品。

第5章 装饰装修工程安全技术

5.1 装饰装修工程一般安全技术要求

5.1.1 高处坠落和物体打击事故预防安全技术

1. 高处坠落防护

（1）高处作业施工前，应对安全防护设施进行检查、验收，验收合格后方可进行作业；验收可分层或分阶段进行。

（2）高处作业人员应按规定正确佩戴和使用高处作业安全防护用品、用具，并应经专人检查。

（3）在雨、霜、雾、雪等天气进行高处作业时，应采取防滑、防冻措施，并应及时清除作业面上的水、冰、雪、霜。当遇到六级以上强风、浓雾、沙尘暴等恶劣气候时，不得进行露天攀登与悬空高处作业。暴风雪及台风暴雨后，应对高处作业安全设施进行检查，当发现有松动、变形、损坏或脱落等现象时，应立即修理完善，维修合格后再使用。

（4）需要临时拆除或变动安全防护设施时，应采取能代替原防护设施的可靠措施，作业后，应立即恢复。

（5）各类安全防护设施，应建立定期不定期的检查和维修保养制度，发现隐患时，应及时采取整改措施。

（6）在坠落高度基准面2m及以上进行临边作业时，应在临空一侧设置防护栏杆，并应采用密目式安全立网或工具式栏板封闭。

（7）在洞口作业时，应采取封堵、盖板覆盖、栏杆隔离等防坠落措施，并使其处于良好的防护状态。

2. 登高作业防护

1）基本规定

（1）施工组织设计或施工技术方案中应明确施工中使用的登高和攀登设施，人员登高时，应借助建筑结构或脚手架的上下通道、梯子及其他攀登设施和用具。

（2）两人不得同时在梯子上作业。在通道处使用梯子作业时，应有专人监护或设置围栏。不得在脚手架操作层上使用梯子进行作业。

（3）单梯不得垫高使用，使用时，应与水平面成75°夹角，踏步不得缺失，其间距宜为300mm。当梯子需接长使用时，应有可靠的连接措施，接头不得超过1处。连接后梯梁的强度，不应低于单梯梯梁的强度。

2）悬空作业

（1）悬空作业应设有牢固的立足点，并应配置登高和防坠落的设施。

（2）严禁在未固定、无防护的构件及安装中的管道上作业或通行。

（3）在轻质型材等屋面上作业时，应搭设临时走道板，不得在轻质型材上行走；安装压型板前，应采取在梁下支设安全平网或搭设脚手架等安全防护措施。

3）移动式操作平台

（1）移动式操作平台的面积不应超过 $10m^2$，高度不应超过 5m，高宽比不应大于 2：1，施工荷载不应超过 $1.5kN/m^2$。

（2）移动式操作平台的轮子与平台架体连接应牢固，立柱底端离地面不得超过 80mm，行走轮和导向轮应配有制动器或刹车闸等固定措施。

（3）移动式行走轮的承载力不应小于 5kN，行走轮制动器的制动力矩不应小于 2.5N·m，移动式操作平台架体应保持垂直，不得弯曲变形，行走轮的制动器除在移动情况外，均应保持制动状态。

（4）移动式操作平台在移动时，操作平台上不得站人。

3. 物体打击防护

（1）应充分利用安全网、安全带、安全帽等防护用品，保证施工人员在有安全保障措施的情况下施工。

（2）在"四口""五临边"，应采用安全网等预防落物伤人的措施。

（3）严禁将物料存放在临边、洞口等易造成物体打击部位。

（4）高处作业所用材料、工具、半成品、成品均应堆放平稳、材料严禁投掷，严禁交叉作业，如确有交叉作业需要，中间须设硬质隔离设施；施工人员作业时，应严格按照相关安全操作规程进行施工作业。

5.1.2　触电伤害事故预防安全技术

在建筑装饰装修施工中，施工现场临时配电线路及施工照明应参照《施工现场临时用电安全技术规范》（JGJ 46—2019）的相关要求，采用 TN-S 系统，根据"三级配电、两级保护"原则，配电箱应安装漏电保护器。

视频：施工用电

1. 配电箱和开关箱设置

（1）所有开关箱电器必须是合格产品，必须完整、无损、动作可靠、绝缘良好，严禁使用破损电器。

（2）配电箱内的开关电器应与配电线路一一对应，用途标示清晰。

（3）开关箱与用电设备之间应实行"一机、一闸、一漏、一箱"制。

（4）开关箱与所控制的用电设备的距离应不大于 3m。

2. 手持电动工具分类及防触电要求

1）手持电动工具的分类

手持电动工具可分为以下三类。

（1）Ⅰ类工具：工具在防止触电的保护方面不仅依靠基本绝缘，而且包含一个附加安全预防措施。

（2）Ⅱ类工具：工具在防止触电的保护方面不仅依靠基本绝缘，而且提供如双重绝缘或加强绝缘的附加安全预防措施，没有保护接地措施，也不依赖安装条件。

（3）Ⅲ类工具：工具在防止触电的保护方面，依靠由安全电压供电和在工具内部不会产生比安全电压高的电压来实现。

2）手持电动工具的防触电要求

（1）对于空气湿度小于75%的一般场所，可选用Ⅰ类或Ⅱ类手持电动工具，相关开关箱中漏电保护器的额定漏电动作电流不应大于15mA，额定漏电动作时间不应大于0.1s。

（2）在潮湿场所或金属构架上操作时，必须选用Ⅱ类或由安全隔离变压器供电的Ⅲ类手持电动工具。

（3）狭窄场所必须选用由安全隔离变压器供电的Ⅲ类手持电动工具，其开关箱和安全隔离变压器均应设置在狭窄场所外面，并连接PE线。在操作过程中，应有人在外面监护。

（4）手持电动工具的负荷线应采用耐气候型的橡皮护套铜芯软电缆，并不得有接头。

（5）手持电动工具的外壳、手柄、插头、开关、负荷线等必须完好无损，使用前，必须做绝缘检查和空载检查，在绝缘合格、空载运转正常后方可使用。

（6）使用手持电动工具时，必须按规定穿戴绝缘防护用品。

3. 临时照明装置设置要求

临时照明装置必须采取如下技术措施。

（1）照明开关箱中的所有正常不带电的金属部分都必须做保护接零；所有灯具的金属外壳必须做保护接零。

（2）照明线路的相线必须经过开关才能进入照明器，不得直接进入照明器。

（3）灯具的安装高度既要符合施工现场实际，又要符合安装要求。室外灯具距地不得低于3m；室内灯具距地不得低于2.5m。

（4）下列特殊场所应使用安全电压照明器。

① 隧道、人防工程、高温、有导电灰尘、比较潮湿或灯具离地面高度低于2.5m等场所的照明，电源电压不应大于36V。

② 潮湿和易触及带电体场所的照明电源电压不得大于24V。

③ 对于特别潮湿场所、导电良好的地面、锅炉或金属容器内的照明，电源电压不得大于12V。

④ 移动式照明器的照明电源电压不得大于36V。

5.1.3 机械、机具伤害事故预防安全技术

在建筑装饰装修施工中，应认真按标准做好机具使用前的验收工作，做好机具操作人员的培训教育，严把持证上岗关；作业前，必须检查机具安全状态；使用时，必须严格执行操作规程，定机定人，严禁无证上岗，违章操作；必须定期对机具进行维修保养，做到专人管理、定期检查、按时保养，并做好维修保养记录；各种机具一经发现缺陷、损坏，必须立即停机使用，严禁机具"带病"运转。

1. 木工机械的安全控制要点

（1）各种木工机械应配置相应的安全防护装置，尤其是徒手操作接触危险部位的，一定要有安全防护措施。

（2）对产生噪声、木粉尘或挥发性有害气体的机械设备，要配置与其机械运转相连接的消声、吸尘或通风装置，以消除或减轻职业危害，维护职工的安全和健康。

（3）木工机械的刀轴与电气应有安全联控装置，在装卸、更换及维修刀具时，能切断电源并保持断开位置，以防误触电源开关或突然供电启动机械而造成人身伤害事故。

（4）针对木材加工作业中的木料反弹危险，应采用安全送料装置或设置分离刀、防反弹安全屏护装置，以保障人身安全。

（5）操作人员必须扎紧袖口、理好衣角、扣好衣扣，不得戴手套操作。

2. 手持电动工具安全控制要点

（1）使用刀具的机具，应保持刃磨锋利，完好无损，安装正确，牢固可靠。使用砂轮的机具，应检查砂轮、接盘间的软垫，并安装稳固，凡受潮、变形、裂纹、破碎、磕边缺口或接触过油、碱类的砂轮，均不得使用，并不得将受潮的砂轮片自行烘干使用。

（2）作业中，应注意声响及温升，发现异常时，应立即停机检查。在作业时间过长，机具温升超过60℃时，应停机，待自然冷却后再进行作业。

（3）作业中，不得用手触摸刀具、模具和砂轮，发现其有磨钝、破损情况时，应立即停机更换，然后继续进行作业。

5.1.4 使用有毒有害物品的安全技术

（1）油漆作业场所应有良好的通风条件，在施工条件不好的情况下，必须安装通风设备方可施工。油漆存放要求专库专存，通风良好，专人管理灭火器材，并设置"严禁烟火"的明显标志。

（2）对树脂类防腐蚀工程施工，应组织操作人员进行身体检查。患有气管炎、心脏病、肝炎、高血压以及对某些物质有过敏反应的施工人员，均不能参加施工。

（3）采用毒性较大的材料施工时，施工操作人员应穿戴好防护用品，并适当减少作业时间。施工前，应制订有效的安全防护措施，并严格执行安全技术交底施工作业。

（4）如果化学材料起火，要根据起火物性质选择灭火方法，同时注意救火人员的自身安全，防止中毒。

5.1.5 火灾事故预防安全技术

在建筑装饰装修工程施工中，尤其是易燃材料施工前，应制订相关的安全技术措施；在明火作业前，应履行批准手续；在易挥发装饰材料的使用场所，应采取必要的通风措施并应远离火源；应对作业人员进行培训交底，及时制止违章作业；专业管理人员对作业环境进行检查时，应配备必要的消防器材等，具体要求如下。

（1）现场要有明显的防火宣传标志，严禁吸烟。定期对职工进行防火教育，定期组织防火检查，建立防火工作档案。

（2）在进行电气焊工作业时，要有操作资格证和动火证。动火前，要清除附近易燃物，设置专人监护和灭火用具。动火证当日有效，如变换动火地点，要重新办理动火证。

（3）施工材料的堆放、保管应符合防火安全要求，库房应用非燃材料搭设。易燃、易爆物品，应专库储存，分类单独堆放，保持通风，用火符合防火规定。不准在工程现场、库房内调配油漆，也不准稀释易燃、易爆液体。

（4）在建工程内不准作为仓库使用，不准存放易燃、可燃材料，因施工需要进入工程的可燃材料，要根据工程计划限量进入，并采取可靠的防火措施。

（5）氧气瓶、乙炔气瓶的工作间距不小于 5m，两瓶与明火作业的距离不小于 10m。

（6）进行电焊、气焊、油漆粉刷或从事防水等危险作业时，要有具体防火要求，在使用易燃油漆时，要注意通风，严禁明火，以防易燃气体燃烧爆炸。还应注意静电起火和工具碰撞打火。

（7）现场应划分用火作业区，易燃、易爆材料区，生活区，按规定保持防火间距。

（8）在吊顶内安装管道时，应在吊顶易燃材料安装前完成焊接作业，禁止在吊顶内进行焊割作业。

5.2 装饰装修工程中不同工种的安全技术

5.2.1 地面工程安全技术

1. 垫层施工

（1）垫层所用原材料（粉化石灰、石灰、砂、炉渣、拌合料等材料）过筛和铺设垫层时，操作人员应戴口罩、风镜、手套、套袖等劳动保护用品，并站在上风头作业。

（2）现场电气装置和机具必须符合《建筑机械使用安全技术规程》（JGJ 33—2012）及《施工现场临时用电安全技术规范》（JGJ 46—2019）的有关规定，施工中，应定期对其进行检查、维修，保证机械使用安全。

（3）在原材料及混凝土的运输过程中，应避免扬尘、洒漏、沾带，必要时，应采取遮盖、封闭、洒水、冲洗等措施。

（4）施工机械用电必须采用三级配电两级保护，使用三相五线制，严禁乱拉乱接。

（5）夯填垫层前，应先检查打夯机电线绝缘是否完好，接地线、开关是否符合要求；使用打夯机应由两人操作，其中一人负责移动打夯机胶皮电线。

（6）打夯机操作人员，必须戴绝缘手套和穿绝缘鞋，防止漏电伤人。两台打夯机在同一作业面夯实时，前后距离不得小于 5m，夯打时，严禁夯打电线，以防触电。

（7）应配备洒水车对干土、石灰粉等洒水或覆盖，防止扬尘。

（8）现场噪声控制应符合《社会生活环境噪声排放标准》（GB 22337—2008）的规定。

（9）开挖出的污泥等应排放至垃圾堆放点。

（10）防止机械漏油污染土地，应在落地混凝土初凝前将其清除。

（11）夜间施工时，要采用定向灯罩以防止光污染。

2. 隔离层施工

（1）当隔离层材料为沥青类防水卷材、防水涂料时，施工中必须符合防火要求。

（2）应对作业人员进行安全技术交底、安全教育。

（3）采用沥青类材料时，应尽量采用成品。如必须在现场熬制沥青时，锅灶应设置在远离建筑物和易燃材料 30m 以外地点，并禁止在屋顶、简易工棚和电气线路下熬制沥青；严禁用汽油和煤油点火，现场应配置消防器材、用品。

（4）装运热沥青时，不得用锡焊容器，盛油量不得超过其容量的 2/3。垂直吊运下方不得有人。

（5）使用沥青胶结料和防水涂料施工时，室内应通风良好。

（6）涂刷处理剂和胶黏剂时，操作人员必戴防毒口罩和防护眼镜，并佩戴手套及穿鞋套。

（7）防水涂料、处理剂不用时，应及时封盖，不得长期暴露。

（8）应及时清理施工现场剩余的防水涂料、处理剂、纤维布等，以防其污染环境。

3. 面层施工

（1）施工操作人员要先培训后上岗，做好安全教育工作。

（2）现场用电应符合安全用电规定，电动工具的配线要符合有关规定的要求，施工的小型电动械具必须装有漏电保护器，作业前应试机检查。

（3）木地板和竹地板面层施工时，现场按规定配置消防器材。

（4）地面垃圾清理要随干随清，保持现场的整洁干净。不得乱堆、乱扔垃圾，应将其集中倒至指定地点。

（5）清理楼面时，禁止从窗口、留洞口和阳台等处直接向外抛扔垃圾、杂物。

（6）操作人员剔凿地面时，要戴防护眼镜。

（7）在夜间或光线不足的地方施工时，应采用 36V 的低压照明设备，地下室照明用电不得超过 12V。

（8）非机电人员不准乱支机电设备，特殊工种作业人员必须持证上岗。

（9）室内推手推车拐弯时，要注意防止车把挤手。

（10）用砂浆机清洗废水时，应设沉淀池，排到室外管网。拌制砂浆时所产生的污水必须经处理后才能排放。

（11）电动机操作人员，必须戴绝缘手套，穿绝缘鞋，防止漏电伤人。

（12）施工现场垃圾应分拣分放并及时清运，由专人负责用毡布密封，并洒水降尘。应防止遗洒水泥等易飞扬的粉状物，使用时应轻铲轻倒，防止飞扬。使用砂子时，应先用水喷洒，防止产生粉尘。

（13）应定期对噪声进行测量，并注明测量的时间、地点和方法。做好噪声测量记录，以验证噪声排放是否符合要求，超标后，应及时采取相关措施。

（14）严禁在竹木地板面层施工作业场地存放易燃品，场地周围不准进行明火作业，严禁在现场吸烟。

（15）应提高环保意识，严禁在室内基层使用有严重污染物质，如沥青、苯酚等。

（16）清理基层和面层时，严禁使用丙酮等挥发、有毒的物质，应采用环保型清洁剂。

5.2.2 抹灰工程安全技术

（1）墙面抹灰的高度超过 1.5m 时，要搭设脚手架或操作平台，对大面积墙面抹灰时，要搭设脚手架。

（2）搭设抹灰用高大架子时，必须有设计和施工方案，参加搭架子的人员必须经培训合格，持证上岗。

（3）高大架子必须经相关安全部门检验合格后方可开始使用。

（4）严禁施工操作人员在架子上打闹、嬉戏，使用的工具灰铲、刮木工等不得乱丢乱扔。

（5）施工人员进行高空作业时，衣着要轻便，禁止穿硬底鞋和带钉易滑鞋上班，并且要求系挂安全带。

（6）遇有恶劣气候（如风力在六级以上），影响安全施工时，禁止高空作业。

（7）提拉灰斗的绳索要结实牢固，防止绳索断裂灰斗坠落伤人。

（8）在施工作业中，应尽可能避免交叉作业，抹灰人员不要在同一垂直面上工作。

（9）不得擅自拆动施工现场的脚手架、防护设施、安全标志和警告牌需拆动时，应经施工负责人同意，并同专业人员加固后拆动。

（10）乘人的外用电梯、吊笼应有可靠的安全装置，禁止人员随同运料吊篮、吊盘上下。

（11）应定期对安全帽、安全网、安全带进行检查，严禁使用不符合要求的产品。

5.2.3　门窗工程安全技术

（1）人员进入现场时必须戴安全帽。严禁穿拖鞋、高跟鞋、带钉易滑或光滑的鞋进入现场。

（2）作业人员在搬运玻璃时，应戴手套，或用布、纸垫住将玻璃与手及身体裸露部分隔开，以防被玻璃割伤。

（3）裁划玻璃时要小心，并在规定的场所进行。边角余料要集中堆放，并及时处理，不得乱丢乱扔，以防扎伤他人。

（4）安装玻璃门用的梯子应牢固可靠，不应缺档，梯子放置不宜过陡，其与地面的夹角以 60°～70°为宜。严禁两人同时站在一个梯子上作业。

（5）在高凳上作业的人要站在中间，不能站在端头，防止跌落。

（6）材料要堆放平稳，工具要随手放入工具袋内。上、下传递工具物件时，严禁抛掷。

（7）要经常检查机电器具有无漏电现象，一经发现立即修理，决不能勉强使用。

（8）安装窗扇玻璃时，要按顺序依次进行，不得在垂直方向的上、下两层同时作业，以避免玻璃破碎掉落伤人。安装大屏幕玻璃时，应搭设吊架或挑架，并从上至下逐层安装。

（9）天窗及高层房屋安装玻璃时，严禁行人从施工点的下面及附近通过，以防玻璃及工具掉落伤人。

（10）门、窗等安装好的玻璃应平整、牢固，不得有松动现象，并在安装完后，应随即将风钩挂好或插上插销，以防风吹窗扇碰碎玻璃掉落伤人。

（11）安装完后，应及时清扫和集中堆放所剩下的残余破碎玻璃，并要尽快处理，以避免玻璃碎屑扎伤人。

5.2.4　吊顶工程安全技术

（1）无论是高大工业厂房的吊顶，还是普通住宅房间的吊顶，均属于高处作业。因此，作业人员要严格遵守高处作业的有关规定,严防发生高处坠落事故。

(2) 吊顶的房间或部位要由专业架子工搭设满堂红脚手架,脚手架的临边处设两道防护栏杆和一道挡脚板,吊顶人员站在脚手架操作面上作业时,操作面必须满铺脚手板。

(3) 吊顶的主、副龙骨与结构面要连接牢固,防止吊顶脱落伤人。

(4) 吊顶下方不得有其他人员来回行走,以防掉物伤人。

(5) 作业人员要穿防滑鞋,行走及运输材料时要走马道,严禁从架管爬上爬下。

(6) 作业人员使用的工具要放在工具袋内,不要乱丢乱扔。同时,禁止高空作业人员从上向下投掷物体,以防砸伤他人。

(7) 作业人员使用的电动工具要符合安全用电要求,如有用电焊的地方,必须由专业电焊工施工。

5.2.5　轻质隔墙工程安全技术

(1) 施工现场必须结合实际情况设置隔墙材料储藏间,并派专人看管,禁止他人随意挪用。

(2) 安装隔墙前,必须先清理好操作现场,特别是地面,保证搬运通道畅通,防止搬运人员绊倒和撞到他人。

(3) 搬运时,应设专人在旁边监护,非安装人员不得在搬运通道和安装现场停留。

(4) 现场操作人员必须戴好安全帽,搬运时可戴手套,防止刮伤。

(5) 安装推拉式活动隔墙后,应该推拉平稳、灵活、无噪声,不得有弹跳卡阻现象。

(6) 安装板材隔墙和骨架隔墙后,应该平整、牢固,不得有倾斜、摇晃现象。

(7) 安装玻璃隔断后,应平整、牢固,密封胶与玻璃、玻璃槽口的边缘应黏结牢固,不得有松动现象。

(8) 施工现场必须工完场清,设专人洒水、打扫,不能扬尘污染环境。

5.2.6　面饰板(砖)工程安全技术

(1) 外墙贴面砖施工前,先要由专业架子工搭设装修用外脚手架,经验收合格后才能使用。

(2) 操作人员进入施工现场时,必须戴好安全帽,系好风紧扣。

(3) 施工人员进行高空作业时,必须系好安全带,上架子作业前,必须检查脚手板搭放是否安全可靠,确认无误后,方可上架进行作业。

(4) 上架工作时,禁止穿硬底鞋、拖鞋或高跟鞋,且架子上的人不得集中在一块,严禁从上往下抛掷杂物。

(5) 脚手架的操作面上不可堆积过量的面砖和砂浆。

(6) 施工现场临时用电线路必须按《施工现场临时用电安全技术规范》(JGJ 46—2019)中的规定布设,严禁乱接乱拉,远距离电缆线不得随地乱拉,必须架空固定。

(7) 小型电动工具必须安装漏电保护装置,使用时,应经试运转合格后方可操作。

(8) 电器设备应有接地、接零保护,现场维护电工应持证上岗,非维护电工不得乱接电源。

（9）电源、电压须与电动机具的铭牌电压相符,电动机具移动应先断电后移动,下班或使用完毕后,必须拉闸断电。

（10）施工时,必须按施工现场安全技术交底施工。

（11）施工现场严禁扬尘作业,清理打扫时,必须洒少量水湿润后方可打扫,并注意对成品的保护,必须将废料及垃圾及时清理干净,装袋运至指定堆放地点,堆放垃圾处必须进行围挡。

（12）切割石材的临时用水,必须有完善的污水排放措施。

（13）用滑轮和绳索提拉水泥砂浆时,一定要固定好滑轮,绳索要结实可靠,防止绳索断裂坠物伤人。

（14）对施工中噪声大的机具,尽量安排在白天及夜晚10点前操作,严禁噪声扰民。

（15）雨后、春暖解冻时,应及时检查外架子,防止沉陷出现险情。

5.2.7 涂饰工程安全技术

（1）作业高度超过2m时,应按规定搭设脚手架。施工前,要检查脚手架是否牢固。

（2）油漆施工前,应集中工人进行安全教育,并进行书面交底。

（3）严禁在施工现场设油漆材料仓库,场外的油漆仓库应有足够的消防设施,且设有"严禁烟火"等安全标语。

（4）当墙面刷涂料的高度超过1.5m时,要搭设马凳或操作平台。

（5）进行涂刷作业时,操作工人应佩戴相应的保护设施,如防毒面具、口罩、手套等,以免危害工人的肺、皮肤等。

（6）严禁在民用建筑工程室内用有机溶剂清洗施工用具。

（7）使用油漆后,应及时封闭存放,应及时将废料清出室内,施工时,室内应保持良好通风,但不宜有过堂风。

（8）在民用建筑工程室内装修中进行饰面人造木板拼接施工时,除芯板为A类外,应对其断面及无饰面部位进行密封处理,如采用环保胶类腻子等。

（9）遇有上、下立体交叉作业时,作业人员不得在同一垂直方向上操作。

（10）油漆窗子时,严禁施工人员站或骑在窗槛上操作,以防槛断人落。刷外开窗扇漆时,应将安全带挂在牢靠的地方。刷封檐板时,应利用外装修架或搭设挑架进行。

（11）现场清扫时,应设专人洒水,不得有扬尘污染。打磨粉尘时,应用潮布擦净。

（12）在涂刷作业过程中,操作人员如感头痛、恶心、心闷或心悸时,应立即停止作业,并到户外换取新鲜空气。

（13）每天收工后,应尽量不剩油漆材料,不准乱倒剩余的油漆,应将其收集后集中处理。废弃物(如废油桶、油刷、棉纱等)应按环保要求分类消纳。

5.2.8 裱糊与软包工程安全技术

（1）选择材料时,必须选择符合国家规定的材料。

（2）应严格把关软包面料及填塞料的阻燃性能，达不到防火要求时，不予使用。

（3）软包布附近尽量避免使用碘钨灯或其他高温照明设备，不得动用明火，避免损坏材料。

（4）材料应堆放整齐、平稳，并应注意防火。

（5）夜间临时用的移动照明灯必须用安全电压。机械操作人员必须培训持证上岗，非操作人员一律禁止动用现场的一切机械设备。

5.2.9 细部工程安全技术

（1）施工现场严禁烟火，必须符合防火要求。

（2）施工时，应严禁用手攀窗框、窗扇和窗撑；操作时，应系好安全带，严禁把安全带挂在窗撑上。

（3）操作时，应注意保护门窗玻璃，以免发生意外。

（4）安装前，应设置简易防护栏杆，防止施工时意外摔伤。

（5）安装后的橱柜必须牢固，确保使用安全。

（6）安装栏杆和扶手时，应注意下面楼层的人员，适当时应将梯井封好，以免坠物砸伤下面的作业人员。

第**6**章 专项工程安全技术

本章主要介绍危险性较大的分部分项工程、建筑幕墙工程、机电安装工程、有限空间工程、拆除工程等专项工程的安全技术管理要点,运用建筑施工安全技术知识和相关标准,分析专项工程施工过程中的危险因素,制订并实施安全技术措施。

6.1 危险性较大的分部分项工程安全技术

危险性较大的分部分项工程(简称危大工程)是指建筑工程在施工过程中存在的,可能导致作业人员群死群伤,或造成重大不良社会影响的分部分项工程。

危大工程及超过一定规模的危大工程范围由国务院住房和城乡建设主管部门制定。省级住房和城乡建设主管部门可以结合本地区实际情况,补充本地区危大工程范围。国务院住房和城乡建设主管部门负责全国危大工程安全管理的指导和监督工作。县级以上地方人民政府住房和城乡建设主管部门负责本行政区域内危大工程的安全监督管理工作。

6.1.1 前期保障

1. 勘察单位

勘察单位应当根据工程实际及工程周边环境资料,在勘察文件中说明地质条件可能造成的工程风险。

2. 建设单位

建设单位应当依法提供真实、准确、完整的工程地质、水文地质和工程周边环境等资料,组织勘察、设计等单位在施工招标文件中列出危大工程清单,要求施工单位在投标时补充完善危大工程清单并明确相应的安全管理措施。

建设单位应当按照施工合同约定及时支付危大工程施工技术措施费以及相应的安全防护文明施工措施费,保障危大工程的施工安全。建设单位在申请办理安全监督手续时,应当提交危大工程清单及其安全管理措施等资料。

3. 设计单位

设计单位应当在设计文件中注明涉及危大工程的重点部位和环节,提出保障工程周边环境安全和工程施工安全的意见,必要时,应进行专项设计。

6.1.2　专项施工方案

专项施工方案编制方法如下:施工单位应当在危大工程施工前组织工程技术人员编制专项施工方案。实行施工总承包的,专项施工方案应当由施工总承包单位组织编制。危大工程实行分包的,专项施工方案可以由相关专业分包单位组织编制。

视频:装配式
建筑施工

1. 安全专项方案编制范围

1) 危险性较大的分部分项工程

(1) 基坑工程。

① 开挖深度超过 3m(含 3m)的基坑(槽)的土方开挖、支护、降水工程。

② 开挖深度虽未超过 3m,但地质条件、周围环境和地下管线复杂,或影响毗邻建(构)筑物安全的基坑(槽)的土方开挖、支护、降水工程。

(2) 模板工程及支撑体系。

① 各类工具式模板工程。包括:大模板、滑模、爬模、飞模、隧道模等工程。

② 混凝土模板支撑工程:搭设高度 5m 及以上;搭设跨度 10m 及以上;施工总荷载 $10kN/m^2$ 及以上;集中线荷载 15kN/m 及以上;高度大于支撑水平投影宽度,且相对独立无联系构件的混凝土模板支撑工程。

③ 承重支撑体系:用于钢结构安装等满堂支撑体系。

(3) 起重吊装及安装拆卸工程。

① 采用非常规起重设备、方法,且单件起吊重力在 10kN 及以上的起重吊装工程。

② 采用起重机械进行安装的工程。

③ 起重机械的安装和拆卸工程。

(4) 脚手架工程。

① 搭设高度 24m 及以上的落地式钢管脚手架工程(包括采光井、电梯井脚手架)。

② 附着式升降脚手架工程。

③ 悬挑式脚手架工程。

④ 高处作业吊篮。

⑤ 卸料平台、移动操作平台工程。

⑥ 异形脚手架工程。

(5) 拆除工程:可能影响行人、交通、电力设施、通信设施或其他建、构筑物安全的拆除工程。

(6) 暗挖工程:采用矿山法、盾构法、顶管法施工的隧道、洞室工程。

(7) 其他工程。

① 建筑幕墙安装工程。

② 钢结构、网架和索膜结构安装工程。

③ 人工挖扩孔桩工程。

④ 水下作业工程。

⑤ 装配式建筑混凝土预制构件安装工程。

⑥ 采用新技术、新工艺、新材料、新设备及尚无相关技术标准的危险性较大的分部分项

工程。

2）超过一定规模的危险性较大的分部分项工程

（1）基坑工程：开挖深度超过 5m（含 5m）的基坑（槽）的土方开挖、支护、降水工程。

（2）模板工程及支撑体系，包括以下类型。

① 各类工具式模板工程：包括滑模、爬模、飞模、隧道模工程。

② 混凝土模板支撑工程：搭设高度 8m 及以上；搭设跨度 18m 及以上；施工总荷载 $15kN/m^2$ 及以上；集中线荷载 20kN/m 及以上。

③ 承重支撑体系：用于钢结构安装等满堂支撑体系，承受单点集中荷载 7kN 以上。

（3）起重吊装及安装拆卸工程：采用非常规起重设备、方法，且单件起重重力在 100kN 及以上的起重吊装工程。起重数量在 300kN 及以上，或搭设总高度 200m 及以上，或搭设基础标高在 200m 及以上的起重机械安装和拆卸工程。

（4）脚手架工程，包括以下类型。

① 搭设高度为 50m 及以上的落地式钢管脚手架工程。

② 提升高度在 150m 及以上的附着式升降脚手架工程或附着式升降操作平台工程。

③ 分段架体搭设高度 20m 及以上的悬挑式脚手架工程。

（5）拆除工程，包括以下类型。

① 在码头、桥梁、高架、烟囱、水塔的拆除，或拆除中容易引起有毒有害气（液）体或粉尘扩散、易燃易爆事故发生的特殊建（构）筑物的工程。

② 文物保护建筑、优秀历史建筑或历史文化风貌区控制范围的拆除工程。

（6）暗挖工程：采用矿山法、盾构法、顶管法施工的隧道、洞室工程。

（7）其他工程。

① 施工高度 50m 及以上的建筑幕墙安装工程。

② 跨度大于 36m 及以上的钢结构安装工程，跨度大于 60m 及以上的网架和索膜结构安装工程。

③ 开挖深度超过 16m 的人工挖孔桩工程。

④ 水下作业工程。

⑤ 重力为 1000kN 及以上的大型结构整体顶升、平移、转体等施工工艺。

⑥ 采用新技术、新工艺、新材料、新设备及尚无相关技术标准的危险性较大的分部分项工程。

2. 方案编制内容

危险性较大的分部分项工程专项方案由项目技术负责人组织项目工程技术人员进行编制，专项方案包括以下几个方面。

（1）项目概况：包括危险性较大的分部分项工程简要介绍、施工平面布局、施工要求和技术保证条件，主要从设计要求、地理地质情况、地区气候特征、场地交通条件、合同要求等角度进行描述和分析，并对工程的特殊性和重要性进行归纳，特别是要对特殊工艺和工程重点方面进行简要的分析，并提出初步的设想。

（2）编制依据：包括相关法律、法规、规范性文件、标准、规范及图纸（国标图集）、施工组织设计等。

（3）施工计划：包括施工进度计划、材料与设备计划。

① 施工进度计划要有合理性,工期进度计划主要审查工程进度节点应满足合同要求,与建设单位的总体规划步调一致。

② 材料与设备计划应根据工程特点,对施工机械设备的选型、数量、现场布置以及实际的供电能力等进行考虑,能满足工程进度需要,满足施工现场需要。

(4) 施工工艺技术:包括技术参数、工艺流程、施工方法、检查验收等。

(5) 施工安全保证措施如下。

① 要有健全的组织架构、完善的管理制度等组织保障。

② 技术措施的可行性。

③ 应急预案的可行性。

④ 监测监控制度的完善等。

(6) 施工管理及作业人员配备和分工:包括专职安全生产管理人员、特种作业人员等。专职安全生产管理人员应按规定要求足额配备;特种作业人员应按规定要求审查证件;人员、机械、机具配置应满足施工现场需要等。

(7) 验收要求:包括验收标准、验收程序、验收内容、验收人员。

(8) 应急处置措施:包括目的、应急领导小组及其职责、应急预案、应急救援路线等。

(9) 计算书及相关图纸:施工参数应通过计算确定,公式、计算应正确。应有施工平面布置图、机械施工停放位置示意图、吊装作业的吊点示意图、线路管线走向示意图等。平面布置图中作业区和办公区、生活区的区域划分清晰;场内交通组织合理;各设备所处位置与作业面和材料堆放场地之间位置合理。

3. 方案审核要求

专项方案应当由施工单位技术部门组织本单位施工技术、安全、质量等部门的专业技术人员进行审核。经审核合格的,由施工单位技术负责人签字。实行施工总承包的,专项方案应当由总承包单位技术负责人及相关专业承包单位技术负责人签字。不需要专家论证的专项方案,经施工单位审核合格后报监理单位,由项目总监理工程师审查签字。

4. 方案论证要求

1) 论证参加人员

对于超过一定规模的危险性较大的分部分项工程专项方案,应当由施工单位组织召开专家论证会。实行施工总承包的,由施工总承包单位组织召开专家论证会。

下列人员应当参加专家论证会:

(1) 专家组成员;

(2) 建设单位项目负责人或技术负责人;

(3) 监理单位项目总监理工程师及相关人员;

(4) 施工单位分管安全的负责人、技术负责人、项目负责人、项目技术负责人、专项方案编制人员、项目专职安全生产管理人员;

(5) 勘察、设计单位项目技术负责人及相关人员。

2) 专家论证的主要内容

(1) 专项方案内容是否完整、可行。

(2) 专项方案计算书和验算依据是否符合有关标准规范。

(3) 安全施工的基本条件是否满足现场实际情况。

3）其他

专项方案经论证后，专家组应当提交论证报告，对论证的内容提出明确的意见，并在论证报告上签字。施工单位应当根据论证报告修改、完善专项方案，并经施工单位技术负责人、项目总监理工程师签字后，方可组织实施。实行施工总承包的，应当由施工总承包单位、相关专业承包单位技术负责人签字。专项方案经论证后需做重大修改的，施工单位应当按照论证报告修改，并重新组织专家进行论证。

施工单位应当严格按照专项方案组织施工，不得擅自修改、调整专项方案。若随意更改，将改变实际受力情况，这样会使理论计算和实际施工产生大的偏差，容易造成事故。如因设计、结构、外部环境等因素发生变化确需修改的，修改后的专项方案应当重新审核。对于超过一定规模的危大工程的专项方案，施工单位应当重新组织专家进行论证，如图 6-1 所示。

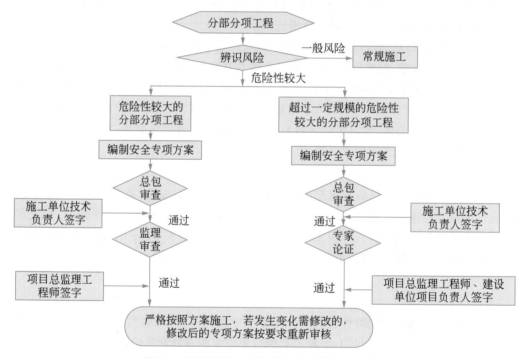

图 6-1　危险性较大的分部分项工程管理流程图

6.1.3　现场安全管理

1. 施工单位

（1）施工单位应当在施工现场显著位置公告危大工程名称、施工时间和具体责任人员，并在危险区域设置安全警示标志。

（2）施工单位应当严格按照专项施工方案组织施工，不得擅自修改专项施工方案。因规划调整、设计变更等原因确需调整的，应当重新审核和论证修改后的专项施工方案。涉及资金或者工期调整的，建设单位应当按照约定予以调整。

（3）施工单位应对危大工程施工作业人员进行登记，项目负责人应在施工现场履职。

（4）施工单位应当按照规定对危大工程进行施工监测和安全巡视，发现危及人身安全的紧急情况时，应当立即组织作业人员撤离危险区域。

（5）当危大工程发生险情或者事故时，施工单位应当立即采取应急处置措施，并报告工程所在地住房和城乡建设主管部门。

（6）施工单位应当将专项施工方案及审核、专家论证、交底、现场检查、验收及整改等相关资料纳入档案管理。

2. 建设单位

危大工程应急抢险结束后，建设单位应当组织勘察、设计、施工、监理等单位制订工程恢复方案，并对应急抢险工作进行后评估。

3. 监理单位

监理单位应当结合危大工程专项施工方案编制监理实施细则，并对危大工程施工实施专项巡视检查。

监理单位发现施工单位未按照专项施工方案施工的，应当要求其进行整改；情节严重的，应当要求其暂停施工，并及时报告建设单位。施工单位拒不整改或者不停止施工的，监理单位应当及时报告建设单位和工程所在地住房和城乡建设主管部门。

4. 监测单位

监测单位应当编制监测方案。监测方案由监测单位技术负责人审核签字，并加盖单位公章，报送监理单位后方可实施。

监测单位应当按照监测方案开展监测，及时向建设单位报送监测成果，并对监测成果负责；发现异常时，应及时向建设、设计、施工、监理单位报告，建设单位应当立即组织相关单位采取处置措施。

5. 施工现场管理人员

施工现场管理人员应当向作业人员进行安全技术交底，并由双方和项目专职安全生产管理人员共同签字确认。

6. 编制人员或者项目技术负责人

实施专项施工方案前，编制人员或者项目技术负责人应当向施工现场管理人员进行方案交底。

7. 项目专职安全生产管理人员

项目专职安全生产管理人员应当对专项施工方案实施情况进行现场监督，对未按照专项施工方案施工的，应当要求立即整改，并及时报告项目负责人，项目负责人应当及时组织相关人员限期整改。

6.2　建筑幕墙工程安全技术

建筑幕墙是指建筑物不承重的外墙护围，通常由面板（玻璃、金属板、石板、陶瓷板等）和支承结构（铝横梁立柱、钢结构、玻璃肋等）组成，是现代大型和高层建筑常用的带有装饰效果的轻质墙体。

建筑幕墙安装工程属于危险性较大的分部分项工程,且施工人员在施工过程中经常处于高空作业状态,安全风险大,在施工过程中有很多干扰安全的因素。

1. 物体打击事故预防安全技术

(1)幕墙施工时,下方均应设置警戒隔离区,防止高空坠物。

(2)高处作业所使用的工具和零配件等,应放在工具袋(盒)内,并严禁抛掷。

(3)不得随意抛掷所用材料,当有交叉作业可能时,应搭设防护棚或通道,否则不得进行交叉作业。

(4)应单独设置幕墙材料存放区,材料存放高度应满足安全要求,保证自稳角度。吊装或抬运物料时,应确保自身安全。

2. 机械伤害事故预防安全技术

(1)操作人员应熟悉所使用机械工具的安全操作规程。

(2)机械工具应具有合格证等质量证明文件,经验收合格后方能使用。

(3)建立机械台账,主管人员负责管理,做好日常维护保养工作。

(4)当机械设备发生故障和出现安全隐患时,应及时排除。可能危及人身安全时,应停止作业,并应由专业人员进行维修。维修后的机械设备应重新进行检查验收,合格后方可使用。

3. 焊接工程安全技术

(1)电焊工必须持证上岗。

(2)严格履行动火作业审批制度。

(3)进行动火作业时,看火人必须持有效合格的灭火器材,在焊渣掉落的最下方安全距离外履职。

(4)合理安排施工工序,禁止交叉作业。

6.3 机电安装工程安全技术

在建筑工程施工过程中,机电安装工程占有很大的比重,而随着建筑行业的不断发展,对其技术要求也不断提高,安全风险也随之加大。因此,机电安装施工不仅需要健全工程项目的组织管理,还应有完善的安全技术措施,为降低施工过程中所涉及的安全风险提供有力的保障,确保机电安装过程中的人身和设备安全。

6.3.1 机电安装工程安全技术总体要求

根据工程项目特点,施工组织设计中应有针对性的施工安全技术措施,主要包括以下内容。

(1)施工总平面布置应满足以下安全技术要求:

① 油料及其他易燃、易爆材料库房与其他建筑物的安全距离应符合要求;

② 电气设备、变配电设备、输配电线路的安全位置、距离等应符合要求;

③ 材料、机械设备应与结构坑、槽保持一定的安全距离；

④ 加工场地、施工机械的位置应满足使用、维修的安全距离；

⑤ 配置必要的消防设施、装备、器材，确定控制和检查手段、方法、措施。

（2）确定机电工程项目施工全过程中的人员资格，对作业人员、特殊工种人员、管理人员和操作人员安全作业资格进行审查。

（3）确定机电工程项目重大风险因素的部位和过程，制订相应措施，如高空坠落、机械伤害、起重吊装、动用明火、密闭容器、带电调试、管道和容器的探伤、冲洗及压力试验、临时用电、单机试车和联动试车等。

（4）应针对工程项目的特殊需求制订安全技术措施，如冬期、雨期、夏季高温期、夜间等施工时的安全技术措施；补充相应的安全操作规程或措施；针对采用新工艺、新技术、新设备、新材料施工的特殊性制订相应的安全技术措施；对施工各专业、工种、施工各阶段、交叉作业等编制有针对性的安全技术措施等。

6.3.2 机电安装工程施工安全技术

在建筑工程施工过程中，机电设备的安装工程是高危险、事故多发的阶段，必须有防范和杜绝发生安全事故的解决措施。

1. 机电安装阶段

（1）电气设备和线路的绝缘必须良好，裸露的带电导体应该安装于碰不着的处所，或者设置安全遮拦和显明的警告标志。

（2）电气设备和装置的金属部分，可能由于绝缘损坏而带电的，必须根据技术条件采取保护性接地或者接零的措施。

（3）电线和电源相接的时候，应该设开关或者插销，不许随便搭挂；露天的开关应该装在特制的箱匣内。

（4）安装吊顶内线照明线路时，不得直接在板条天棚或隔声板上行走或堆放材料；因作业需要而在板条天棚或隔声板上行走时，必须铺设脚手板；对于有触电危险的照明设施，应采用 36V 及以下安全电压。

（5）从事剔槽、打洞作业的人员，必须戴防护眼镜，锤柄不得松动，錾子不得有卷边、裂纹。打过墙、楼板透眼时，墙体后面及楼板下面不得有人靠近。

（6）在平台、楼板上用人力弯管器煨弯时，应背向楼心，操作时面部要避开。用大管径管子灌砂煨管时，砂子必须用火烘干后灌入。用机械敲打时，下面不得站人；人工敲打时，上、下要错开，不得在同一立面进行交叉作业。对管子加热时，管口前不得有人停留。

（7）电焊工作物和金属工作台与大地相隔的时候，都要有保护性接地。

（8）电动机械和电气照明设备拆除后，不能留有可能带电的电线。如果必须保留电线，应该将电源切断，并且将线头绝缘。

（9）电气设备和线路都必须符合相应的规格，并且应进行定期试验和检修。修理的时候，应先切断电源；如果必须带电工作，应该有确保安全的措施。

（10）一切机械和动力机的机座必须稳固；放置移动式机器的时候，应该防止它由于自重和外部荷重作用引起移动和倾倒。

2. 机电调试阶段

（1）调试前，应熟悉和掌握产品技术特性，明确试验标准及方法，否则不允许开展调试工作。

（2）调试所用的仪器、设备应完好，有检定合格标志，仪表精度应符合量值传递要求。

（3）试验接线应一人接线，另一人核对检查，防止误接、损坏仪器设备及损伤人员。

（4）试验操作人员应严格执行检测实施细则和相应的操作规程。

（5）试验时，不允许带电接线。

（6）用万用表检查时，应先打好挡位方可进行。

（7）进入调试现场应戴好安全帽，穿好工作服。

（8）所有调试人员应持证上岗，严禁无证操作。

（9）送电的设备应挂送电标记牌，防止危害人身安全和设备安全。

3. 手持电动工具

（1）手持电动工具外壳、手柄应无裂缝、破损，保护接地连接正确、牢固可靠，电缆软线及插头等完好无损，开关动作正常，电气保护装置良好，机械保护装置齐全。

（2）启动后，先空载运转，检查工具联动是否灵活。

（3）手持电动工具应有防护罩，操作时加力要平稳，不得用力过猛。

（4）严禁超负荷使用，随时注意声响、温升，发现异常时，应立即停机检查，作业时间过长时，应经常停机冷却。

（5）作业中，不得用手触摸刀具、模具等，如发现破损，应立即停机修理或更换后再作业。

（6）机具运转时不得松手。

4. 移动式脚手架

（1）门式脚手架立杆离墙面净距不宜大于150mm，上、下榀门架的组装必须设置连接棒及锁鼻，内、外两侧均应设置交叉支撑，并与门架立杆上的锁销锁牢。

（2）门式脚手架的安装应自一端向另一端延伸，并逐层改变搭设方向，不得相对进行。交叉支撑、水平架或脚手板应紧随门架的安装及时设置；连接门架与配件的锁臂、搭钩必须处于锁止状态。

（3）在门式脚手架的顶层门架上部、连墙件设置层、防护棚设置处，必须设置水平架。

当门架搭设高度小于45m时，沿脚手架高度，水平架应至少两步一设；当门架搭设高度大于45m时，水平架应每步一设；无论脚手架多高，均应在脚手架转角处、端部及间断处的一个跨距范围内每步一设。

（4）水平架可由挂扣式脚手板或门架两侧设置的水平加固杆代替，在其设置层内应连续设置；当因施工需要，临时局部拆除脚手架内侧交叉时，应在其上方及下方设置水平架。

5. 消防

（1）认真做好安全防火的预防工作，定期进行消防安全检查，对查出的事故隐患及时处理好，不得借故拖延。

（2）未经批准，严禁携带易燃、易爆物品进入施工现场，因施工需要购进的易燃、易爆物品必须按安全规程妥善保管。

（3）严禁在施工现场吸烟，燃火作业必须按规定远离易燃、易爆物品。

（4）电气设备的开关安全罩、火花罩、安全保护器、避雷器、接地装备等必须完好无损，电器材料连接地点之间的接触必须良好，避免因产生电火花而引起燃烧。

（5）如仓库存放着易燃、易爆、有毒、腐蚀等危险物品，必须严格按其说明书规定的方法存放，确保安全。

（6）施工现场各消防重点必须按消防规定配备相应的消防设施。

（7）施工现场内设置的消防设施是预备紧急情况下使用的，严禁无故动用或移作他用，更不得损坏。

（8）不得阻塞施工现场的安全通道，必须保持其畅通无阻。

（9）熟悉安全用具、灭火器及急救用品的放置地点和使用方法，学习掌握消防知识。

6.4　有限空间作业安全技术

本节主要介绍有限空间作业基础知识，以及作业环境中的危险危害因素的辨识，明确有限空间作业的安全管控重点。

6.4.1　有限空间作业基础知识

1. 有限空间作业的概念

有限空间是指封闭或部分封闭，进出口较为狭窄，未被设计为固定工作场所，自然通风不良，易造成有毒有害、易燃易爆物质积聚或氧含量不足的空间。有限空间作业是指作业人员进入有限空间实施的作业活动。

2. 有限空间的分类

有限空间分为三类：一类是密闭设备，如：储罐、车载槽罐、反应塔、冷藏箱、压力容器、管道、烟道、锅炉等；二类是地下有限空间，如：地下管道、地下室、地下仓库、地下工程、暗沟、隧道、涵洞、地坑、废井、地窖、污水池（井）、沼气池、化粪池、下水道等；三类是地上有限空间，如：储藏室、酒糟池、发酵池、垃圾站、温室、冷库、粮仓、料仓等。

3. 有限空间作业危害的特点

（1）可导致死亡，属高风险作业。

（2）有限空间存在的危害，大多数情况下是完全可以预防的，如加强培训教育，完善各项管理制度，严格执行操作规程，配备必要的个人防护用品和应急抢险设备等。

（3）发生的地点形式多样化，如船舱、储罐、管道、地下室、地窖、污水池（井）、沼气池、化粪池、下水道、发酵池等。

（4）危害具有隐蔽性，并且难以探测。

（5）可能多种危害共同存在，如有限空间存在硫化氢危害时，还存在缺氧的危险。

（6）某些环境下具有突发性，如开始进入有限空间检测时没有危险，但是在作业过程中突然涌出大量的有毒气体，会造成施工人员急性中毒。

6.4.2 有限空间的危险因素识别

有限空间长期处于封闭或半封闭的状态,且出入口有限,自然通风不良,易造成有毒有害、易燃易爆物质积聚或氧含量不足。此外,作业环境受自然天气影响较大,高温、高湿等不良天气不同程度上加剧了空间环境的恶化。有限空间存在的危险有害因素主要有缺氧窒息、中毒、燃爆以及其他危险有害因素。了解并正确辨识这些危险有害因素,对有效采取预防、控制措施以及减少人员伤亡事故具有十分重要的作用。

1. 缺氧窒息

1) 窒息气体种类

在有限空间内,由于通风不良、生物的呼吸作用或物质的氧化作用,有限空间会形成缺氧状态,一旦作业场所空气中的氧浓度低于19.5%,人员就会有缺氧的危险,可能导致窒息事故的发生。此外,单纯性窒息气体也会引发窒息事故,其本身无毒,但由于它们的存在对氧气有排斥作用,且这类气体绝大多数比空气重,易在空间底部聚集,并排挤氧空间,而造成进入空间作业的人员缺氧窒息。常见的单纯性窒息气体包括二氧化碳、氮气、甲烷、氩气、水蒸气和六氟化硫等。

2) 引发缺氧窒息的主要原因

(1) 有限空间内长期通风不良,氧含量偏低。

(2) 有限空间内存在的物质发生耗氧性化学反应,如燃烧、生物的有氧呼吸等。

(3) 作业过程中引入单纯性窒息气体挤占氧气空间,如使用氮气、氩气、水蒸气进行清洗。

(4) 某些相连或接近的设备或管道的渗漏或扩散,如天然气泄漏。

(5) 较高的氧气消耗速度,如过多人员同时在有限空间内作业。

3) 对人体的危害

氧气是人体赖以生存的重要物质基础,缺氧会对人体多个系统及脏器造成影响。氧气含量不同,对人体的危害也不同(表6-1)。

表 6-1　不同氧气含量对人体的危害

氧气含量(体积百分比浓度)/%	对人体的影响
19.5	最低允许值
15.0～19.5	体力下降,难以从事重体力劳动,动作协调性降低,容易引发冠心病、肺病等
12～14	呼吸加重,频率加快,脉搏加快,动作协调性进一步降低,判断能力下降
10～12	呼吸加深加快,几乎丧失判断能力,嘴唇发紫
8～10	精神失常,昏迷,失去知觉,呕吐,脸色死灰
6～8	4～5min通过治疗可恢复,6min后50%致命,8min后100%致命
4～6	40s后昏迷,痉挛,呼吸减缓,死亡

4）导致缺氧的典型物质特性

（1）二氧化碳：为无色气体，高浓度时略带酸味，比空气重，溶于水、烃类等多数有机溶剂。若遇高热、容器内压增大，有开裂和爆炸的危险。

二氧化碳本身没有毒性。在有限空间吸入高浓度二氧化碳时，因人体内组织缺氧，会出现昏迷、四肢抽搐、大小便失禁以及头痛、恶心呕吐等表现，轻者有头痛、头昏、无力等不适症状，重者可因窒息而死亡。

（2）氮气：为无色无臭气体，微溶于水、乙醇，不燃烧。空气中氮气含量过高，会使吸入氧气浓度下降，引起缺氧窒息。

（3）甲烷：为无色、无味的气体，比空气轻，溶于乙醇、乙醚，微溶于水。甲烷易燃，爆炸极限为 $5\% \sim 15\%$，与空气混合后，能形成爆炸性混合物，遇热源和明火有燃烧爆炸的危险会造成人员伤亡。

甲烷对人基本无毒，麻痹作用极弱。但浓度过高时，会排挤空气中的氧，使空气中氧含量降低，引起单纯性窒息。

2. 中毒窒息

1）有毒物质种类

有限空间中可能存在大量的有毒物质，人一旦接触后易引起化学性中毒而导致死亡。常见的有毒物质包括硫化氢、一氧化碳、苯系物、磷化氢、氯气、氮氧化物、二氧化硫、氨气、氰和腈类化合物、易挥发的有机溶剂、极高浓度的刺激性气体等。

2）导致中毒的典型物质特性

（1）硫化氢：为无色、有臭鸡蛋气味的气体，属于剧毒物，比空气重，溶于水会生成氢硫酸，可溶于乙醇。硫化氢易燃，爆炸极限的浓度范围为 $4.3\% \sim 45.5\%$，与空气混合能燃爆，遇明火、高热、氧化剂会发生爆炸。人对硫化氢的嗅觉感知有很大的个体差异，不同浓度的硫化氢对人体的危害也不同（表 6-2）。

表 6-2　不同浓度的硫化氢对人体的危害

硫化氢气体浓度/$(mg \cdot m^{-3})$	对人体的影响
$0.0007 \sim 0.2000$	人对其嗅觉感知的浓度在此范围内波动，远低于引起危害的浓度，因而低浓度的硫化氢能被敏感地发觉
$30 \sim 40$	嗅觉减弱
$75 \sim 300$	因嗅觉疲劳或嗅神经麻痹而不能觉察硫化氢的存在，接触数小时后，人会出现眼和呼吸道刺激
$375 \sim 750$	接触 $0.5 \sim 1.0h$ 可发生肺水肿，甚至意识丧失，呼吸衰竭
高于 1000	接触数秒即发生猝死

硫化氢主要经呼吸道进入人体，遇黏膜表面上的水分后很快溶解，产生刺激作用和腐蚀作用，引起眼结膜、角膜和呼吸道黏膜的炎症、肺水肿。

（2）一氧化碳：为无色、无臭、无味、无刺激性的气体，与空气密度相当，几乎不溶于水，可溶于氨水。一氧化碳在空气中燃烧时呈蓝色火焰，遇热、明火易燃烧爆炸，爆炸极限的浓度范围为 $12.5\% \sim 74.2\%$。一氧化碳极易与血红蛋白结合，形成碳氧血红蛋白，使血红蛋白丧失携氧的能力和作用,造成组织窒息,严重时会致人死亡。一氧化碳对全身的组织细胞均有毒性作用,尤其对大脑皮质的影响最为严重。一氧化碳在工作场所空气中的时间加权平均容许浓度不能超过 $20\mathrm{mg/m^3}$,短时接触容许浓度不能超过 $30\mathrm{mg/m^3}$。

(3)苯:为具有特殊芳香气味的无色油状液体。苯不溶于水,可溶于醇、醚、丙酮等多数有机溶剂。苯易燃,爆炸极限的浓度范围为 $1.45\%\sim8.00\%$。其蒸汽与空气混合能形成爆炸性混合气体,遇明火、高热极易燃烧或爆炸,能与氧化剂发生强烈反应,易产生和聚集静电。其蒸汽比空气密度大,在较低处能扩散至很远处,遇明火会引起回燃。

苯是人类致癌物,慢性苯中毒会引起上呼吸道、皮肤和眼睛的强烈刺激,出现支气管炎、过敏性皮炎、喉头水肿及血小板下降等疾病;人长期接触苯,可引起各种类型的白血病。

3. 燃爆

1)易燃、易爆物质种类

易燃、易爆物质是可能引起燃烧、爆炸的气体、蒸汽或粉尘。有限空间内可能存在大量易燃、易爆气体,如甲烷、天然气、氢气、挥发性有机化合物等,当其浓度高于爆炸下限时,遇到火源或以其他形式提供一定的能量时,就会发生燃烧或爆炸。另外,有限空间内存在的炭粒、粮食粉末、纤维、塑料屑以及研磨得很细的可燃性粉尘也可能引起燃烧或爆炸。

能够引发易燃、易爆气体或可燃性粉尘爆炸的条件如下:明火,化学反应放热,物质分解自燃,热辐射,高温表面,撞击或摩擦发生火花,绝热压缩形成高温点,电气火花,静电放电火花,雷电作用,以及直接日光照射或聚焦的日光照射。

2)对人体的危害

燃爆会对作业人员产生非常严重的影响。燃烧产生的高温会引起皮肤和呼吸道烧伤;燃烧产生的有毒物质可致人中毒,引起脏器或生理系统的损伤;爆炸产生的冲击波会引起冲击伤,产生的物体破片或砂石可能导致破片伤和砂石伤等。

4. 其他危害因素

除以上因素外,有限空间作业还可能存在淹溺、高处坠落、触电、机械伤害等危险。

1)淹溺

淹溺可能导致窒息、缺氧。另外,粪池或污水池的淹溺,由于肺内污染及胃内呕吐物反流等原因,可导致支气管及肺部继发感染,甚至产生多发性脓肿。

2)高处坠落

高处坠落可能导致脑部或内脏损伤而致命,或使四肢、躯干、腰椎等部位受冲击而造成重伤致残。

3)触电

通过人体的电流数值超过一定值时,就会使人产生针刺、灼热、麻痹的感觉;当电流进一步增大至一定值时,人就会抽筋,不能自主脱离带电体;当通过人体的电流超过 $50\mathrm{mA}$ 时,就会使人的呼吸和心脏停止而死亡。

4)机械伤害

操作失误或机械防护设施缺失都可能造成对人体的机械伤害,比如造成外伤性骨折、出血、休克、昏迷,严重时会直接导致死亡。

6.4.3 有限空间作业安全管理

1. 有限空间作业的安全管理要求

(1) 建立健全有限空间作业安全生产责任制,明确有限空间作业负责人、作业人员、监护人员职责。

(2) 组织制订专项作业方案、安全作业操作规程、事故应急救援预案、安全技术措施等有限空间作业管理制度。

(3) 保证有限空间作业的安全投入,提供符合要求的通风、检测、防护、照明等安全防护设施和个人防护用品。

(4) 督促、检查本单位有限空间作业的安全生产工作,落实有限空间作业的各项安全要求。

(5) 提供应急救援保障,做好应急救援工作。

(6) 及时、如实报告生产安全事故。

2. 气体检测与通风

气体检测是保证作业安全的重要手段之一,有限空间作业必须"先通风,再检测,后作业"。

(1) 在作业人员进入有限空间前,应对作业场所内的气体进行检测,以判断其内部环境是否适合人员进入。

(2) 在作业过程中,还应通过实时检测及时了解气体浓度变化,为作业中的危险有害因素评估提供数据支持。

(3) 无论气体检测合格与否,在有限空间作业时,都必须进行通风换气。

(4) 使用风机强制通风时,若检测结果显示处于易燃易爆环境中,必须使用防爆型风机。

3. 有限空间作业要求

(1) 凡进入有限空间进行施工、检修、清理作业时,施工单位应实施作业审批。未经作业负责人审批,任何人不得进入有限空间作业。

(2) 应在有限空间出入口附近设置醒目的警示标识,并告知作业者存在的危险或有害因素和防控措施,应防止未经许可人员进入作业现场。

(3) 有限空间作业现场应明确作业负责人、监护人员和作业人员,不得在没有监护人的情况下作业。相关人员应明确自身职责,掌握以下相关技能。

① 作业负责人应了解整个作业过程中存在的危险危害因素,确认作业环境、作业程序、防护设施、作业人员符合要求后,授权批准作业;及时掌握作业过程中可能发生的条件变化,当有限空间作业条件不符合安全要求时,终止作业。

② 作业人员应接受有限空间作业安全生产培训,遵守有限空间作业安全操作规程,正确使用有限空间作业安全设施与个人防护用品,应与监护人员进行有效的操作作业、报警、撤离等信息沟通。

③ 监护人员应接受有限空间作业安全生产培训;全过程掌握作业人员作业期间情况,保证在有限空间外持续监护,能够与作业人员进行有效的操作作业、报警、撤离等信息沟通;

在紧急情况时向作业人员发出撤离警告,必要时,应立即呼叫应急救援服务,并在有限空间外实施紧急救援工作;防止未经授权的人员进入。

(4) 生产经营单位委托承包单位进行有限空间作业时,应严格承包管理,规范承包行为,不得将工程发包给不具备安全生产条件的单位和个人。

生产经营单位将有限空间作业发包时,应当与承包单位签订专门的安全生产管理协议,或者在承包合同中约定各自的安全生产管理职责。存在多个承包单位时,生产经营单位应对承包单位的安全生产工作进行统一协调、管理。承包单位应严格遵守安全协议,遵守各项操作规程,严禁违章指挥、违章作业。

(5) 生产经营单位应对有限空间作业负责人员、作业人员和监护人员开展安全教育培训,生产经营单位没有条件开展培训的,应委托具有资质的培训机构开展培训工作。培训内容包括以下几点。

① 有限空间存在的危险特性和安全作业的要求。

② 进入有限空间的程序。

③ 检测仪器、个人防护用品等设备的正确使用。

④ 事故应急救援措施与预案等。

(6) 生产经营单位应制订有限空间作业应急救援预案,明确救援人员及职责,落实救援设备器材,掌握事故处置程序,提高对突发事件的应急处置能力。预案每年至少进行一次演练,并不断进行修改完善。当有限空间发生事故时,监护人员应及时报警,救援人员应做好自身防护,配备必要的呼吸器具和救援器材,严禁盲目施救,导致事故扩大。

6.5 拆除工程

6.5.1 拆除工程概述

拆除工程就其施工难度、危险程度、作业条件等方面来看,远甚于新建工程,更难以管理,更容易发生安全事故。因此,安全管理工作在拆除工程中有着至关重要的地位。拆除工程过去主要以拆除砖木、砖混等简易结构为主,现在的拆除工程中,不仅有砖木、砖混结构,更多的是多层框架结构,从房屋拆除发展到烟囱、水塔、桥梁、码头等建筑物或构筑物的拆除。因而,近年来建(构)筑物的拆除施工已形成一种行业。现在的拆除工程还有一个特点,许多拆除工地都位于人口密度大、房屋密集的市区,周围保留房屋多,周边及地下管线多,情况复杂。这些因素都大大增加了拆除工程的难度及危险性。

1. 拆除工程的一般规定

(1) 项目经理必须对拆除工程的安全生产负全面领导责任。项目经理部应按有关规定设专职安全员,检查落实各项安全技术措施。

(2) 施工单位应全面了解拆除工程的图样和资料,进行现场勘察,编制施工组织设计或安全专项施工方案。

(3) 拆除工程施工区域应设置硬质封闭围挡以及醒目警示标志,且围挡高度不应低于1.8m,非施工人员不得进入施工区。当临街的拆除建筑与交通道路的安全跨度不能满足要求时,必须采取相应的安全隔离措施。

(4) 拆除工程必须制订生产安全事故应急救援预案。

(5) 施工单位应为从事拆除作业的人员办理意外伤害保险。

(6) 拆除施工时,严禁立体交叉作业。

(7) 作业人员使用手持机具时,严禁超负荷或带故障运转。

(8) 应采用封闭的垃圾道或垃圾袋运下楼层的施工垃圾,严禁直接向下抛掷。

(9) 应根据拆除工程施工现场作业环境制订相应的消防安全措施。施工现场应设置消防车通道,保证充足的消防水源,配备足够的灭火器材。

2. 拆除工程的准备工作

建设单位应负责做好影响拆除工程安全施工的各种管线的切断、迁移工作。当外侧有架空线路或电缆线路时,应与有关部门取得联系,采取措施,确认安全后方可施工。拆除工程的建设单位在与施工单位签订施工合同时,还应签订安全生产管理协议,明确建设单位与施工单位在拆除工程施工中所承担的安全生产管理责任。

根据《建设工程安全生产管理条例》(国务院令第393号)的规定,建设单位、监理单位应对拆除工程施工安全负检查督促责任;施工单位应对拆除工程的安全技术管理负直接责任;明确建设单位、监理单位、施工单位在拆除工程中的安全生产管理责任。

建设单位应将拆除工程发包给具有相应资质等级的施工单位。严禁施工单位将建筑拆除工程转包。建设单位应在拆除工程开工前15日,将下列资料报送建设工程所在地的县级以上地方人民政府建设行政主管部门备案:施工单位资质登记证明;拟拆除的建(构)筑物及可能危及毗邻建筑的说明;拆除施工组织方案或安全专项施工方案;堆放、清除废弃物的措施。

建设单位应向施工单位提供下列资料:①拆除工程的有关图样和资料。②拆除工程涉及区域的地上、地下建筑及设施分布情况资料。施工单位必须全面了解拆除工程的图样和资料,根据建筑拆除工程特点,进行实地勘察,并应编制有针对性、安全性及可行性的施工组织设计或方案以及各项安全技术措施。依据《中华人民共和国建筑法》,应为从事拆除作业的人员办理意外伤害保险。依据《安全生产法》的有关规定,应制订拆除工程生产安全事故应急救援预案,成立组织机构,配备抢险救援器材。

当拆除工程可能对周围相邻建筑安全产生危险时,必须采取相应保护措施,对建筑内的人员进行撤离安置。

在拆除作业前,施工单位应检查建筑内各类管线的情况,确认管线全部切断后方可施工。在拆除工程作业中,发现不明物体时,应停止施工,采取相应的应急措施,保护现场,及时向有关部门报告。

3. 拆除工程安全施工管理

建筑拆除工程一般可分为人工拆除、机械拆除和爆破拆除三大类。应根据被拆除建筑的高度、面积、结构形式而采用不同的拆除方法。因为人工拆除、机械拆除、爆破拆除的方法不同,其特点也各有不同,所以在安全施工管理上各有侧重点。

4. 应急处理

在拆除工程作业中,当施工单位发现不明物体时,必须停止施工,采取相应的应急措施保护现场,并应及时向有关部门报告。经过有关部门鉴定后,按照国家和政府有关法规妥善处理。拆除工程必须制订生产安全事故应急救援预案,成立组织机构,并应配备抢险救援器材,适当时候组织演练。当发生重大事故时,应立即启动应急预案排除险情,组织抢救。

6.5.2 人工拆除

人工拆除是指人工采用非动力性工具进行的作业。采用手动工具进行人工拆除的建筑一般为砖木结构,高度不超过 6m(二层),面积不大于 $1000m^2$。

拆除施工程序应从上至下,按照先拆除楼板、非承重墙,再拆除梁、承重墙、柱的顺序依次进行,或依照先非承重结构后承重结构的原则进行拆除。分层拆除时,作业人员应在脚手架或稳固的结构上操作,被拆除的构件应有安全的放置场所。

人工拆除建筑墙体时,不得采用掏掘或推倒的方法。严禁楼板上多人聚集或集中堆放材料。拆除建筑的栏杆、楼梯、楼板等构件时,应与建筑结构的整体拆除进度相配合,不得先行拆除。建筑的承重梁、柱,应在其所承载的全部构件拆除后,再进行拆除。拆除施工应分段进行,不得垂直交叉作业。作业面的孔洞应封闭。

拆除梁或悬挑构件时,应采取有效的下落控制措施,方可切断两端的支撑。拆除柱子时,应先在柱子底部剔凿出钢筋,使用手动倒链定向牵引,再采用气焊切割柱子三面钢筋,保留牵引方向正面的钢筋。

拆除原用于有毒有害、可燃气体的管道及容器时,必须查清其残留物的种类、化学性质及残留量,采取相应措施后,方可进行拆除施工,以达到确保拆除施工人员安全的目的。严禁向下抛掷拆除的垃圾。

6.5.3 机械拆除

机械拆除是指以机械为主、人工为辅相配合的拆除施工方法。机械拆除的建筑一般为砖混结构,高度不超过 20m(六层),面积不大于 $5000m^2$。当采用机械拆除建筑时,应从上至下逐层分段进行;应先拆除非承重结构,再拆除承重结构。拆除框架结构建筑时,必须按楼板、次梁、主梁、柱子的顺序进行施工。对只进行部分拆除的建筑,必须先将保留部分加固,再进行分离拆除。在施工过程中,必须由专门人员负责随时监测被拆除建筑的结构状态,并应做好记录。当发现有不稳定状态的趋势时,必须停止作业,并采取有效措施消除隐患。

拆除施工时,应按照施工组织设计选定的机械设备及吊装方案进行施工,严禁超载作业或任意扩大使用范围。供机械设备使用的场地必须保证足够的承载力。作业中,机械不得同时回转、行走。

当进行高处拆除作业时,对于较大尺寸的构件或沉重的材料(楼板、屋架、梁、柱、混凝土构件等),必须使用起重机具及时吊下。应及时清理拆卸下来的各种材料,分类堆放在指定场所,严禁向下抛掷。

采用双机抬吊作业时,每台起重机的荷载不得超过允许荷载的 80%,且应对第一吊进行试吊作业,施工中必须保持两台起重机同步作业。

负责拆除吊装作业的起重机司机必须严格执行操作规程。信号指挥人员必须按照现行国家标准《起重吊运指挥信号》(GB 5082—1985)的规定作业。

拆除钢屋架时,必须采用绳索将其拴牢,等待起重机起吊稳定后,方可进行气焊切割作业。在吊运过程中,应采用辅助措施使被吊物处于稳定状态。

拆除桥梁时,应先拆除桥面的附属设施及挂件、护栏等。

6.5.4　拆除工程安全防护措施

拆除施工中采用的脚手架和安全网,必须由专业人员搭设。由项目经理(或工地负责人)组织技术、安全部门的有关人员验收合格后,方可投入使用。验收安全防护设施时,应按类别逐项查验,并应有验收记录。

拆除施工时,严禁立体交叉作业。水平作业时,各工位间应有一定的安全距离。作业人员必须配备相应的劳动保护用品,如安全帽、安全带、防护眼镜、防护手套、防护工作服等,并应正确使用。在爆破拆除作业施工现场周边,应按照现行国家标准《安全标志及其使用导则》(GB 2894—2008)的规定设置相关的安全标志,并设专人巡查。

拆除工程的安全技术管理措施主要有以下几点。

(1) 拆除工程开工前,应根据工程特点、构造情况、工程量及有关资料编制安全施工组织设计或方案。对于爆破拆除和被拆除建筑面积大于 $1000 \mathrm{m}^2$ 的拆除工程,应编制安全施工组织设计;对于拆除建筑面积小于或等于 $1000 \mathrm{m}^2$ 的拆除工程,应编制安全技术方案。

(2) 拆除工程的安全施工组织设计或方案,应由专业工程技术人员编制,经施工单位技术负责人、总监理工程师审核批准后实施。在施工过程中,如需变更安全施工组织设计或方案,应经原审批人批准后,方可实施。

(3) 拆除工程项目负责人是拆除工程施工现场的安全生产第一责任人。项目经理部应设专职安全员,检查落实各项安全技术措施。

(4) 进入施工现场的人员,必须佩戴安全帽。凡在 2m 及以上高处作业无可靠防护设施时,必须正确使用安全带。在恶劣的气候条件[如大雨、大雪、浓雾、六级(含)以上大风等]影响施工安全时,严禁进行拆除作业。

(5) 拆除工程施工现场的安全管理由施工单位负责。从业人员应办理相关手续,签订劳动合同,进行安全培训,考试合格后,方可上岗作业。拆除工程施工前,必须由工程技术人员对施工作业人员进行书面安全技术交底,并履行签字手续。特种作业人员必须持有效证件上岗作业。

(6) 施工现场临时用电必须按照《施工现场临时用电安全技术规范》(JGJ 46—2019)的有关规定执行。夜间施工必须有足够照明。电动机械和电动工具必须装设漏电保护器,其保护零线的电气连接应符合要求。对于产生震动的设备,其保护零线的连接点不应少于两处。

(7) 在拆除工程施工过程中,当发生险情或异常情况时,应立即停止施工,查明原因,及时排除险情;发生生产安全事故时,要立即组织抢救、保护事故现场,并向有关部门报告。施工单位必须依据拆除工程安全施工组织设计或方案划定危险区域。施工前,应通报施工注意事项,当拆除工程有可能影响公共安全和周围居民的正常生活时,应在施工前发出告示,做好宣传工作,并采取可靠的安全防护措施。

6.5.5 拆除工程文明施工管理

拆除工程施工现场清运渣土的车辆应停放在指定地点。车辆应封闭或采用苫布覆盖，出入现场时，应有专人指挥。清运渣土的作业时间应遵守有关规定。拆除工程施工时，应设专人向被拆除的部位洒水降尘，减少对周围环境的扬尘污染。

对地下的各类管线，施工单位应在地面上设置明显的警示标志。应对水、电、气的检查井和污水井采取相应的保护措施。

拆除工程施工时，应有防止扬尘和降低噪声的措施。拆除工程完工后，应及时将渣土清运出场。施工单位必须落实防火安全责任制，建立义务消防组织，明确责任人负责施工现场的日常防火安全管理工作。根据拆除工程施工现场作业环境，应制订相应的消防安全措施；并应保证充足的消防水源，现场消防栓控制范围不宜大于50m。应配备足够的灭火器材，每个设置点的灭火器数量以2～5具为宜。施工现场应建立健全用火管理制度。施工作业用火时，必须履行动火审批手续，经现场防火负责人审查批准，领取用火证后，方可在指定时间、地点作业。作业时，应配备专人监护；作业后，必须确认无火源危险后，方可离开作业地点。

拆除建筑物时，当遇到易燃物(代号B3级，为易燃性建筑材料)、可燃物(代号B2级，为可燃性建筑材料)及保温材料时，严禁明火作业。施工现场应设置不小于3.5m宽的消防车道，并保持畅通。

第7章 现场施工机械安全技术

7.1 现场施工机械安全管理要求

7.1.1 施工场地及临时设施准备

（1）施工场地要为机械的使用提供良好的工作环境。对于需要构筑基础的机械，要预先构筑好符合规定要求的轨道基础或固定基础。一般机械的安装场地必须平整坚实，四周要有排水沟。

（2）机械施工必需的临时设施，主要有停机场、机修所、油库以及固定使用的机械工作棚等。其设置位置要选择得当，布置要合理，便于机械施工作业和使用管理，符合安全要求、建造费用低以及交通运输方便等条件。

（3）应根据施工机械作业时的最大用电量和用水量，设置相应的电、水输入设施，保证机械施工用电、用水的需要。

7.1.2 机械进场前后的准备

（1）施工现场所需的机械，由施工负责人根据施工组织设计审定的机械需用计划，向机械经营单位签订租赁合同后，按时组织进场。

（2）进入施工现场的机械必须保持技术状况完好，安全装置齐全、灵敏、可靠，机械编号的技术标牌完整、清晰，起重、运输机械应经年审并具有合格证。

（3）需要在现场安装的机械，应根据机械技术文件（随机说明书、安装图纸和技术要求等）的规定进行安装。安装要有专人负责，经调试合格并签署交接记录后，方可投入生产。

对于塔式起重机、施工升降机的安装、拆卸，必须由具有资质证件的专业队承担，要按有针对性的安拆方案进行作业，安装完毕后，应按规定进行技术试验，验收合格后方可交付使用。

（4）电力拖动的机械要做到"一机、一闸、一箱"，漏电保护装置灵敏可靠，电气元件、接地、接零和布线符合规范要求，电缆卷绕装置灵活可靠。

（5）现场机械的明显部位或机棚内要悬挂切实可行的简明安全操作规程和岗位责任标牌。

（6）进入现场的机械要进行作业前的检查和保养，以确保作业中的安全运行。刚从其他工地转来的机械，可按正常保养级别及项目提前进行。停放机械应进行使用前的保养，封存机械应进行启封保养，新机或刚大修出厂的机械应按规定进行磨合期保养。应及时调换不称职者，并应及时处理并撤换滥用职权者或以权谋私者。

7.1.3 施工机械安全管理

1. 建立健全安全生产责任制

机械安全生产责任制是企业岗位责任制的重要内容之一。由于机械的安全直接影响施工生产的安全,所以机械的安全指标应列入企业经理的任期目标。企业经理是企业机械的总负责人,应对机械安全负全责。机械管理部门要有专人管理机械安全,基层也要有专职或兼职的机械安全员,形成机械安全管理网。

2. 编制安全施工技术措施

编制机械施工方案时,应有保证机械安全的技术措施。对于重型机械的拆装、重大构件的吊装,超重、超宽、超高物件的运输以及危险地段的施工等,都要编制安全施工、安全运行的技术方案,以确保施工、生产和机械的安全。

在机械保养、修理中,要制订安全作业技术措施,以保障人身和机械安全。在机械及附件、配件等保管中,也应制订相应的安全制度。特别是油库和机械库,要制订更严格的安全制度和安全标志,确保机械和油料的安全保管。

3. 贯彻执行《建筑机械使用安全技术规程》(JGJ 33—2012)

《建筑机械使用安全技术规程》(JGJ 33—2012)是住房和城乡建设部制定和颁发的标准。它是根据机械的结构、运转特点以及安全运行的要求,规定机械使用和操作过程中必须遵守的事项、程序及动作等基本规则,是机械安全运行、安全作业的重要保障。机械施工和操作人员应认真执行本规程,可保证机械的安全运行,防止发生事故。

4. 开展机械安全教育

机械安全教育是企业安全生产教育的重要内容,主要是针对专业人员进行具有专业特点的安全教育工作,所以也称专业安全教育。必须对各种机械的操作人员进行专业技术培训和机械使用安全技术规程的培训,作为其取得操作证的主要考核内容。

5. 认真开展机械安全检查活动

机械安全检查应包括以下内容:一是机械本身的故障和安全装置的检查,主要是消除机械故障和隐患,确保安全装置灵敏可靠;二是机械安全施工生产的检查,主要是检查施工条件、施工方案、措施是否能确保机械安全施工生产。

7.2 垂直运输机械安全使用

施工现场常用的垂直运输机械有施工升降机、物料提升机等。本节主要介绍施工升降机及物料提升机的相关安全知识,有效的预防事故的发生。

7.2.1 施工升降机

1. 概述

建筑施工升降机(又称为外用电梯、施工电梯、附壁式升降机),是一种使用工作笼(吊笼)沿导轨架做垂直(或倾斜)运动用来运送人员和物料的机械。用于运载人员及货物的施工机械称为人货两用施工升降机;用于运载货物,禁止运载人员的施工机械称为货用施工升降机(又称为物料提升机)。

施工升降机的分类如下。

(1) 建筑施工升降机按驱动方式分为齿轮齿条驱动(SC 型)、卷扬机钢丝绳驱动(SS 型)和混合驱动(SH 型)三种。

(2) 按导轨架的结构可分为单柱和双柱两种。一般情况下,SC 型建筑施工升降机多采用单柱式导轨架,而且采取上接节方式。SC 型建筑施工升降机按其吊笼数又分为单笼和双笼两种。单导轨架双吊笼的 SC 型建筑施工升降机,在导轨架的两侧各装一个吊笼,每个吊笼各有自己的驱动装置,并可独立地上下移动,从而提高了运送客、货的能力。

视频:施工
升降机

2. 施工升降机的构造及要求

施工升降机主要由金属结构、驱动机构、安全保护装置和电气控制系统等部分组成,如图 7-1 所示。

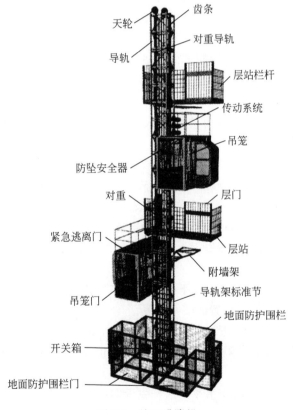

图 7-1 施工升降机

1) 金属结构

金属结构由吊笼、底笼、导轨架、对(配)重、天轮架及小起重机构、附墙架等组成。

(1) 吊笼又称为梯笼,是施工升降机运载人和物料的构件,笼内有传动机构、限速器及电气箱等,外侧附有驾驶室,设置了门保险开关与门连锁,只有当吊笼前、后两道门均关好后,吊笼才能运行。

吊笼内空净高度不得小于2m。对于SS型人货两用升降机,提升吊笼的钢丝绳不得少于两根,且应是彼此独立的。钢丝绳的安全系数不得小于12,直径不得小于9mm。

（2）底笼的底架是施工升降机与基础连接的部分,多用槽钢焊接成平面框架,并用地脚螺栓与基础相固结。底笼的底架上装有导轨架的基础节,吊笼不工作时停在其上。底笼四周有钢板网护栏,入口处有门,门的自动开启装置与吊笼门配合动作。底笼的骨架上装有4个缓冲弹簧,在梯笼坠落时起缓冲作用。

（3）导轨架是吊笼上下运动的导轨、升降机的主体,能承受规定的各种荷载。导轨架是由若干个具有互换性的标准节,经螺栓连接而成的多支点的空间桁架,用来传递和承受荷载。标准节的截面形状有正方形、矩形和三角形,标准节的长度与齿条的模数有关,一般每节为1.5m。导轨架的主弦杆和腹杆多用钢管制造,横缀条则选用不等边角钢制造。

（4）对重用于平衡吊笼的自重,可改善结构受力情况,从而提高电动机功率利用率和吊笼载重。

（5）天轮架由导向滑轮和天轮架钢结构组成,用来支承和导向配重的钢丝绳。

（6）立柱顶的左前方和右后方安装两组定滑轮,分别支承两对吊笼和对重。当设置单吊笼时,只使用一组天轮。

（7）立柱的稳定是靠与建筑结构进行附墙连接来实现的。附墙架用来使导轨架能可靠地支承在所施工的建筑物上的构架上,多由型钢或钢管焊成平面桁架。

2）驱动机构

施工升降机的驱动机构一般有两种形式:一种为齿轮齿条式,另一种为卷扬机钢丝绳式。

3）安全保护装置

（1）限速器:限速器是施工升降机的主要安全装置,它可以限制吊笼的运行速度。为防止吊笼坠落,齿条驱动的施工升降机均装有锥鼓式限速器。限速器每动作一次后,必须进行复位,在调整限速器之前,必须确认传动机构的电磁制动作用可靠,方可工作。

（2）缓冲弹簧:施工升降机的底架上装有缓冲弹簧,以便当吊笼发生坠落事故时,减轻对吊笼的冲击。

（3）上、下限位器:为防止吊笼上、下时超过需停位置,或因司机误操作和电气故障等原因继续上升或下降引发事故而设置的安全装置。

（4）上、下极限限位器:上、下极限限位器是在上、下限位器一旦不起作用,吊笼继续上行或下降到设计规定的最高极限或最低极限位置时,能及时切断电源,以保证吊笼安全的安全装置。

（5）安全钩:安全钩是为防止吊笼到达预先设定位置,上限位器和上极限限位器因各种原因不能及时动作、吊笼继续向上运行时,将导致吊笼冲击导轨架顶部而发生倾翻坠落事故而设置的。安全钩既是安装在吊笼上部的重要装置,也是最后一道安全装置,它能使吊笼上行到导轨架顶部的时候,安全钩钩住导轨架,保证吊笼不发生倾翻坠落事故。

（6）吊笼门、底笼门连锁装置:施工升降机的吊笼门、底笼门均装有电气连锁开关,它们能有效地防止因吊笼或底笼门未关闭就启动运行而造成人员坠落和物料滚落,只有当吊笼门和底笼门完全关闭时,才能启动运行。

(7)急停开关:当吊笼在运行过程中发生各种原因的紧急情况时,司机应能及时按下急停开关,使吊笼立即停止,防止事故的发生。急停开关必须是非自行复位的电气安全装置。

(8)楼层通道门:施工升降机与各楼层均搭设了运料和人员进出的通道,通道口与升降机结合部必须设置楼层通道门。此门在吊笼上下运行时处于常闭状态,只有在吊笼停靠时,才能由吊笼内的人打开。应做到楼层内的人员无法打开此门,以确保通道口处在封闭的条件下不出现危险的边缘。

4)电气控制系统

施工升降机的每个吊笼都有一套电气控制系统。施工升降机的电气控制系统包括电源箱、电控箱、操作台和安全保护系统等。

3. 施工升降机的安装要求

1)安装前的准备工作

(1)编制专项施工方案。安装作业前,安装单位应编制施工升降机安装、拆卸工程专项施工方案,由安装单位技术负责人签字后,将安装、拆卸时间等材料报施工总承包单位或使用单位、监理单位审核,并告知工程所在地建设行政主管部门。

施工升降机安装、拆卸工程专项施工方案应包含以下内容:工程概况;编制依据;作业人员组织和职责;施工升降机安装位置平面、立面图和安装作业范围平面图;施工升降机技术参数、主要零部件外形尺寸和质量;辅助起重设备的种类、型号、性能及位置安排;吊索具的配置、安装与拆卸工具及仪器;安装、拆卸步骤与方法;安全技术措施;安全应急预案。

(2)验收场地条件。施工升降机地基、基础应满足使用说明书的要求。对基础设置在地下室顶板、楼面或其他下部悬空结构上的施工升降机,应对基础支撑结构进行承载力验算。安装施工升降机前,应对基础进行验收,合格后方能安装。

安装作业前,安装单位应根据施工升降机基础验收表、隐蔽工程验收单和混凝土强度报告等相关资料,确认所安装的施工升降机和辅助起重设备的基础、地基承载力、预埋件、基础排水措施等符合施工升降机安装、拆卸工程专项施工方案的要求。

安装现场道路必须便于进出运输车辆,有满足安装要求的平整场地来堆放施工升降机。安装用辅助机械的施工范围内,不得有妨碍安装的构筑物、建筑物、高压线以及其他设施或设备。安装用辅助机械的站位基础必须满足吊装要求,基础下不得有空洞、墓穴、沟槽等不实结构,基础承载力必须满足要求。

安装工地应具备能量足够的电源,并须配备一个专供升降机使用的电源箱,每个吊笼均应由一个开关控制,供电熔断器的电流参见施工升降机安装、拆卸工程专项施工方案。

(3)验收设备。安装施工升降机前,应对各部件进行检查。对有可见裂纹的构件,应进行修复或更换;对有严重锈蚀、严重磨损、整体或局部变形的构件,必须进行更换,符合产品标准的有关规定后方能进行安装。施工升降机如发生下列情况之一,不得安装使用:

① 属于国家明令淘汰或禁止使用的;

② 超过由安全技术标准或制造厂家规定使用年限的;

③ 经检验达不到安全技术标准规定的;

④ 无完整安全技术档案的；

⑤ 无齐全有效的安全保护装置的。

施工升降机必须安装防坠安全器，防坠安全器应在 1 年有效标定期内使用。施工升降机应安装超载保护装置。超载保护装置在荷载达到额定载重的 110% 前，应能中止吊笼启动；在齿轮齿条式载人施工升降机荷载达到额定载重的 90% 时，应能给出报警信号。

附墙架附着点处的建筑结构承载力应满足施工升降机使用说明书的要求。附墙架形式、附着高度、垂直间距、附着点水平距离、附墙架与水平面之间的夹角、导轨架自由端高度和导轨架与主体结构间水平距离等均应符合使用说明书的要求。当附墙架不能满足施工现场要求时，应对附墙架另行设计。附墙架的设计应满足构件刚度、强度、稳定性等要求，制作应满足设计要求。

在施工升降机使用期限内，非标准构件的设计计算书、图纸、施工升降机安装工程专项施工方案及相关资料应在工地存档。安装前，应做好施工升降机的保养工作。

安装前，应仔细检查安装工具、设备及安全防护用品（包括辅助机具如汽车起重机，辅助工具如绳索、卡环，安全防护用具等）的可靠性，确保无任何问题后，方可开始施工。

（4）技术交底。安装作业前，安装技术人员应根据施工升降机安装、拆卸工程专项施工方案和使用说明书的要求，对安装作业人员进行安全技术交底，并由安装作业人员在交底书上签字。在施工期间内，交底书应留存备查。

交底要求：交底应具体且具有针对性，应有书面记录，并写明交底时间、交底人，所有接受交底的人员均应签字，不得代签；对其他人员的交底，也应有记录和签字；交底书应在作业前交相关部门存档备查。

交底内容：参加安装作业的人员、工种及责任，所使用起重设备的起重能力和特点，作业环境，安全操作规程，注意事项以及防护措施。

2）安装作业

安装作业时，安装单位的专业技术人员、专职安全生产管理人员应进行现场监督，进入现场的安装作业人员应佩戴安全防护用品，高处作业人员应系安全带，穿防滑鞋。严禁作业人员酒后作业。应在施工升降机的安装作业范围内设置警戒线及明显的警示标志，非作业人员不得进入警戒范围，任何人不得在悬吊物下方行走或停留。

安装作业中应统一指挥，明确分工，安装危险部位时，应采取可靠的防护措施。当指挥信号传递困难时，应使用对讲机等通信工具进行指挥。当遇到大雨、大雪、大雾，或风速大于 13m/s 等恶劣天气时，应停止安装作业。

在安装作业过程中，安装作业人员和工具等总荷载不得超过施工升降机的额定安装载重数量。施工升降机最外侧边缘与外面架空输电线路的边线之间应保持安全操作距离。安装导轨架时，应对施工升降机导轨架的垂直度进行测量校准。施工升降机导轨架安装垂直度偏差应符合使用说明书和相关规定，如表 7-1 所示。

表 7-1 导轨架垂直度允许偏差

导轨架架设高度 h/m	$h \leqslant 70$	$70 < h \leqslant 100$	$100 < h \leqslant 150$	$150 < h \leqslant 200$	$h > 200$
允许偏差/mm	≤导轨架架设高度的 1‰	70	90	110	130

电气设备安装应按施工升降机使用说明书的规定进行,安装用电应符合现行行业标准《施工现场临时用电安全技术规范》(JGJ 46—2019)的规定。施工升降机金属结构和电气设备金属外壳均应接地,接地电阻不应大于 4Ω。

当需安装导轨架加厚标准节时,应确保普通标准节和加厚标准节的安装部位正确,不得用普通标准节替代加厚标准节。每次加节完毕后,应对施工升降机导轨架的垂直度进行校正,且应按规定及时重新设置行程限位和极限限位,经验收合格后方能运行。

安装钢丝绳式施工升降机时,还应符合下列规定:

(1) 卷扬机应安装在平整、坚实的地点,且应符合使用说明书的要求;

(2) 卷扬机、曳引机应按使用说明书的要求固定牢靠;

(3) 应按规定配备防坠安全装置;

(4) 卷扬机卷筒、滑轮、曳引轮等应有防脱绳装置;

(5) 每天使用前,应检查卷扬机制动器,动作应正常;

(6) 卷扬机卷筒与导向滑轮中心线应垂直对正,钢丝绳出绳偏角大于 $2°$ 时,应设置排绳器;

(7) 卷扬机的传动部位应安装牢固的防护罩;卷扬机卷筒旋转方向应与操纵开关上指示方向一致。卷扬机钢丝绳在地面上运行区域内应有相应的安全保护措施。

当发现故障或危及安全的情况时,应立刻停止安装作业,采取必要的安全防护措施,应设置警示标志并报告技术负责人。在故障或危险情况未排除之前,不得继续安装作业。当遇意外情况不能继续安装作业时,应使已安装的部件达到稳定状态,并固定牢靠,经确认合格后,方能停止作业。作业人员下班离岗时,应采取必要的防护措施,并应设置明显的警示标志。

安装完毕后,应拆除为施工升降机安装作业而设置的所有临时设施,清理施工场地上作业时所用的索具、工具、辅助用具、各种零配件和杂物等。

3) 安装自检与验收

施工升降机安装完毕且经调试后,安装单位应按相关规定及使用说明书的有关要求对安装质量进行自检,并应向使用单位进行安全使用说明。安装单位自检合格后,应经有相应资质的检验检测机构监督检验。检验合格后,使用单位应组织租赁单位、安装单位和监理单位等进行验收。实行施工总承包的,应由施工总承包单位组织验收。使用单位应自施工升降机安装验收合格之日起 30 日内,将施工升降机安装验收资料、施工升降机安全管理制度、特种作业人员名单等向工程所在地县级以上建设行政主管部门办理使用登记备案。安装自检表、检测报告和验收记录等应纳入设备档案。

4. 施工升降机的使用与维护

1) 使用前准备工作

施工电梯投入使用前,当建筑物超过 2 层时,施工升降机地面通道上方应搭设防护棚。当建筑物高度超过 24m 时,应设置双层防护棚。电梯梯笼周围 2.5m 范围内,应设置防护栏杆。电梯各出料口运输平台应平整牢固,还应安装牢固可靠的栏杆和安全门,使用时,安全门应保持关闭。使用单位应根据不同的施工阶段、周围环境、季节和气候,对施工升降机采取相应的安全防护措施。

施工升降机的司机必须经专门安全技术培训,考试合格,持证上岗。严禁酒后作业。使用单位应对施工升降机司机进行书面安全技术交底,交底资料应留存备查。使用单位应按使用说明书的要求对需润滑部件进行全面润滑。使用单位应在现场设置相应的设备管理机构,或配备专职的设备管理人员,并指定专职设备管理人员、专职安全生产管理人员进行监督检查。每班首次运行时,必须空载及满载运行,梯笼升离地面1m左右停车,检查制动器灵敏性,然后继续上行楼层平台,检查安全防护门、上限位及前、后门限位,确认正常后,方可投入运行。

施工升降机安装在建筑物内部井道中时,应在运行通道四周搭设封闭屏障。安装在阴暗处或夜班作业的施工升降机,应在全行程装设明亮的楼层编号标志灯,夜间施工时作业区应有足够的照明,照明应满足现行行业标准《施工现场临时用电安全技术规范》(JGJ 46—2019)的要求。施工升降机不得使用脱皮、裸露的电线、电缆。

2) 使用要求

(1) 施工升降机的额定载重数量、额定乘员数标牌应置于吊笼醒目位置。严禁在超过额定载重数量或额定乘员数的情况下使用施工升降机。

(2) 电梯在大雨、大雾、六级以上大风以及导轨架、电缆等结冰时,必须停止使用。并将梯笼降到底层,切断电源。暴风雨后,应对电梯各安全装置进行一次检查,确认正常后,方可使用。

(3) 当电源电压值与施工升降机额定电压值的偏差超过±5%,或供电总功率小于施工升降机的规定值时,不得使用施工升降机。

(4) 严禁用行程限位开关作为停止运行的控制开关。

(5) 在施工升降机基础周边水平距离5m以内,不得开挖井沟,不得堆放易燃易爆物品及其他杂物。

(6) 电梯各出料口运输平台应平整牢固,还应安装牢固可靠的栏杆和安全门,使用时,安全门应保持关闭。

(7) 使用电梯时,应有明确的联络信号,禁止用敲打、呼叫等联络。乘坐电梯时,应先关好安全门,再关好梯笼门,方可启动电梯。梯笼内乘人或载物时,应使荷载均匀分布,不得偏重;严禁超载运行。等候电梯时,应站在建筑物内,不得聚集在通道平台上,也不得将头、手伸出栏杆和安全门外。

(8) 在施工升降机使用过程中,运载物料的尺寸不应超过吊笼的界限。运载散状物料时,应装入容器、进行捆绑或使用织物袋包装。堆放时,应使荷载分布均匀。运载溶化沥青、强酸、强碱、溶液、易燃物品或其他特殊物料时,应由相关技术部门做好风险评估,采取安全措施,且应向施工升降机司机、相关作业人员书面交底后方能载运。当使用搬运机械向施工升降机吊笼内搬运物料时,搬运机械不得碰撞施工升降机。卸料时,物料应缓慢放置。

(9) 实行多班作业的施工升降机,应执行交接班制度,交班司机应填写交接班记录,接班司机应进行班前检查,确认无误后,方能开机作业。

(10) 使用钢丝绳式施工升降机时,还应符合下列规定:

① 钢丝绳应符合现行国家标准《起重机钢丝绳保养、维护、安装、检验和报废》(GB/T 5972—2016)的规定;

② 施工升降机吊笼运行时,钢丝绳不得与遮掩物或其他物件发生碰触或摩擦;

③ 当吊笼位于地面时,最后缠绕在卷扬机卷筒上的钢丝绳不应少于3圈,且卷扬机卷筒上钢丝绳应无乱绳现象;

④ 卷扬机工作时,卷扬机上部不得放置任何物件;

⑤ 不得在卷扬机、曳引机运转时进行清理或加油。

(11) 作业结束后,应将施工升降机返回最底层停放,将各控制开关拨到零位,切断电源,锁好开关箱、吊笼门和地面防护围栏门。

(12) 当施工电梯在运行中发现有异常情况时,应立即停机,并采取有效措施将梯笼降到底层,排除故障后,方可继续运行。在运行中发现电气失控时,应立即按下急停按钮,在未排除故障前,不得打开急停按钮。在运行中发现制动器失灵时,可将梯笼开至底层维修,或者让其下滑防坠安全器制动。当施工升降机在运行中由于断电或其他原因中途停止时,可进行手动下降。吊笼的手动下降速度不得超过额定运行速度。在运行中发现故障时,不可惊慌,电梯的安全装置将提供可靠的保护,并应听从专业人员的安排,等待修复,或按专业人员指挥撤离。

3) 检查、维修与保养

在使用期间,使用单位应按使用说明书的规定对施工升降机进行保养、维修。保养、维修的时间间隔应根据使用频率、操作环境和施工升降机状况等因素确定。使用单位应在施工升降机使用期间安排足够的设备保养、维修时间。对保养和维修后的施工升降机,经检测确认各部件状态良好后,宜对施工升降机进行额定载重数量试验。双吊笼施工升降机应对左、右吊笼分别进行额定载重数量试验。试验范围应包括施工升降机正常运行的所有方面。在施工升降机保养过程中,对磨损、破坏程度超过规定的部件,应及时进行维修或更换,并由专业技术人员检查验收。应将各种与施工升降机检查、保养和维修相关的记录纳入安全技术档案,并在施工升降机使用期间内在工地存档。

在每天开工前和每次换班前,施工升降机司机应按使用说明书及相关要求对施工升降机进行检查。应记录检查结果,发现问题时,应向使用单位报告。在使用期间,使用单位应每月组织专业技术人员按规定对施工升降机进行检查,并对检查结果进行记录。施工升降机每3个月应进行1次1.25倍额定载重数量的超载试验,确保制动器性能安全可靠。施工升降机使用期间,每3个月应进行不少于一次的额定载重数量坠落试验。坠落试验的方法、时间间隔及评标准应符合使用说明书和现行国家标准《施工升降机》(GB/T 10054—2005)的有关要求。

当遇到可能影响施工升降机安全技术性能的自然灾害、发生设备事故或停工6个月以上时,应重新对施工升降机组织检查验收。

5. 施工升降机的拆卸

(1) 拆卸前,应对施工升降机的关键部件进行检查,当发现问题时,应在解决问题后方能进行拆卸作业。

(2) 施工升降机拆卸作业应符合拆卸工程专项施工方案的要求。

(3) 应有足够的工作面作为拆卸场地,应在拆卸场地周围设置警戒线和醒目的安全警示标志,并应派专人监护。拆卸施工升降机时,不得在拆卸作业区域内进行与拆卸无关的其他作业。

(4) 夜间不得进行施工升降机的拆卸作业。

（5）拆卸附墙架时，施工升降机导轨架的自由端高度应始终满足使用说明书的要求。

（6）应确保与基础相连的导轨架在拆除最后一个附墙架后，仍能保持各方向的稳定性。

（7）施工升降机拆卸应连续作业。当不能连续完成拆卸作业时，应根据拆卸状态采取相应的安全措施。

（8）未拆除吊笼之前，非拆卸作业人员不得在地面防护围栏内、施工升降机运行通道内、导轨架内以及附墙架上等区域活动。

6. 施工升降机检查要点

根据《建筑施工安全检查标准》（JGJ 59—2011）规定，施工升降机的检查和评定应符合国家现行标准《施工升降机安全规程》（GB 10055—2007）和《建筑施工升降机安装、使用、拆卸安全技术规程》（JGJ 215—2010）的规定。施工升降机检查评定保证项目应包括安全装置、限位装置、防护设施、附墙架、钢丝绳、滑轮与对重、安拆、验收与使用。一般项目应包括导轨架、基础、电气安全和通信装置。

1）施工升降机保证项目的检查

（1）对安全装置的检查应包括以下项目。

① 应安装起重力限制器，并应灵敏可靠。

② 应安装渐进式防坠安全器，并应灵敏可靠，应在有效的标定期内使用。

③ 对重钢丝绳应安装防松绳装置，并应灵敏可靠。

④ 吊笼的控制装置应安装非自动复位型的急停开关，任何时候均可切断控制电路停止吊笼运行。

⑤ 底架应安装吊笼和对重缓冲器，缓冲器应符合规范要求。

⑥ SC 型施工升降机应安装一对以上安全钩。

（2）对限位装置的检查应包括以下项目。

① 应安装非自动复位型极限开关，并应灵敏可靠。

② 应安装自动复位型上、下限位开关，并应灵敏可靠，上、下限位开关的安装位置应符合规范要求。

③ 上极限开关与上限位开关之间的安全越程不应小于 0.15m。

④ 极限开关、限位开关应设置独立的触发元件。

⑤ 吊笼门应安装机电联锁装置，并应灵敏可靠。

⑥ 吊笼顶窗应安装电气安全开关，并应灵敏可靠。

（3）对防护设施的检查应包括以下项目。

① 应在吊笼和对重升降通道周围安装地面防护围栏，防护围栏的安装高度、强度应符合规范要求，围栏门应安装机电联锁装置，并应灵敏可靠。

② 地面出入通道防护棚的搭设应符合规范要求。

停层平台两侧应设置防护栏杆、挡脚板，平台脚手板应铺满、铺平。

层门安装高度、强度应符合规范要求，并应定型化。

（4）对附墙架的检查应包括以下项目。

① 附墙架应采用配套标准产品，当附墙架不能满足施工现场要求时，应对附墙架另行设计，附墙架的设计应满足构件刚度、强度、稳定性等要求，其制作应满足设计要求。

② 附墙架与建筑结构的连接方式、角度应符合产品说明书要求。

③ 附墙架间距、最高附着点以上导轨架的自由高度应符合产品说明书要求。

（5）对钢丝绳、滑轮与对重的检查应包括以下项目。

① 对重钢丝绳绳数不得少于 2 根，且应相互独立。

② 钢丝绳的磨损、变形、锈蚀应在规范允许范围内。

③ 钢丝绳的规格、固定应符合产品说明书及规范要求。

④ 滑轮应安装钢丝绳防脱装置，并应符合规范要求。

⑤ 载重数量、固定应符合产品说明书要求。

⑥ 对重除导向轮、滑靴外，应设有防脱轨保护装置。

（6）安拆、验收与使用时，应注意以下事项。

① 安装、拆卸单位应具有起重设备安装工程专业承包资质和安全生产许可证。

② 安装、拆卸时，应制订专项施工方案，并应经过审核、审批后方可使用。

③ 安装完毕，应履行验收程序，验收表格应由责任人签字确认。

④ 安装、拆卸作业人员及司机应持证上岗。

⑤ 施工升降机作业前，应按规定进行例行检查，并应填写检查记录。

⑥ 实行多班作业时，应按规定填写交接班记录。

2）施工升降机一般项目的检查评定

（1）对导轨架的检查评定应包含以下项目。

① 导轨架垂直度应符合规范要求。

② 标准节的质量应符合产品说明书及规范要求。

③ 对重导轨应符合规范要求。

④ 标准节连接螺栓的使用应符合产品说明书及规范要求。

（2）对基础的检查评定应包含以下项目。

① 基础的制作和验收应符合说明书及规范要求。

② 基础设置在地下室顶板或楼面结构上时，应对其支承结构进行承载力验算。

③ 基础应设有排水设施。

（3）对电气安全的检查评定应包含以下项目。

① 施工升降机与架空线路的安全距离和防护措施应符合规范要求。

② 电缆导向架设置应符合说明书及规范要求。

③ 如施工升降机在其他避雷装置保护范围外，应设置避雷装置，并应符合规范要求。

（4）通信装置：应安装楼层信号联络装置，并应清晰有效。

7.2.2　物料提升机

1. 概述

物料提升机是指起质量在 2000kg 以下，以卷扬机为动力，以底架、立柱及天梁为架体，以钢丝绳为传动，以吊笼（吊篮）为工作装置，在架体上装设滑轮、导轨、导靴、吊笼、安全装置等和卷扬机配套构成的完整的垂直运输体系。

根据结构形式的不同，物料提升机可以分成龙门架式和井架式两类；根据驱动方式的不同，可分为卷扬式和曳引式两类。

　　龙门架式:吊笼以设置在地面的卷扬机为动力,由两侧立柱和天梁构成门架式架体,吊笼在两立柱间以立柱为轨道(或依附于立柱的轨道)做垂直运动。

　　井架式:吊笼以设置在地面的卷扬机为动力,由型钢组成井字形架体,吊笼在井孔内部(或架体外侧)沿轨道做垂直运动。

　　卷扬式:电机通过减速器驱动钢丝绳卷筒缠绕钢丝绳驱动吊笼沿轨道垂直运行。现在有些生产厂家将卷扬机直接放置在导轨架的根部,减少了钢丝绳在地面上的水平铺设。

　　曳引式:通过曳引轮带动钢丝绳,使吊笼沿轨道垂直运行。该方式应用较少,由于其依靠摩擦力作为动力,在施工现场不易采用。

　　高度在30m以上的物料提升机称为高架提升机。高度在30m以下(含30m)的物料提升机称为低架提升机。根据高度不同,物料提升机也可以分为高架体和低架体。

　　2. 物料提升机的结构

　　物料提升机主要由吊笼、架体、提升与传动机构、附着装置、安全保护装置和电器控制装置组成(图7-2)。

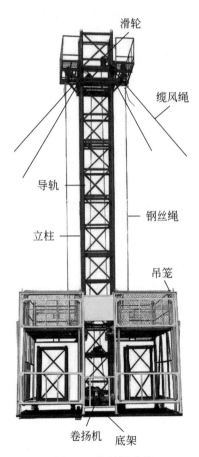

图 7-2　物料提升机

　　1) 架体

　　架体的主要构件有底架、立柱、导轨和天梁。

　　架体的底部设有底架,用于连接立柱和基础。

立柱由型钢或钢管焊接组成,用于支承天梁的结构件,可为单立柱、双立柱或多立柱。立柱可由标准节组成,也可由杆件组成,其断面可组成三角形、方形。当吊笼在立柱之间,立柱与天梁组成龙门形状时,称为龙门架式;当吊笼在立柱的一侧或两侧时,立柱与天梁组成井字形状时,称为井架式。

导轨是为吊笼提供导向的部件,可用工字钢或钢管。导轨可固定在立柱上,也可直接用立柱主肢作为吊笼垂直运行的导轨。

安装在架体顶部的横梁叫作天梁,是主要的受力构件,承受吊笼(吊篮)自重及所吊物料重力。天梁应使用型钢,其截面高度应经计算确定,但不得小于 2 根 14 号槽钢。

2）提升与传动机构

提升与传动机构主要有卷扬机、滑轮与钢丝绳、导靴、吊笼(吊篮)等。

卷扬机是物料提升机的主要提升机构。按构造形式分为可逆式卷扬机和摩擦式卷扬机。提升机卷扬机应符合《建筑卷扬机》(GB/T 1955—2019)的规定,并且应能满足额定起重数量、提升高度、提升速度等参数的要求。在选用卷扬机时,宜选用可逆式卷扬机,高架提升机不得选用摩擦式卷扬机。

卷扬机卷筒应符合下列要求:卷扬机卷筒边缘外周至最外层钢丝绳的距离不应小于钢丝绳直径的 2 倍,且应有防止钢丝绳滑脱的保险装置;卷筒与钢丝绳直径的比值不应小于 30。

安装在天梁上的滑轮称为天轮,装在架体底部的滑轮称为地轮。钢丝绳通过天轮、地轮及吊篮上的滑轮穿绕后,一端固定在天梁的销轴上,另一端与卷扬机卷筒锚固。滑轮按钢丝绳的直径选用。

导靴是安装在吊笼上沿导轨运行的装置,可防止吊笼在运行中发生偏移或摆动,保证吊笼沿垂直方向上下运行。

吊笼(吊篮)是装载物料沿提升机导轨作上下运行的部件。吊笼(吊篮)的两侧应设置高度不小于 100cm 的安全挡板或挡网。

3）附墙架

附墙架是为保证提升机架体的稳定性而连接在物料提升机架体立柱与建筑结构之间的钢结构。当导轨架的安装高度超过设计的最大独立高度时,必须安装附墙架。附墙架宜采用制造商提供的标准附墙架,当标准附墙架结构尺寸不能满足要求时,可经设计计算采用非标附墙架,并应符合下列规定。

（1）附墙架的材质应与导轨架相一致,达到《碳素结构钢》(GB/T 700—2006)的要求,不得使用木杆、竹竿等作为附墙架与金属架体连接。

（2）附墙架与导轨架及建筑结构采用刚性连接,并形成稳定结构,不得与脚手架连接。

（3）附墙架间距、自由端高度不应大于使用说明书的规定值及设计要求。其间隔不宜大于 9m,且在建筑物的顶层宜设置 1 组,附墙后立柱顶部的自由高度不宜大于 6m。

4）缆风绳

缆风绳是为保证架体稳定而在其四个方向设置的拉结绳索,所用材料为钢丝绳。当物料提升机安装条件受到限制而不能使用附墙架时,可采用缆风绳,提升机高度在 20m(含20m)以下时,缆风绳不少于 1 组(4~8 根);提升机高度在 20~30m 时,缆风绳不少于 2 组;当物料提升机安装高度大于或等于 30m 时,不得使用缆风绳,高架物料提升机在任何情况下均不得采用缆风绳。

设置缆风绳时,应当满足以下条件:缆风绳应经计算确定,直径不得小于 9.3mm;按规范要求当钢丝绳用作缆风绳时,其安全系数为 3.5(计算主要考虑风载);每一组四根缆风绳与导轨架的连接点应在同一水平高度,且应对称设置;缆风绳与导轨架的连接处应采取防止钢丝绳受剪破坏的措施;缆风绳宜设在导轨架的顶部,当中间设置缆风绳时,应采取增加导轨架刚度的措施;缆风绳与水平面夹角宜在 45°~60°,并应采用与缆风绳等强度的花篮螺栓与地锚连接。

5)地锚

地锚的受力情况、埋设位置都直接影响缆风绳的作用,常常因地锚角度不够或受力达不到要求而发生变形,造成架体歪斜甚至倒塌。在选择缆风绳的锚固点时,要视其土质情况,决定地锚的形式和做法经设计计算确定。30m 以下物料提升机可采用桩式地锚。当采用钢管(48mm×3.5mm)或角钢(75mm×6mm)时,不应少于 2 根,应并排设置,间距不应小于 0.5m,打入深度不应小于 1.7m。地锚顶部应设有防止缆风绳滑脱的装置。

3. 物料提升机的安全保护装置

物料提升机的安全保护装置主要包括安全停层装置、断绳保护装置,载重数量限制装置、上极限限位器、下极限限位器、吊笼安全门、缓冲器和通信信号装置等。

1)安全停层装置

安全停层装置是当吊笼停靠在某一层时,能使吊笼稳妥地支靠在架体上的装置。安全停层装置应为刚性机构,吊笼停层时,安全停层装置应能可靠承担吊笼自重、额定荷载及运料人员等全部工作荷载,防止因钢丝绳突然断裂或卷扬机抱闸失灵时吊篮坠落。其装置有制动和手动两种,当吊笼运行到位后,由弹簧控制或人工搬动,使支承杆伸到架体的承托架上,其荷载全部由承托架负担,钢丝绳不受力。吊笼停层后底板与停层平台的垂直偏差不应大于 50mm。当吊笼装载 125% 额定载重数量,运行至各楼层位置装卸荷载时,停靠装置应能将吊笼可靠定位。

2)断绳保护装置

吊笼装载额定载重数量,悬挂或运行中发生断绳时,断绳保护装置必须可靠地把吊笼刹制在导轨上,最大制动滑落距离应不大于 1m,并且不应对结构件造成永久性损坏。自升平台应采用渐进式防坠安全器。

3)载重数量限制装置

当提升机吊笼内荷载达到额定载重数量的 90% 时,应发出报警信号;当吊笼内荷载达到额定载重数量的 100%~110% 时,应切断提升机工作电源。

4)上极限限位器

上极限限位器应安装在吊笼允许提升的最高工作位置,吊笼的越程(指从吊笼的最高位置到天梁最低处的距离)不应小于 3m。当吊笼上升达到限定高度时,限位器即切断电源。

5)下极限限位器

下极限限位器应能在吊笼碰到缓冲装置之前做出动作。当吊笼下降至下限位时,限位器应自动切断电源,使吊笼停止下降。

6)吊笼安全门

吊笼的上料口处应装设安全门。安全门宜采用连锁开启装置。安全门连锁开启装置可为电气连锁,如果安全门未关,可造成断电,提升机不能工作;也可为机械连锁,吊笼上行时,安全门自动关闭。

7)缓冲器

缓冲器应装设在架体的底坑里,当吊笼以额定荷载和规定的速度作用到缓冲器上时,应能承受相应的冲击力。缓冲器可采用弹簧或弹性实体等形式。

8)通信信号装置

信号装置是由司机控制的一种音响装置,其音量应能使各楼层使用提升机装卸物料人员清晰听到。当司机不能清楚地看到操作者和信号指挥人员时,必须加装通信装置。通信装置必须是一个闭路的双向电气通信系统,司机和作业人员能够相互联系。

4. 物料提升机的安装与拆卸

1)安装前的准备

安装、拆除物料提升机的单位应具备下列条件:安装、拆除单位应具有起重机械安拆资质及安全生产许可证;安装、拆除作业人员必须经专门培训,取得特种作业资格证。

安装、拆除物料提升机前,应根据工程实际情况编制专项安装、拆除方案,且应经安装、拆除单位技术负责人审批后实施。专项安装、拆除方案应具有针对性、可操作性,并应包括下列内容:

(1)工程概况;

(2)编制依据;

(3)根据施工要求和场地条件,并综合考虑发挥物料提升机的工作能力,合理确定安装位置及示意图;

(4)专业安装、拆除技术人员的分工及职责;

(5)辅助安装、拆除起重设备的型号、性能、参数及位置;

(6)安装、拆除的工艺程序和安全技术措施;

(7)主要安全装置的调试及试验程序。

安装作业前的准备,应符合下列规定:

(1)安装物料提升机前,安装负责人应依据专项安装方案对安装作业人员进行安全技术交底;

(2)应确认物料提升机的结构、零部件和安全装置经出厂检验,并符合要求;

(3)应确认物料提升机的基础已验收,并符合要求。基础养护期不应少于7天,基础周边5m内不得挖排水沟;

(4)应确认辅助安装起重设备及工具经检验检测,并符合要求;

(5)应明确作业警戒区,并设专人监护;

(6)基础的位置应保证视线良好,物料提升机任意部位与建筑物或其他施工设备间的安全距离不应小于0.6m;与外电线路的安全距离应符合现行行业标准《施工现场临时用电安全技术规范》(JGJ 46—2019)的规定。

2)安装前的检查

(1)检查基础的尺寸是否正确,地脚螺栓的长度、结构、规格是否正确,混凝土的养护是否达到规定期,水平度是否达到要求(用水平仪进行验证)。

(2)检查提升卷扬机是否完好,地锚拉力是否达到要求,刹车开、闭是否可靠,电压是否在 380V×(1±5%)之内,电机转向是否合乎要求。

(3) 检查钢丝绳是否完好,与卷扬机的固定是否可靠,特别要检查全部架体达到规定高度时,在全部钢丝绳输出后,钢丝绳长度能否在卷筒上至少保持 3 圈。

(4) 检查各标准节是否完好,导轨、导轨螺栓是否齐全、完好,各种螺栓是否齐全、有效,特别是用于紧固标准节的高强度螺栓数量是否充足;各种滑轮是否齐备,有无破损。

(5) 检查吊笼是否完整,焊缝是否有裂纹,底盘是否牢固,顶棚是否安全。

(6) 应事先对断绳保护装置、载重数量限制装置等安全保护装置进行检查,确保其安全、灵敏、可靠无误。

3) 安装与拆卸

井架式物料提升机一般按以下顺序进行安装:将底架按要求就位→将第一节标准节安装于标准节底架上→提升抱杆→安装卷扬机→利用卷扬机和抱杆安装标准节→安装导轨架→安装吊笼→穿绕起升钢丝绳→安装安全保护装置。物料提升机的拆卸工作,应按安装架设的反程序进行。

安装卷扬机(曳引机)时,应符合下列规定。

(1) 卷扬机的安装位置宜远离危险作业区,且视线良好;操作棚的规格应符合规定。

(2) 卷扬机卷筒的轴线应与导轨架底部导向轮的中线垂直,垂直度偏差不宜大于 2°,其垂直距离不宜小于卷筒宽度的 20 倍;当不能满足条件时,应设排绳器。

(3) 卷扬机(曳引机)宜采用地脚螺栓与基础固定牢固;当采用地锚固定时,卷扬机前端应设置固定止挡。

导轨架的安装程序应按专项方案要求执行。紧固件的紧固力矩应符合使用说明书要求。安装精度应符合下列规定。

(1) 导轨架的轴心线对水平基准面的垂直度偏差不应大于导轨架高度的 0.15%。

(2) 标准节安装时导轨结合面对接应平直,错位形成的阶差应符合下列规定:

① 吊笼导轨不应大于 1.5mm;

② 对重导轨、防坠器导轨不应大于 0.5mm。

(3) 标准节截面内,两对角线长度偏差不应大于最大边长的 0.3%。

钢丝绳宜设防护槽,槽内应设滚动托架,且应采用钢板网将槽口封盖。钢丝绳不得拖地或浸泡在水中。

拆除作业前,应对物料提升机的导轨架、附墙架等部位进行检查,确认无误后,方能进行拆除作业。

拆除作业时,应先挂吊具,后拆除附墙架或缆风绳及地脚螺栓。在拆除作业中,不得抛掷构件。

拆除作业宜在白天进行,夜间作业时,应有良好的照明。

5. 物料提升机的验收

物料提升机安装完成后,应进行以下验收程序。

(1) 安装单位安装完成后,应及时组织单位的技术人员、安全人员、安装组长对物料提升机进行自检及验收。验收内容包括物料提升机安装方案及交底、基础资料、金属结构、运转机构、安全装置和电气系统。

(2) 委托第三方检验机构进行检验。需要注意的是,检测单位完成检测后,出具的检测报告是整机合格,其中可能会有一些一般项目不合格;设备供应方应对不合格项目进行整改,并出具整改报告,最好采用图文的形式,以保证整改的真实性。

(3)资料审核。施工单位应对上述资料原件进行审核,审核通过后,留存加盖单位公章的复印件,并报监理单位审核。监理单位审核完成后,施工单位组织设备验收。

(4)组织验收。施工单位应组织设备供应方、安装单位、使用单位、监理单位对物料提升机联合验收。实行施工总承包的,由施工总承包单位组织验收。

(5)验收完成后,应进行使用登记。施工升降机安装验收合格之日起30日内,施工单位应向工程所在地县级以上地方人民政府建设主管部门办理建筑起重机械使用登记。

6. 物料提升机的使用

1)使用要求

(1)物料提升机在下列条件下应能正常作业:

① 环境温度为20～40℃;

② 导轨架顶部风速不大于20m/s;

③ 电源电压值与额定电压值偏差为±5%,供电总功率不小于产品使用说明书的规定值。

(2)用于物料提升机的材料、钢丝绳及配套零部件产品应有出厂合格证。起重数量限制器、防坠安全器应经型式检验合格。

(3)传动系统应设常闭式制动器,其额定制动力矩不应低于作业时额定力矩的1.5倍。不得采用带式制动器。

(4)具有自升(降)功能的物料提升机应安装自升平台,并应符合下列规定。

① 兼作天梁的自升平台在物料提升机正常工作状态时,应与导轨架刚性连接。

② 自升平台的导向滚轮应有足够的刚度,并应有防止脱轨的防护装置。

③ 自升平台的传动系统应具有自锁功能,并应有刚性的停靠装置。

④ 平台四周应设置防护栏杆,上栏杆高度宜为1.0～1.2m,下栏杆高度宜为0.5～0.6m,在栏杆任一点作用1kN的水平力时,不应产生永久变形;挡脚板高度不应小于180mm,且宜采用厚度不小于1.5mm的冷轧钢板。

⑤ 自升平台应安装渐进式防坠安全器。

(5)当物料提升机采用对重时,对重应设置滑动导靴或滚轮导向装置,并应设有防脱轨保护装置。对重应标明质量,并涂成警告色。吊笼不应作对重使用。

(6)在各停层平台处,应设置显示楼层的标志。

(7)物料提升机的制造商应具有特种设备制造许可资格。

(8)制造商应在说明书中对物料提升机附墙架间距、自由端高度及缆风绳的设置做出明确规定。

(9)物料提升机额定起重数量不宜超过160kN;安装高度不宜超过30m。当安装高度超过30m时,物料提升机除应具有起重数量限制、防坠保护、停层及限位功能外,尚应符合下列规定。

① 吊笼应有自动停层功能,停层后吊笼底板与停层平台的垂直高度偏差不应超过30mm。

② 防坠安全器应为渐进式。

③ 应具有自升降安拆功能。

④ 应具有语音及影像信号。

（10）物料提升机的标志应齐全,其附属设备、备件及专用工具、技术文件均应与制造商的装箱单相符。

（11）物料提升机应设置标牌,且应标明产品名称和型号、主要性能参数、出厂编号、制造商名称和产品制造日期。

（12）必须由取得特种作业操作证的人员操作。严禁物料提升机载人。物料应在吊笼内均匀分布,不应过度偏载。不得装载超出吊笼空间的超长物料,不得超载运行。在任何情况下,不得使用限位开关代替控制开关运行。

（13）物料提升机每班作业前,司机应进行作业前检查,确认无误后方可作业。应检查确认下列内容:

① 制动器可靠有效;

② 限位器灵敏完好;

③ 停层装置动作可靠;

④ 钢丝绳磨损在允许范围内;

⑤ 吊笼及对重导向装置无异常;

⑥ 滑轮、卷筒防钢丝绳脱槽装置可靠有效;

⑦ 吊笼运行通道内无障碍物。

（14）当发生防坠安全器制停吊笼的情况时,应查明制停原因,排除故障,并应检查吊笼、导轨架及钢丝绳,应在确认无误并重新调整防坠安全器后运行。

（15）物料提升机在夜间施工时,应有足够照明,照明用电应符合现行行业标准《施工现场临时用电安全技术规范》(JGJ 46—2019)的规定。作业结束后,应将吊笼返回最底层停放,控制开关应扳至零位,并应切断电源,锁好开关箱。

2）管理与维护

（1）使用单位应建立设备档案,档案内容应包括下列项目:

① 安装检测及验收记录;

② 大修及更换主要零部件记录;

③ 设备安全事故记录;

④ 累计运转记录。

（2）在提升机工作中,应经常进行维修保养,并符合下列规定:司机应按使用说明书的有关规定,对提升机各润滑部位进行注油润滑;维修保养时,应将所有控制开关扳至零位,切断主电源,并在闸箱处悬挂"禁止合闸"的标志,必要时,应设专人监护;提升机处于工作状态时,不得进行保养、维修,排除故障应在停机后进行;更换零部件时,零部件必须与原部件的材质、性能相同,并应符合高处作业要求;维修主要结构所用焊条及焊缝质量,均应符合原设计要求;维修和保养提升机架体顶部时,应搭设上人平台,并应符合高处作业要求。

（3）提升机应由设备部门统一管理,不得对卷扬机和架体分开管理。

（4）码放金属结构时,应放在垫木上,在室外存放,要有防雨及排水措施。存放电气、仪表及易损件时,应注意防震、防潮。

（5）运输、提升各类构件时,应摆放稳妥,避免磕碰,同时应注意各提升机的配套性。

7.3　起重机械安全技术

起重机械,是指用于垂直升降或者垂直升降并水平移动重物的机电设备,其范围规定为额定起重质量大于或等于 0.5t 的升降机;额定起重质量大于或等于 3t(或额定起重力矩大于或等于 40t·m 的塔式起重机,或生产率大于或等于 300t/h 的装卸桥),且提升高度大于或等于 2m 的起重机;层数大于或等于 2 层的机械式停车设备。

7.3.1　起重吊装的基本要求

1. 操作人员要求

起重吊装作业的操作人员一般包括起重工、起重信号工及起重机司机。

1)起重工

(1)起重工必须经专门安全技术培训,考试合格后持证上岗。严禁酒后作业。

(2)起重工应健康,两眼视力均不得低于 1.0,无色盲、听力障碍、高血压、心脏病、癫痫病、眩晕、突发性昏厥及其他影响起重吊装作业的疾病与生理缺陷。

(3)作业前,必须检查作业环境、吊索具、防护用品。吊装区域无闲散人员,且已排除障碍。吊索具无缺陷,捆绑正确牢固,被吊物与其他物件无连接。确认安全后方可作业。

(4)轮式或履带式起重机作业时,必须确定吊装区域,并设警戒标志,必要时派人监护。

(5)大雨、大雪、大雾及风力六级以上(含六级)等恶劣天气,必须停止露天起重吊装作业。严禁在带电的高压线下或一侧作业。

(6)在高压线垂直或水平方向作业时,必须保持表 7-2 所列的最小安全距离。

表 7-2　起重机与架空输电导线的最小安全距离

输电导线电压	1 以下	1k~15kV	20k~40kV	6k~110kV	220kV
允许沿输电导线垂直方向最近距离/m	1.5	3.0	4	5	6
允许沿输电导线水平方向最近距离/m	1.0	1.5	2	4	6

2)起重司机

起重机司机在操作中应做到以下几点。

(1)安全检查:在作业前、作业中或特殊作业时,应认真检查起重机各机构和部件的安全可靠性能。

(2)信号确认:只有在确认地面指挥人员发出正确的信号后,起重机司机才能进行各种操作。

(3)状态判断:正确地判断是正确操作的前提。吊运中的判断包括吊运对象和吊物位置的判断、吊物重力的判断、吊物平衡状态的判断、起落环境的判断以及特殊操作下的判断等。

(4)精心操作:应熟练掌握各种操作技术,包括点动、平衡、稳钩、兜翻、带翻、游翻、两车抬物等技术。

（5）一般仪表的使用及电气设备常见故障的排除。

（6）操作中,应能及时发现或判断各机构故障,并能采取有效措施。

（7）制动器突然失效时,能作紧急处理。

3）指挥信号工

指挥信号工必须熟知下列知识和操作能力。

（1）应掌握所指挥起重机的技术性能和起重工作性能,能定期配合司机进行检查,能熟练地运用手势、旗语、哨声和通信设备。

（2）能看懂一般的建筑结构施工图,能按现场平面布置图和工艺要求指挥起吊、就位构件、材料和设备等。

（3）掌握常用材料的质量和吊运就位方法及构件重心位置,并能计算非标准构件和材料的质量。

（4）正确地使用吊具、索具,编插各种规格的钢丝绳。

（5）有防止构件装卸、运输、堆放过程中变形的知识。

（6）掌握起重机最大起重数量和各种高度、幅度时的起重数量,熟知吊装、起重有关知识。

（7）具备指挥单机、双机或多机作业的指挥能力。

（8）严格执行"十不吊"的原则。

起重吊装人员均属于特种作业人员,应经专门机构培训,考试合格后,方可持证上岗。

除应满足上述的基本要求外,参加起重吊装作业的人员还必须了解和熟悉所使用的机械设备性能,并遵守既定的操作方案和规程。指挥人员必须站在起重机司机和起重工都能看见的地方,并严格按规定的起重信号指挥作业。如因现场条件限制,可配备信号员传递其指挥信号。高处吊装作业应严格遵守高处作业的安全技术和管理要求。禁止不直接参加吊装的人员以及与吊装无关的人员进入吊装作业现场。

2. 构件及设备吊装

（1）作业前,应检查被吊物、场地、作业空间等,确认安全后方可作业。

（2）作业时,应缓起、缓转、缓移,并用控制绳保持吊物平稳。

（3）移动构件、设备时,构件、设备必须和拍子连接牢固,保持稳定。道路应坚实平整,作业人员必须听从统一指挥,协调一致。使用卷扬机移动构件或设备时,必须用慢速卷扬机。

（4）码放构件的场地应坚实平整。码放后,应支撑牢固、稳定。

（5）吊装大型构件,使用千斤顶调整就位时,严禁两端千斤顶同时起落;一端使用两个千斤顶调整就位时,起落速度应一致。

（6）在超长构件运输中,悬出部分不得大于总长的1/4,并应采取防护倾覆措施。

（7）使用起重机作业时,必须正确选择吊点的位置,合理穿挂索具,试吊。除指挥及挂钩人员外,严禁其他人员进入吊装作业区。

（8）使用两台吊车抬吊大型构件时,吊车性能应一致,单机荷载应合理分配,且不得超过额定荷载的80%。作业时,必须统一指挥,动作一致。

（9）暂停作业时,必须把构件、设备支撑稳定,连接牢固后方可离开现场。

7.3.2 吊索吊具要求

索具设备主要包括绳索、吊具常用的端部件和吊装设备等。在起重作业中,常使用绳索捆绑、搬运和提升重物,它可与吊具的端部件(如吊钩、吊环和卸扣等)组成各种索具。常用的绳索有白棕绳、钢丝绳和链条等。

1. 绳索

1)白棕绳

白棕绳必须由剑麻基纤维搓成线,线再搓成股,最后将股拧成绳。白棕绳有涂油和不涂油之分。涂油的白棕绳防潮防腐性能较好,但强度比不涂油的绳要降低 10%~20%;不涂油的白棕绳在干燥情况下,强度高、弹性好,但受潮后强度降低约 50%。起重吊装宜使用不涂油的白棕绳。

因白棕绳强度较低,故只允许用作起吊轻型构件,或作为受力不大的缆风绳、溜绳等,严禁与酸、碱及油漆等化学物品接触使用。捆绑有棱角的物件时,必须以木板或麻袋等软物垫衬,防止断绳。

当绳不够长或需要连接时,不宜打结接长,应尽量采用编接方法接长,并用扎丝扎牢。编接绳头、绳套前,每股绳头上应用细绳或铁丝扎紧,编结后,相互搭接长度绳套不应小于白棕绳直径的 15 倍,绳头接长不应小于其直径的 30 倍。

2)钢丝绳

钢丝绳按绕捻方法不同可分为左同向捻、右同向捻、左交互捻和右交互捻四种,起重吊装作业中必须使用交互捻的钢丝绳,以右交互捻的为宜。

6×7(6 股每股 7 丝)钢丝绳可用做缆风绳;6×19 钢丝绳只宜制作吊索和在手摇卷扬机上使用;高速转动的起重机械或穿绕滑轮组,必须采用 6×37 钢丝绳;起吊精密仪表机器设备宜用 6×61 钢丝绳。吊索与所吊构件间的水平夹角应为 45°~60°。

新钢丝绳使用前以及旧钢丝绳使用过程中,每隔半年应进行强度检验;其检验方法如下:以钢丝绳容许力的 2 倍进行静载负荷检验,在 20min 内,钢丝绳保持完好状态,即认为合格。

钢丝绳穿过滑轮时,严禁使用轮缘已破损的滑轮;滑轮槽的直径应比钢丝绳的直径大1.0~2.5mm。过大,则钢丝绳易被压扁;过小,则钢丝绳易发生磨损。工作中若发现钢丝绳绳股缝间有大量的油挤出时,这是钢丝绳即将断裂的前兆,应立即停吊,查明原因,并进行处置。严禁钢丝绳与电线接触使用,以免发生触电事故;靠近高温物体时,要采取隔热措施。

钢丝绳端部与吊钩、卡环连接时,应利用钢丝绳固接零件或使用插接绳套,不得用打结绳扣的方法进行连接。使用钢丝绳卡子固结时,应采用骑马式卡子,同时 U 形螺栓内侧净距应与钢丝绳直径大小相适应,不得用大卡子夹细绳。

钢丝绳吊索的安全系数如下:当利用吊索上的吊钩、卡环来钩挂重物上的起重吊环时,不应小于 6;当用吊索直接捆绑重物,且吊索与重物棱角间已采取妥善保护措施时,应取 5~8;当吊索与重物棱角之间未采取任何保护措施时,应取 8~10;当吊装特重、精密或几何尺寸较大的重物时,为保证安全,除应采取妥善保护措施外,安全系数应取 10。

3）链条的安全技术

（1）应采用短环焊接链条吊索。

（2）使用新链条前，应用破断荷载的一半进行试验，试验合格后，方准用于起重作业中。

（3）链条吊索不允许承受振动或冲击荷载，也不准超载使用。

（4）焊接链条仅适用于垂直起吊，而不适用于双链夹角起吊。

（5）在使用前后，应经常检查链环接触处的磨损情况，并定期进行负荷试验。

（6）当链条磨损量超过其直径的5％时，必须进行试验和计算，并降低起重数量，或更换链条。

2. 常用吊具端部件

吊具常用的端部件有卡环、吊钩、吊环、钢丝绳夹等。

1）卡环

卡环，也称卸甲、卸扣等，不仅可作为吊索的端部部件，更是起重吊装作业中广泛使用的轻便、灵活的连接工具。

使用卡环时，必须注意其受力方向，正确的安装方式是力的作用点在卡环本身的弯曲部分和横销上。否则，作用力会使卡环本体开口扩大，或可能会损坏横销的螺纹。卡环不得超载使用。在起重作业中，可按标准查取卡环的型号及额定荷载而直接选用。若无资料可查，可预估一下卡环的容许荷载［其容许荷载约为卡环弯曲部分直径（mm）的60倍］，再根据所起吊的重物判断可否使用。安装卡环横销时，应在螺纹旋足后再反向旋转半圈，以防止螺纹旋得过紧而使横销无法退出。当卡环任何部位产生裂纹、塑性变形、螺纹脱扣、销轴和环体断面磨损达原尺寸的3％～5％时，应立即报废。

2）吊钩

吊钩应当由专业生产厂家按吊钩的技术标准和安全规范生产，产品应有制造厂的质量合格证书，否则严禁使用。吊钩表面应光滑，不得存在裂纹、刻痕、剥裂、锐角等，并应每年至少检查一次。试验时，以1.25倍容许荷重进行10min的静力试验，用放大镜或其他方法检查，若发现裂纹、裂口及残余变形，应停止使用。吊钩的危险截面（吊钩的螺纹的根部和吊钩的底部）上磨损量超过10％时，或开口度比原尺寸增加15％时，应予以报废。严禁对裂纹或磨损处进行焊补或填补焊。

吊钩不得超负荷作业。对于起重数量不明确的吊钩，可根据其截面尺寸初步估算容许起重数量，再用比计算结果大25％的质量试吊合格后方可使用。

3）吊环

吊环是吊装作业中的取物工具。其表面应光洁，不得有刻痕、锐角、接缝和裂纹等现象。使用吊环前，应检查螺钉根部是否有弯曲变形，螺纹扣规格是否符合要求，螺纹有无损伤。使用时，必须注意其受力方向。垂直受力为最佳，严禁横向受力。当重物有两个以上吊点使用吊环时，钢丝绳间夹角一般应在60°以内，以防吊环因受到过大的横向力而造成弯曲变形，甚至断裂。若遇特殊情况，可在两绳之间加横吊梁来减少吊钩的横向力。吊环螺纹必须旋紧，最好用扳手等工具用力扳紧，防止吊索受力打转时，物件脱落。若发现螺纹太长，须加垫片，拧紧后方可使用。

4）钢丝绳夹

钢丝绳夹（又称钢丝绳卡）用于钢丝绳端头的固定、钢丝绳的连接及捆绑绳的固定等处，应根据钢丝绳直径的大小选择钢丝绳夹,钢丝绳夹的型号应与钢丝绳直径接近。绳夹的使用数量见表 7-3,钢丝绳夹的排列间距约为钢丝绳直径的 6～7 倍,优先选用骑马式钢丝绳夹。

表 7-3　钢丝绳夹数量选用表

钢丝绳直径/mm	<7	7～16	16～20	20～26	26～40
绳夹最少个数/个	3	5	6	7	8

使用绳夹前,应检查其螺纹扣有无损坏。当螺纹扣损坏、螺母松动、压板上留有的绳刻痕较深时,均应报废。使用钢丝绳夹时,必须拧紧 U 形环螺栓,直到钢丝绳直径被压扁约 1/3 为止,钢丝绳末端与距其最近绳夹的最小距离应为 140～160mm。为检查钢丝绳受力后绳夹是否有移动,宜加装一个安全绳夹,安全绳夹一般安装在距最后一只绳夹约 500mm 处,将绳头放出一段安全弯后与主绳夹紧。如果钢丝绳受力后产生变形,应对绳夹进行二次拧紧。

7.3.3　起重机械作业要求

1. 准备工作

《建设工程安全生产管理条例》(国务院令第 393 号)规定,施工单位采购、租赁的安全防护用具、机械设备、施工机具及配件,应当具有生产(制造)许可证、产品合格证,并在进入施工现场前进行查验。施工现场的安全防护用具、机械设备、施工机具及配件必须由专人管理,定期进行检查、维修和保养,建立相应的资料档案,并按照国家有关规定及时报废。

施工单位在使用施工起重机械和整体提升脚手架、模板等自升式架设设施前,应当组织有关单位进行验收,也可以委托具有相应资质的检验检测机构进行验收;使用承租的机械设备和施工机具及配件的,由施工总承包单位、分包单位、出租单位和安装单位共同进行验收,验收合格后方可使用。

1）建筑起重机械的出租和使用

住房和城乡建设部《建筑起重机械安全监督管理规定》(建设部令第 66 号)规定,建筑起重机械,是指纳入特种设备目录,在房屋建筑工地和市政工程工地安装、拆卸、使用的起重机械。

出租单位出租的建筑起重机械和使用单位购置、租赁、使用的建筑起重机械,应当具有特种设备制造许可证、产品合格证、制造监督检验证明。出租单位应当在签订的建筑起重机械租赁合同中,明确租赁双方的安全责任,并出具建筑起重机械特种设备制造许可证、产品合格证、制造监督检验证明、备案证明和自检合格证明,提交安装使用说明书。

建筑起重机械如有下列情形之一,不得出租、使用:

(1) 属国家明令淘汰或者禁止使用的;

(2) 超过安全技术标准或者制造厂家规定的使用年限的;

(3) 经检验达不到安全技术标准规定的;

(4) 没有完整安全技术档案的;

(5) 没有齐全有效的安全保护装置的。

建筑起重机械有以上第(1)、(2)、(3)项情形之一的,出租单位或者自购建筑起重机械的使用单位应当予以报废,并向原备案机关办理注销手续。

2)建筑起重机械的安全技术档案

出租单位、自购建筑起重机械的使用单位,应当建立建筑起重机械安全技术档案。建筑起重机械安全技术档案应当包括以下资料:

(1)购销合同、制造许可证、产品合格证、制造监督检验证明、安装使用说明书、备案证明等原始资料;

(2)定期检验报告、定期自行检查记录、定期维护保养记录、维修和技术改造记录、运行故障和生产安全事故记录、累计运转记录等运行资料;

(3)历次安装验收资料。

3)建筑起重机械的安装与拆卸

从事建筑起重机械安装、拆卸活动的单位(以下简称"安装单位")应当依法取得建设主管部门颁发的相应资质和建筑施工企业安全生产许可证,并在其资质许可范围内承揽建筑起重机械安装、拆卸工程。

建筑起重机械的使用单位和安装单位应当在签订的建筑起重机械安装、拆卸合同中明确双方的安全生产责任。实行施工总承包的,施工总承包单位应当与安装单位签订建筑起重机械安装、拆卸工程安全协议书。

安装单位应当履行下列安全职责:

(1)按照安全技术标准及建筑起重机械性能要求,编制建筑起重机械安装、拆卸工程专项施工方案,并由本单位技术负责人签字;

(2)按照安全技术标准及安装使用说明书等检查建筑起重机械及现场施工条件;

(3)组织安全施工技术交底,并签字确认;

(4)制订建筑起重机械安装、拆卸工程生产安全事故应急救援预案;

(5)将建筑起重机械安装、拆卸工程专项施工方案,安装、拆卸人员名单,安装、拆卸时间等材料报施工总承包单位和监理单位审核后,告知工程所在地县级以上地方人民政府建设主管部门。

安装单位应当按照建筑起重机械安装、拆卸工程专项施工方案及安全操作规程组织安装、拆卸作业。安装单位的专业技术人员、专职安全生产管理人员应当进行现场监督,技术负责人应当定期巡查。建筑起重机械安装完毕后,安装单位应当按照安全技术标准及安装使用说明书的有关要求对建筑起重机械进行自检、调试和试运转。自检合格的,应当出具自检合格证明,并向使用单位进行安全使用说明。

安装单位应当建立建筑起重机械安装、拆卸工程档案,包括以下资料:

(1)安装、拆卸合同及安全协议书;

(2)安装、拆卸工程专项施工方案;

(3)安全施工技术交底的有关资料;

(4)安装工程验收资料;

(5)安装、拆卸工程生产安全事故应急救援预案。

4)建筑起重机械安装的验收

建筑起重机械安装完毕后,使用单位应当组织出租、安装、监理等有关单位进行验收,或者委托具有相应资质的检验检测机构进行验收。建筑起重机械经验收合格后方可投入使用,不得使用未经验收或者验收不合格的机械。实行施工总承包的,由施工总承包单位组织验收。建筑起重机械在验收前,应当经有相应资质的检验检测机构监督检验合格。

使用单位应当自建筑起重机械安装验收合格之日起 30 日内,将建筑起重机械安装验收资料、建筑起重机械安全管理制度、特种作业人员名单等,向工程所在地县级以上地方人民政府建设主管部门办理建筑起重机械使用登记。登记标志置于或者附着于该设备的显著位置。

5)建筑起重机械使用单位的职责

使用单位应当履行下列安全职责:

(1)根据不同施工阶段、周围环境以及季节、气候的变化,对建筑起重机械采取相应的安全防护措施;

(2)制订建筑起重机械生产安全事故应急救援预案;

(3)在建筑起重机械活动范围内设置明显的安全警示标志,对集中作业区做好安全防护;

(4)设置相应的设备管理机构,或者配备专职的设备管理人员;

(5)指定专职设备管理人员、专职安全生产管理人员进行现场监督检查;

(6)建筑起重机械出现故障或者发生异常情况的,立即停止使用,消除故障和事故隐患后,方可重新投入使用。

使用单位应当对在用的建筑起重机械及其安全保护装置、吊具、索具等进行经常性和定期的检查、维护和保养,并做好记录。使用单位在建筑起重机械租期结束后,应当将定期检查、维护和保养记录移交出租单位。建筑起重机械租赁合同对建筑起重机械的检查、维护、保养另有约定的,从其约定。

建筑起重机械在使用过程中需要附着的,使用单位应当委托原安装单位或者具有相应资质的安装单位按照专项施工方案实施,并按照规定组织验收,验收合格后,方可投入使用。建筑起重机械在使用过程中需要顶升的,使用单位委托原安装单位或者具有相应资质的安装单位按照专项施工方案实施后,即可投入使用。禁止擅自在建筑起重机械上安装非原制造厂制造的标准节和附着装置。

施工总承包单位应当履行下列安全职责:

(1)向安装单位提供拟安装设备位置的基础施工资料,确保建筑起重机械进场安装、拆卸所需的施工条件;

(2)审核建筑起重机械的特种设备制造许可证、产品合格证、制造监督检验证明、备案证明等文件;

(3)审核安装单位、使用单位的资质证书、安全生产许可证和特种作业人员的特种作业操作资格证书;

(4)审核安装单位制订的建筑起重机械安装、拆卸工程专项施工方案和生产安全事故应急救援预案;

(5)审核使用单位制订的建筑起重机械生产安全事故应急救援预案;

(6)指定专职安全生产管理人员监督检查建筑起重机械的安装、拆卸和使用情况;

(7)施工现场有多台塔式起重机作业时,应当组织制订并实施防止塔式起重机相互碰撞的安全措施。

依法发包给两个及两个以上施工单位的工程,不同施工单位在同一施工现场使用多台塔式起重机作业时,建设单位应当协调组织制订防止塔式起重机相互碰撞的安全措施。安装单位、使用单位拒不整改生产安全事故隐患时,建设单位接到监理单位报告后,应当责令安装单位、使用单位立即停工整改。

建筑起重机械特种作业人员应当遵守建筑起重机械安全操作规程和安全管理制度,在作业中有权拒绝违章指挥和强令冒险作业,有权在发生危及人身安全的紧急情况时立即停止作业,或者采取必要的应急措施后撤离危险区域。

建筑起重机械安装拆卸工、起重信号工、起重司机、司索工等特种作业人员应当经建设主管部门考核合格,并取得特种作业操作资格证书后,方可上岗作业。

6) 建筑起重机械的备案登记

住房和城乡建设部《建筑起重机械备案登记办法》(建质〔2008〕76 号)规定,建筑起重机械出租单位或者自购建筑起重机械使用单位(以下简称"产权单位")在建筑起重机械首次出租或安装前,应当向本单位工商注册所在地县级以上地方人民政府建设主管部门(以下简称"设备备案机关")办理备案。

产权单位在办理备案手续时,应当向设备备案机关提交以下资料:

(1) 产权单位法人营业执照副本;

(2) 特种设备制造许可证;

(3) 产品合格证;

(4) 制造监督检验证明;

(5) 建筑起重机械设备购销合同、发票或相应有效凭证;

(6) 设备备案机关规定的其他资料。

所有资料复印件应当加盖产权单位公章。

设备备案机关应当自收到产权单位提交的备案资料之日起 7 个工作日内,对符合备案条件且资料齐全的建筑起重机械进行编号,向产权单位核发建筑起重机械备案证明。有下列情形之一的建筑起重机械,设备备案机关不予备案,并通知产权单位:

(1) 属于国家和地方明令淘汰或者禁止使用的;

(2) 超过制造厂家或者安全技术标准规定的使用年限的;

(3) 经检验达不到安全技术标准规定的。

起重机械产权单位变更时,原产权单位应当持建筑起重机械备案证明到设备备案机关办理备案注销手续。设备备案机关应当收回其建筑起重机械备案证明。原产权单位应当将建筑起重机械的安全技术档案移交给现产权单位。现产权单位应当按照本办法办理建筑起重机械备案手续。

从事建筑起重机械安装、拆卸活动的单位(以下简称"安装单位")在办理建筑起重机械安装(拆卸)告知手续前,应当将以下资料报送施工总承包单位、监理单位审核:

(1) 建筑起重机械备案证明;

(2) 安装单位资质证书、安全生产许可证副本;

(3) 安装单位特种作业人员证书;

(4) 建筑起重机械安装(拆卸)工程专项施工方案;

(5) 安装单位与使用单位签订的安装(拆卸)合同及安装单位与施工总承包单位签订的

安全协议书;

(6) 安装单位负责建筑起重机械安装(拆卸)工程专职安全生产管理人员、专业技术人员名单;

(7) 建筑起重机械安装(拆卸)工程生产安全事故应急救援预案;

(8) 辅助起重机械资料及其特种作业人员证书;

(9) 施工总承包单位、监理单位要求的其他资料。

施工总承包单位、监理单位应当在收到安装单位提交的齐全有效的资料之日起2个工作日内审核完毕,并签署意见。

安装单位应当在建筑起重机械安装(拆卸)前2个工作日内通过书面形式、传真或者计算机信息系统告知工程所在地县级以上地方人民政府建设主管部门,同时按规定提交经施工总承包单位、监理单位审核合格的有关资料。

建筑起重机械使用单位在建筑起重机械安装验收合格之日起30日内,向工程所在地县级以上地方人民政府建设主管部门(以下简称"使用登记机关")办理使用登记。使用单位在办理建筑起重机械使用登记时,应当向使用登记机关提交下列资料:

(1) 建筑起重机械备案证明;

(2) 建筑起重机械租赁合同;

(3) 建筑起重机械检验检测报告和安装验收资料;

(4) 使用单位特种作业人员资格证书;

(5) 建筑起重机械维护保养等管理制度;

(6) 建筑起重机械生产安全事故应急救援预案;

(7) 使用登记机关规定的其他资料。

使用登记机关应当自收到使用单位提交的资料之日起7个工作日内,对于符合登记条件且资料齐全的建筑起重机械核发建筑起重机械使用登记证明。建筑起重机械如有下列情形之一,使用登记机关不予使用登记并有权责令使用单位立即停止使用或者拆除:

(1) 属于不予备案情形之一的;

(2) 未经检验检测或者经检验检测不合格的;

(3) 未经安装验收或者经安装验收不合格的。

7) 违法行为应承担的主要法律责任

《建设工程安全生产管理条例》(国务院令第393号)规定,施工单位有下列行为之一的,责令限期改正;逾期未改正的,责令停业整顿,并处10万元以上30万元以下的罚款;情节严重的,降低资质等级,直至吊销资质证书;造成重大安全事故,构成犯罪的,对直接责任人员,依照刑法有关规定追究刑事责任;造成损失的,依法承担赔偿责任:

(1) 安全防护用具、机械设备、施工机具及配件在进入施工现场前,未经查验或者查验不合格即投入使用的;

(2) 使用未经验收或者验收不合格的施工起重机械和整体提升脚手架、模板等自升式架设设施的;

(3) 委托不具有相应资质的单位承担施工现场安装、拆卸施工起重机械和整体提升脚手架、模板等自升式架设设施的;

（4）在施工组织设计中未编制安全技术措施、施工现场临时用电方案或者专项施工方案的。

《建筑起重机械安全监督管理规定》（建设部令第 166 号）规定，出租单位、自购建筑起重机械的使用单位，有下列行为之一的，由县级以上地方人民政府建设主管部门责令限期改正，予以警告，并处以 5000 元以上 1 万元以下罚款：

（1）未按照规定办理备案的；

（2）未按照规定办理注销手续的；

（3）未按照规定建立建筑起重机械安全技术档案的。

安装单位有下列行为之一的，由县级以上地方人民政府建设主管部门责令限期改正，予以警告，并处以 5000 元以上 3 万元以下罚款：

（1）未履行安装单位第（2）、（4）、（5）项安全职责的；

（2）未按照规定建立建筑起重机械安装、拆卸工程档案的；

（3）未按照建筑起重机械安装、拆卸工程专项施工方案及安全操作规程组织安装、拆卸作业的。

使用单位有下列行为之一的，由县级以上地方人民政府建设主管部门责令限期改正，予以警告，并处以 5000 元以上 3 万元以下罚款：

（1）未履行使用单位第（1）、（2）、（4）、（6）项安全职责的；

（2）未指定专职设备管理人员进行现场监督检查的；

（3）擅自在建筑起重机械上安装非原制造厂制造的标准节和附着装置的。

施工总承包单位未履行施工总承包单位第（1）、（3）、（4）、（5）、（7）项安全职责的，由县级以上地方人民政府建设主管部门责令限期改正，予以警告，并处以 5000 元以上 3 万元以下罚款。

2. 吊装操作技术

操作人员在作业前，必须对工作现场环境、行驶道路、架空电线、建筑物以及构件质量和分布情况进行全面了解。现场施工负责人应为起重机作业提供足够的工作场地，清除或避开起重臂起落及回转半径内的障碍物。

各类起重机应装有音响清晰的喇叭、电铃或汽笛等信号装置。应在起重臂、吊钩、平衡重等转动体上标以鲜明的色彩标志。

起重吊装的指挥人员必须持证上岗，作业时，应与操作人员密切配合，执行规定的指挥信号。操作人员应按照指挥人员的信号进行作业，当信号不清或错误时，操作人员可拒绝执行。

对于操纵室远离地面的起重机，在正常指挥发生困难时，地面及作业层的指挥人员均应采用对讲机等有效的通信联络手段进行指挥。

在露天有六级及六级以上大风或大雨、大雪、大雾等恶劣天气时，应停止起重吊装作业。雨雪过后作业前，应先试吊，确认制动器灵敏可靠后，方可进行作业。

起重机的变幅指示器、力矩限制器、起重数量限制器以及各种行程限位开关等安全保护装置，应完好齐全、灵敏可靠，不得随意调整或拆除。严禁利用限制器和限位装置代替操纵机构。

操作人员进行起重机回转、变幅、行走和吊钩升降等动作前,应发出音响信号示意。

进行起重机作业时,严禁起重臂和重物下方有人停留、工作或通过。吊运重物时,严禁从人上方通过。严禁用起重机载运人员。

操作人员应按规定的起重性能作业,不得超载。在特殊情况下需超载使用时,必须经过验算,有保证安全的技术措施,并写出专题报告,经企业技术负责人批准,有专人在现场监护下,方可作业。

严禁使用起重机进行斜拉、斜吊和起吊地下埋设或凝固在地面上的重物以及其他不明质量的物体。现场浇注的混凝土构件或模板,必须全部松动后方可起吊。

起吊重物应绑扎平稳、牢固,不得在重物上再堆放或悬挂零星物件。易散落物件应使用吊笼栅栏固定后方可起吊。标有绑扎位置的物件应按标记绑扎后起吊。吊索与物件的夹角宜为45°~60°,且不得小于30°,吊索与物件棱角之间应加垫块。

起吊荷载达到起重机额定起重数量的90%及以上时,应先将重物吊离地面200~500mm后,检查起重机的稳定性、制动器的可靠性、重物的平稳性、绑扎的牢固性,确认无误后方可继续起吊。对易晃动的重物,应拴拉绳加以固定。

重物起升和下降速度应平稳、均匀,不得突然制动。左、右回转应平稳,当回转未停稳前,不得做反向动作。非重力下降式起重机不得带载自由下降。

严禁起吊重物长时间悬挂在空中,作业中遇突发故障时,应采取措施将重物降落到安全地方,并在关闭发动机或切断电源后进行检修。在突然停电时,应立即把所有控制器拨到零位,断开电源总开关,并采取措施使重物降到地面。

向转动的卷筒上缠绕钢丝绳时,不得用手拉或脚踩的方式来引导钢丝绳。在钢丝绳上涂抹润滑脂,必须在停止运转后进行。

7.3.4 塔式起重机

1. 概述

塔式起重机简称为塔机。塔机是现代工业和民用建筑中的重要起重设备,在建筑工程施工中,尤其在高层、超高层的工业和民用建筑的施工中有非常广泛的应用。塔机在施工中主要用于建筑结构和工业设备中安装、吊运建筑材料和建筑构件。它主要用于重物的垂直运输和施工现场内的短距离水平运输。

塔式起重机的分类方法较多,按回转方式分为上回转式塔式起重机和下回转式塔式起重机,按架设方式分为快装式塔式起重机和非快装式塔式起重机,按变幅方式分为小车变幅式塔式起重机和动臂变幅式塔式起重机,按起重臂支承方式可分为塔头式塔式起重机和平头式塔式起重机。

上回转塔式起重机:回转支撑设置在塔身上部的塔式起重机,又可分为塔帽回转式、塔顶回转式、上回转平台式、转柱式等形式(图7-3)。

下回转塔式起重机:回转支撑设置于塔身底部、塔身相对于底架转动的塔式起重机(图7-4)。

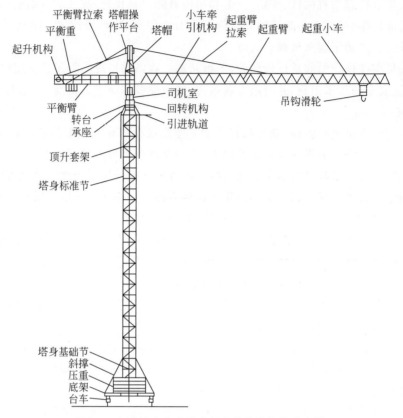

图 7-3　上回转自升式塔式起重机外形结构示意图

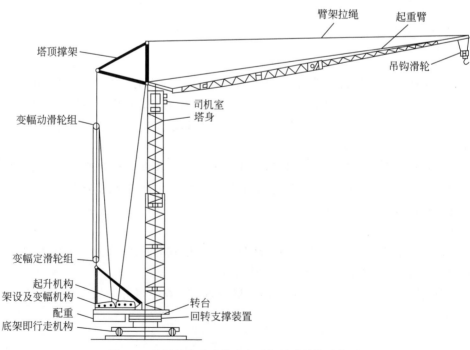

图 7-4　下回转自升式塔式起重机外形结构示意图

2. 塔式起重机的特点

塔式起重机属于一种非连续性搬运机械,在高层建筑施工中,其幅度利用率比其他类型起重机高。由于塔式起重机能靠近建筑物,其幅度利用率可达全幅度的 80%。塔式起重机可以将构件、设备或其他重物、材料准确地吊运到建筑物的任一作业面,吊运的方式、速度优于其他起重设备,各类物体均能便捷地吊装就位,优势明显。

3. 塔式起重机的参数

塔式起重机的主参数是最大额定起重力矩,是最大额定起重重力与其在设计确定的各种组合臂长中所能达到的最大工作幅度的乘积。此外,在使用中最大起重数量、起升高度、起升速度、小车变幅速度、回转速度、慢降速度等也是常用的必要参数。

4. 塔式起重机的主要机构

塔式起重机是一种塔身直立,起重臂回转的起重机械。塔机主要由金属结构、工作机构和控制系统部分组成。

1)金属结构

塔机金属结构基础部件包括底架、塔身、塔帽、起重臂、平衡臂、转台等部分。

塔机底架结构的构造形式由塔机的结构形式(上回转和下回转)、行走方式(轨道式或轮胎式)及相对于建筑物的安装方式(附着及自升)而定。下回转轻型快速安装塔机多采用平面框架式底架,而中型或重型下回转塔机则多用水母式底架。上回转塔机,轨道中央要求用作临时堆场或作为人行通道时,可采用门架式底架。自升式塔机的底架多采用平面框架加斜撑式底架。轮胎式塔机则采用箱形梁式结构。

塔身结构形式可分为两类:固定高度式和可变高度式。轻型吊钩高度不大的下旋转塔机一般采用固定高度塔身结构,而其他塔机的塔身高度多是可变的。可变高度塔身结构又可分为五种不同形式:折叠式塔身、伸缩式塔身、下接高式塔身、中接高式塔身和上接高式塔身。

塔帽结构形式多样,有竖直式、前倾式及后倾式之分。与塔身一样,主弦杆采用无缝钢管、圆钢、角钢或组焊方钢管制成,腹杆用无缝钢管或角钢制作。

起重臂为小车变幅臂架采用正三角形断面,一般长 $30 \sim 40 \mathrm{m}$,但也有做到 $50\mathrm{m}$ 和超过 $50\mathrm{m}$ 的。俯仰变幅臂架多采用矩形断面桁架结构,由角钢或钢管组焊而成,节与节之间采用销轴连接、法兰盘连接或高强螺栓连接。臂架结构钢材选用 $16\mathrm{Mn}$、20 号或 Q235 钢。

上回转塔机的平衡臂多采用平面框架结构,主梁采用槽钢或工字钢,连系梁及腹杆采用无缝钢管或角钢制成。重型自升塔机的平衡臂常采用三角断面桁架结构。

2)工作机构

塔机一般设置有起升机构、变幅机构、回转机构和行走机构。这四个机构是塔机最基本的工作机构。

塔机的起升机构绝大多数采用电动机驱动。常见的驱动方式有滑环电动机驱动、双电动机驱动(高速电动机和低速电动机,或负荷作业电动机及空钩下降电动机)。

动臂变幅式塔机的变幅机构用以完成动臂的俯仰变化。水平臂小车变幅式塔机,小车牵引机构的构造原理同起升机构,采用的传动方式如下:变极电机→少齿差减速器、圆柱齿轮减速器或圆锥齿轮减速器→钢丝绳卷筒。

塔机回转机构目前常用的驱动方式如下：滑环电动机→液力耦合器→少齿差行星减速器→开式小齿轮→大齿圈（回转支承装置的齿圈）。轻型和中型塔机只装 1 台回转机构，重型的一般装 2 台回转机构，而超重型塔机则根据起重能力和转动质量的大小，装设 3 台或 4 台回转机构。

轻、中型塔机采用 4 轮式行走机构，重型塔机采用 8 轮或 12 轮行走机构，超重型塔机采用 12~16 轮式行走机构。

3）控制系统

塔机的控制系统主要包括提升控制系统、电路控制系统、速度控制系统、起升上下控制系统、挡位控制系统以及程序控制系统等。

5. 塔式起重机的安全防护装置

塔式起重机的安全防护装置是防止误操作和违章操作，避免由误操作和违章操作所导致的严重后果。塔式起重机的安全防护装置可分为限位开关（限位器）、超荷载保险器（超载断电装置）、缓冲止挡装置、钢丝绳防脱装置、风速计、紧急安全开关、安全保护音响信号。

1）起重力矩限制器

起重力矩限制器的主要作用是防止塔机超载的安全装置，避免塔机由于严重超载而引起塔机的倾覆或折臂等恶性事故。力矩限制器是塔机最重要的安全装置，它应始终处于正常工作状态。力矩限制器仅对塔机臂架的纵垂直平面内的超载力矩起防护作用，不能防护因风载、轨道的倾斜或陷落等引起的倾翻事故。对于起重力矩限制器，除了要求一定的精度外，还要有很高的可靠性。

根据力矩限制器的构造和塔式起重机形式的不同，它可安装在塔帽、起重臂根部和端部等部位。力矩限制器主要分为机械式和电子式两类，机械力矩限制器按弹簧的不同可分为螺旋弹簧和板弹簧两类。

当起重力矩超过其相应幅度的规定值并小于规定值的 110% 时，起重力矩限制器应起作用，使塔机停止提升方向，并产生向臂端方向变幅的动作。对于小车变幅的塔机，起重力矩限制器应分别由起重数量和幅度进行控制。

2）起重数量限制器

起重数量限制器的作用是保护起吊物品的重力不超过塔机的允许最大起重数量，用以防止塔机的吊物重力超过最大额定荷载，避免发生机械损坏事故。起重数量限制器根据构造不同可装在起重臂头部、根部等部位。它主要分为电子式和机械式两种。

当起重数量大于相应挡位的额定值并小于额定值的 110% 时，应切断上升方向的电源，但允许机构有下降方向的运动。具有多挡变速的起升机构，限制器应对各挡位具有防止超载的作用。

3）起升高度限位器

起升高度限位器是用来限制吊钩接触到起重臂头部或与载重小车之前，或是下降到最低点（地面或地面以下若干米）以前，使起重机构自动断电并停止工作，防止因起重钩起升过度而碰坏起重臂的装置。它可使起重钩在接触到起重臂头部之前，起升机构自动断电并停止工作。常用的起升高度限位器有两种形式：一是安装在起重臂端头附近，二是安装在起升卷筒附近。

对于动臂变幅的塔机，当吊钩装置顶部升至起重臂下端的最小距离为 800mm 时，应能立即停止起升运动。对于小车变幅的塔机,吊钩装置顶部至小车架下端的最小距离应根据塔机形式及起升钢丝绳的倍率而定:上回转式塔机 2 倍率时为 1000mm,4 倍率时为 700mm;下回转塔机 2 倍率时为 800nm,4 倍率时为 400mm,此时应能立即停止起升运动。

4) 幅度限位器

幅度限位器是用来限制起重臂在俯仰时不超过极限位置的装置。当起重的俯仰到一定限度之前,幅度限位器发出警报;当达到限定位置时,则自动切断电源。

动臂式塔机的幅度限制器是用以防止臂架在变幅时,变幅到仰角极限位置时(一般与水平夹角为 63°~70°),切断变幅机构的电源,使其停止工作;同时,还设有机械止挡,以防臂架因变幅中的惯性而后翻。小车运行变幅式塔机的幅度限制器用来防止运行小车超过最大或最小幅度的两个极限位置。一般小车变幅限位器是安装在臂架小车运行轨道的前、后两端,用行程开关达到控制。

对于动臂变幅的塔机,应设置最小幅度限位器和防止臂架反弹后倾的装置。对于小车变幅的塔机,应设置小车行程限位开关和终端缓冲装置。限位开关动作后,应保证小车停车时其端部距缓冲装置最小距离为 200mm。

5) 行程限位器

(1) 小车行程限位器:设于小车变幅式起重臂的头部和根部,包括终点开关和缓冲器(常用的有橡胶和弹簧两种),用来切断小车牵引机构的电路,防止小车越位而造成安全事故。

(2) 大车行程限位器:包括设于轨道两端尽头的制动缓冲装置、制动钢轨以及装在起重机行走台车上的终点开关,用来防止起重机脱轨。

6) 夹轨钳

夹轨钳是装设于行走底架(或台车)的金属结构上,用来夹紧钢轨,防止起重机在大风情况下被风力吹动而行走造成塔机出轨倾翻事故的装置。

7) 风速仪

风速仪可自动记录风速,当风速超过六级以上时自动报警,操作司机应及时采取必要的防范措施,如停止作业、放下吊物等。

臂架根部铰点高度大于 50m 的塔机,应安装风速仪。当风速大于工作极限风速时,应能发出停止作业的警报。风速仪应安装在起重机顶部至吊具最高位置间的不挡风处。

8) 障碍指示灯

高度超过 30m 的塔机,必须在起重机的最高部位(臂架、塔帽或人字架顶端)安装红色障碍指示灯,并保证供电不受停机影响。

9) 钢丝绳防脱槽装置

钢丝绳防脱槽装置主要用以防止钢丝绳在传动过程中,脱离滑轮槽而造成钢丝绳卡死和损伤。

10) 吊钩保险

吊钩保险是安装在吊钩挂绳处的一种防止起吊钢丝绳由于角度过大或挂钩不妥时,造成起吊钢丝绳脱钩或吊物坠落事故的装置。吊钩保险一般采用机械卡环式,用弹簧来控制挡板,阻止钢丝绳的滑脱。

11) 回转限位器

无集电器的起重机应安装回转限位器,且工作可靠。塔机回转部分在非工作状态下应能自由旋转;对于有自锁作用的回转机构,应安装安全极限力矩联轴器。

6. 塔式起重机的安装

塔式起重机安装、拆卸单位必须具有从事塔式起重机安装、拆卸业务的资质。塔式起重机应具有特种设置制造许可证、产品合格证、制造监督检验证明,并已在县级以上地方建设主管部门备案登记。塔式起重机安装、拆卸单位应具备安全管理保证体系,有健全的安全管理制度。

1) 塔式起重机安装、拆卸作业应配备人员

(1) 持有安全生产考核合格证书的项目负责人和安全负责人、机械管理人员。

(2) 具有建筑施工特种作业操作资格证书的建筑起重机械安装拆卸工、起重司机、起重信号工、司索工等特种作业操作人员。

2) 塔机启用前应检查的项目

(1) 塔式起重机的备案登记证明等文件。

(2) 建筑施工特种作业人员的操作资格证书。

(3) 专项施工方案。

(4) 辅助起重机械的合格证及操作人员资格证书。

当多台塔式起重机在同一施工现场交叉作业时,应编制专项方案,并应采取防碰撞的安全措施。任意两台塔式起重机之间的最小架设距离应符合下列规定。

(1) 低位塔式起重机的起重臂端部与另一台塔式起重机的塔身之间的距离不得小于 2m。

(2) 高位塔式起重机的最低位置的部件(或吊钩升至最高点或平衡重的最低部位)与低位塔式起重机中处于最高位置部件之间的垂直距离不得小于 2m。

安装、拆卸塔式起重机前,应编制专项施工方案。专项施工方案应根据塔式起重机使用说明书和作业场地的实际情况编制,并按照国家现行相关标准以及住房和城乡建设主管部门的有关规定实施。专项施工方案应由本单位技术、安全、设备等部门审核,技术负责人审批后,经监理单位批准实施。

塔式起重机安装专项的施工方案应包括以下内容:工程概况;安装位置平面和立面图;所选用的塔式起重机型号及性能技术参数;基础和附着装置的设置;爬升工况及附着点详图;安装顺序和安全质量要求;主要安装部件的质量和吊点位置;安装辅助设备的型号、性能及布置位置;电源的位置;施工人员配置;吊索具和专用工具的配备;安装工艺顺序;安全装置的调试;重大危险源和安全技术措施;应急预案等。

塔式起重机在使用过程中需要附着的,也应制订相应的附着专项施工方案,由使用单位委托原安装单位或者具有相应资质的安装单位按照专项施工方案实施,并按规定组织验收。验收合格后,方可投入使用。

实施专项施工方案前,应按照规定组织安全施工技术人员交底并签字确认,同时将专项施工方案、安装拆卸人员名单、安装拆卸时间等资料报施工总承包单位和监理单位审核合格后,告知工程所在地县级以上地方人民政府建设主管部门。

塔式起重机必须经维修保养,并应进行全面的检查,确认合格后,方可安装。塔式起重机的基础及其地基承载力应符合使用说明书和设计图纸的要求。安装前,应对基础进行验收,合格后方可安装。基础周围应有排水设施。

安装前,应根据专项施工方案对塔式起重机基础的下列项目进行检查,确认合格后方可实施:

(1) 基础的位置、标高、尺寸;

(2) 基础的隐蔽工程验收记录和混凝土强度报告等相关资料;

(3) 安装辅助设备的基础、地基承载力、预埋件等;

(4) 基础的排水措施。

安装作业,应根据专项施工方案的要求实施。安装作业人员应分工明确、职责清楚。安装前,应对安装作业人员进行安全技术交底。在塔式起重机的安装、使用及拆卸阶段,进入现场的作业人员必须穿戴好安全帽、防滑鞋、安全带等防护用品,严禁无关人员进入作业区域内。在安装、拆卸作业期间,应设警戒区。

严禁在雨雪、浓雾天气进行安装作业。安装时,塔式起重机最大高度处的风速应符合使用说明书的要求,且风速不得超过 12m/s。塔式起重机不宜在夜间进行安装作业;当需在夜间进行塔式起重机的安装和拆卸作业时,应保证提供足够的照明。当遇到特殊情况导致安装作业不能连续进行时,必须将已安装的部位固定牢靠并达到安全状态,经检查确认无隐患后,方可停止作业。

安装完毕后,应及时清理施工现场的辅助用具和杂物。安装单位应对安装质量进行自检,并应按规定填写自检报告书。安装单位自检合格后,应委托有相应资质的检验检测机构进行检测。检验检测机构应出具检测报告书。安装质量的自检报告书和检测报告书应存入设备档案。经自检、检测合格后,应由总承包单位组织出租、安装、使用、监理等单位进行验收,并应填写验收表,合格后方可使用。塔式起重机停用 6 个月以上的,在复工前,应重新进行验收,合格后方可使用。

7. 塔式起重机的使用与保养

塔式起重机的起重司机、起重信号工、司索工等操作人员应取得特种作业人员资格证书,严禁无证上岗。塔式起重机使用前,应对起重司机、起重信号工、司索工等作业人员进行安全技术交底。

塔式起重机起吊前,当吊物与地面或其他物件之间存在吸附力或摩擦力而未采取处理措施时,不得起吊;应对安全装置以及吊具与索具进行检查,确认合格后方可起吊。作业中如遇突发故障,应采取措施将吊物降落到安全地点,严禁吊物长时间悬挂在空中。遇有风速在 12m/s 及以上的大风、大雨、大雪或大雾等恶劣天气时,应停止作业。雨雪过后,应先经过试吊,确认制动器灵敏可靠后,方可进行作业。

塔式起重机不得起吊重力超过额定荷载的吊物,且不得起吊重力不明的吊物。在吊物荷载达到额定荷载的 90% 时,应先将吊物吊离地面 200～500mm 后,检查机械状况、制动性能、物件绑扎情况等,确认无误后方可起吊。对有晃动的物件,必须拴拉溜绳使之稳固;物件起吊时,应绑扎牢固,不得在吊物上堆放或悬挂其他物件;零星材料起吊时,必须用吊笼或钢丝绳绑扎牢固。当吊物上站人时,不得起吊。

作业完毕后,应松开回转制动器,各部件应置于非工作状态,控制开关应置于零位,并应切断总电源。当塔式起重机使用高度超过 30m 时,应配置障碍灯,起重臂根部铰点高度超过 50m 时,应配备风速仪。严禁在塔式起重机塔身上附加广告牌或其他标语牌。

每班作业应做例行保养,并应做好记录。记录的主要内容应包括结构件外观、安全装置、传动机构、连接件、制动器、索具、夹具、吊钩、滑轮、钢丝绳、液位、油位、油压、电源、电压等。实行多班作业的设备,应执行交接班制度,认真填写交接班记录,接班司机经检查确认无误后,方可开机作业。塔式起重机应实施各级保养。转场时,应作转场保养,并应有记录。塔式起重机的主要部件和安全装置等应进行经常性检查,每月不得少于1次,并应有记录;当发现有安全隐患时,应及时进行整改。当塔式起重机使用周期超1年时,应进行1次全面检查,合格后方可继续使用。

8. 塔式起重机拆卸

塔式起重机拆卸作业宜连续进行,当遇特殊情况拆卸作业不能继续时,应采取措施保证塔式起重机处于安全状态。用于拆卸作业的辅助起重设备设置在建筑物上时,应明确设置位置、锚固方法,并应对辅助起重设备的安全性及建筑物的承载能力等进行验算。拆卸前应检查主要结构件、连接件、电气系统、起升机构、回转机构、变幅机构、顶升机构等项目。发现隐患时,应采取解决措施,之后方可进行拆卸作业。对于附着式塔式起重机,应明确附着装置的拆卸顺序和方法。自升式塔式起重机每次降节前,应检查顶升系统和附着装置的连接等,确认完好后,方可进行作业。拆卸时,应先降节,后拆除附着装置。拆卸完毕后,应拆除为塔式起重机拆卸作业而设置的所有设施,清理场地上作业时所用的吊索具、工具等各种零配件和杂物。

7.3.5 其他起重机械

1. 汽车式起重机和轮胎式起重机

汽车式起重机(图7-5(a))是将起重装置安装在载货汽车(越野汽车)底盘上的一种起重机械,其动力来自汽车的发动机。汽车式起重机的主要优点是转移迅速,对路面破坏性小。但它起吊时,必须将支腿落地,不能负载行走,故使用方面不及履带式起重机灵活。轻型汽车式起重机主要用于装卸作业,大型汽车式起重机可用于一般单层或多层房屋的结构安装。使用汽车式起重机时,因它自重较大,对工作场地要求较高,起吊前,必须将场地平整、压实,以保证操作平稳、安全。此外,起重机工作时的稳定性主要依靠支腿,故支腿落地必须严格按操作规程进行。

轮胎式起重机(图7-5(b))是一种将起重机构安放在一个加重型轮胎和轮轴组成的特制底盘上的起重机,其起重数量可达40t,吊杆长度可达40m左右,可用于构件装卸和一般

(a)汽车起重机   (b)轮胎式起重机

图7-5 汽车式起重机和轮胎式起重机

工业厂房的结构安装。轮胎式起重机行驶时对路面的破坏性较小,行驶速度比汽车式起重机慢,其稳定性较好,起重数量较大。为确保安全,充分发挥起吊能力,起重时,一般也需放下支腿。

汽车式起重机和轮胎式起重机应满足下列安全措施。

(1)起重机行驶和工作的场地应保持平坦坚实,并应与沟渠、基坑保持安全距离。

(2)起重机启动后,应怠速运转,检查各仪表指示值,运转正常后,接合液压泵,待压力达到规定值,油温超过30℃时,方可开始作业。

(3)作业前,应伸出全部支腿,并在撑脚板下垫方木,调整机体,使回转支承面的倾斜度在无荷载时不大于1/1000(水准泡居中)。支腿有定位销时,必须插上。底盘为弹性悬挂的起重机,放支腿前,应先收紧稳定器。

(4)应根据所吊重物的重力和提升高度,调整起重臂长度和仰角,并应估计吊索和重物本身的高度,留出适当空间。

(5)吊起重物时,应先将重物吊离地面100mm左右,停机检查制动器灵敏性、可靠性以及重物绑扎的牢固程度,确认情况正常后,方可继续工作。

(6)汽车式起重机起吊作业时,汽车驾驶室内不得有人,重物不得超越驾驶室上方,且不得在车的前方起吊。

(7)采用自由(重力)下降时,荷载不得超过该工况下额定起重数量的20%,并应使重物有控制地下降,下降停止前,应逐渐减速,不得使用紧急制动。起吊重物达到额定起重数量的50%及以上时,应使用低速挡。起吊重物达到额定起重数量的90%以上时,严禁同时进行两种及两种以上的操作动作。

(8)当作业中发现起重机倾斜、支腿不稳等异常现象时,应立即使重物降落在安全的地方,严禁在下降中制动。

(9)起重机带载回转时,操作应平稳,避免急剧回转或停止,换向应在停稳后进行。

(10)当轮胎式起重机带载行走时,道路必须平坦坚实,荷载必须符合规定,重物离地面不得超过500mm,并应拴好拉绳,缓慢行驶。上吊部分应全部制动,吊杆应置于起重机正前上方。轮胎式起重机起吊量不得超过额定起重数量的60%。防止吊物或起重机与其他物体碰撞。

(11)两台或多台起重机联合工作时,轮胎式起重机的起吊量不得超过两台起重机允许起重数量之和的75%。

(12)行驶时,严禁人员在底盘走台上站立或蹲坐,并不得堆放物件。

2. 履带式起重机

履带式起重机(图7-6)由动力装置、传动装置、回转机构、行走装置、卷扬机构、操纵系统、工作装置以及电器设备等部分组成。履带式起重机具有操纵灵活、使用方便、可在一般道路上行走和工作、车身能回转360°、可以负载行驶等优点,故在单层工业厂房的结构安装工程中得到广泛的应用。但其稳定性较差,使用时必须严格遵守操作规程。若需超负荷或加长起重杆时,必须先对其稳定性进行验算。

履带式起重机和轮胎式起重机应满足下列安全措施。

(1)起重机应在平坦坚实的地面上作业、行走和停放。在正常作业时,坡度不得大于3°,并应与沟渠、基坑保持安全距离。

图 7-6　履带式起重机

（2）作业时，起重臂的最大仰角不得超过出厂规定。当无资料可查时，不得超过 78°。

（3）起重机变幅应缓慢平稳，严禁在起重臂未停稳前变换挡位；起重机荷载达到额定起重数量的 90% 及以上时，严禁下降起重臂。

（4）在起吊荷载达到额定起重数量的 90% 及以上时，升降动作应慢速进行，并严禁同时进行两种及两种以上的动作。

（5）起吊重物时，应先稍离地面试吊，当确认重物已挂牢，起重机的稳定性和制动器的可靠性均良好时，再继续起吊。在重物升起过程中，操作人员应把脚放在制动踏板上，密切注意起升重物，防止吊钩冒顶。当起重机停止运转而重物仍悬在空中时，即使制动踏板被固定，仍应把脚踩在制动踏板上。

（6）采用双机抬吊作业时，应选用起重性能相似的起重机进行。抬吊时，应统一指挥，动作应配合协调，荷载应分配合理，单机的起吊荷载不得超过允许荷载的 80%。在吊装过程中，两台起重机的吊钩滑轮组应保持垂直状态。

（7）当起重机需带载行走时，荷载不得超过允许起重数量的 70%，行走道路应坚实平整，重物应在起重机正前方向，重物离地面不得大于 500mm，并应拴好拉绳，缓慢行驶。严禁起重机长距离带载行驶。

（8）起重机行走时，转弯不应过急；当转弯半径过小时，应分次转弯；当路面凹凸不平时，不得转弯。

（9）起重机上、下坡道时，应无载行走。上坡时，应将起重臂仰角适当放小；下坡时，应将起重臂仰角适当放大。严禁下坡时空挡滑行。

（10）作业后，起重臂应转至顺风方向，并降至 40°~60°，吊钩应提升到接近顶端的位置，应关停内燃机，将各操纵杆放在空挡位置，各制动器加保险固定，操纵室和机棚应关门加锁。

（11）起重机转移工地，应采用平板拖车运送。因特殊情况需自行转移时，应卸去配重，拆去短起重臂，主动轮应在后面，机身、起重臂、吊钩等必须处于制动位置，并应加保险固定。每行驶 500~1000m 时，应对行走机构进行检查和润滑。

（12）用火车或平板拖车运输起重机时，所用跳板的坡度不得大于 15%，起重机装上车后,应将回转、行走、变幅等机构制动,并采用三角木楔紧履带两端,再牢固绑扎;后部配重用枕木垫实;不得使吊钩悬空摆动。

3. 门式起重机

门式起重机(图7-7)是桥式起重机的一种变形,又叫龙门吊。主要用于室外的货场、料场货、散货的装卸作业。它的金属结构像门形框架,承载主梁下安装两条支脚,可以直接在地面的轨道上行走,主梁两端可以有外伸悬臂梁。

图 7-7　门式起重机

每台起重机必须在明显的地方挂上额定起重数量的标牌。工作中,桥架上不许有人,也不许用吊钩运送人。起重机在没有障碍物的线路上运行时,吊钩或吊具以及吊物底面必须离地面 2m 以上。越过障碍物时,应超过障碍物 0.5m 高。

吊运小于额定起重数量 50% 的物件,允许两个机构同时动作;吊大于额定起重数量 50% 的物件,则只允许一个机构动作。具有主、副钩的桥式起重机,不要同时上升或下降主、副钩(特殊例外)。吊钩处于下极限位置时,卷筒上必须保留有 2 圈以上的安全绳圈。

门式起重机路基和轨道的铺设应符合使用说明书的规定,轨道接地电阻不得大于 4Ω。门式起重机的电缆应设有电缆卷筒,配电箱应设置在轨道中部。用滑线供电的起重机应在滑线的两端标有鲜明的颜色,滑线应设置防护装置,防止人员及吊具钢丝绳与滑线意外接触。轨道应平直,鱼尾板连接螺栓不得松动,轨道和起重机运行范围内不得有障碍物。门式起重机作业前,应重点检查下列项目,并应符合相应要求:

(1) 机械结构外观应正常,各连接件不得松动;

(2) 钢丝绳外表情况应良好,绳卡应牢固;

(3) 各安全限位装置应齐全完好;

(4) 操作室内应垫木板或绝缘板,接通电源后,应采用试电笔测试金属结构部分,并应确认无漏电现象;

(5) 上、下操作室时,应使用专用扶梯;

(6) 作业前,应进行空载试运转,检查并确认各机构运转正常,制动可靠,各限位开关灵敏有效。

7.4　其他施工机械安全技术

7.4.1　土石方机械安全使用

土石方机械是指挖掘、铲运、推运或平整土壤和砂石等的机械。广泛用于建筑施工、水利建设、道路构筑、机场修建、矿山开采、码头建造、农田改良等工程中。在施工作业中，要保障土石方机械正确、安全地使用，充分发挥机械效能，以确保安全生产。

微课:施工机具

1. 土石方机械的分类

土石方机械可分为挖掘机械、铲土运输机械、平整作业机械、压实机械、水力土石方机械和凿岩、破岩机械等几类。

（1）挖掘机械:用于挖掘高于或低于承机面的物料（包括土壤、煤、泥砂及经过预松后的岩土和矿石等），并将其装入运输车辆或卸至堆料场，又分为单斗挖掘机和多斗挖掘机两类（图 7-8）。

图 7-8　单斗挖掘机与多斗挖掘机

（2）铲土运输机械:用于铲运、推运或平整承机面的物料，主要靠牵引力工作，根据用途又分为推土机、铲运机、装载机、平地机和运土机等。另外，土方机械根据行走系统结构可分为轮胎式和履带式两种。土方机械一般由动力装置（大部分为柴油机）、传动装置、行走装置和工作装置等组成。除多斗挖掘机是连续作业外，其他土方机械都是周期性作业。施工中选用土方机械的主要依据是作业对象、作业要求和机器本身的特性等。另外，选用铲土运输机械时，还应考虑运料距离。例如，推土机沿地面推运物料时，适用于 $30\sim60$ m 的距离;自行式铲运机能自装、自运、自卸地面物料，适用于 $180\sim2000$ m 的长运距;单斗装载机与自卸汽车配套使用时适用于 300 m 以上的运距;平地机适用于大面积场地的平整作业等。

（3）平整作业机械:利用刮刀平整场地或修整道路的土方机械，常用的有自动平地机。

（4）压实机械:利用静压、振动或夯击原理，密实地基土壤和道路铺砌层，使其密度增大、承载能力提高的土方机械，分羊足碾、光轮压路机、轮胎压路机、振动压路机、蛙式夯和内燃打夯机等。

（5）水力土石方机械:利用高速水射流冲击土壤或岩体，进行挖掘作业，然后将泥浆（或岩浆)输送到指定地点的土石方机械,常用的有水泵、水枪、吸泥泵等,能综合完成挖掘、输送、填筑等作业,利用刀形或斗形工作装置切削土壤,效率较高,但消耗水、电量大,其应用有一定的局限性。

(6) 凿岩、破岩机械:此类机械用于破碎岩层和石块,常用的有凿岩机和破碎机等机械。

2. 常用土石方机械的安全技术要求

1) 一般技术要求

(1) 作业前,应查明施工场地明、暗设置物(电线、地下电缆、管道、坑道等)的地点及走向,并采用明显记号表示。严禁在离电缆1m距离以内作业。

(2) 作业中,应随时监视机械各部位的运转及仪表指示值,如发现异常,应立即停机检修。

(3) 当机械运行时,严禁接触转动部位和进行检修。在修理(焊、铆等)工作装置时,应使其降到最低位置,并应在悬空部位垫上垫木。

(4) 在电杆附近取土时,对于不能取消的拉线、地垄和杆身,应留出土台。对于土台半径,电杆应为1.0~1.5m,拉线应为1.5~2.0m,并应根据土质情况确定坡度。

(5) 机械不得靠近架空输电线路作业,并应按照要求留出安全距离。

(6) 机械通过桥梁时,应采用低速挡慢行,不得在桥面上转向或制动。承载力不够的桥梁,事先应采取加固措施。

(7) 在施工中遇下列情况之一时,应立即停工,待符合作业安全条件时,方可继续施工:

① 填挖区土体不稳定,有发生坍塌危险时;

② 气候突变,发生暴雨、水位暴涨或山洪暴发时;

③ 在爆破警戒区内发出爆破信号时;

④ 地面涌水冒泥,出现陷车,或因雨发生坡道打滑时;

⑤ 工作面净空不足以保证安全作业时;

⑥ 施工标志、防护设施损毁失效时。

(8) 配合机械作业的清底、平地、修坡等人员,应在机械回转半径以外工作。当必须在回转半径以内工作时,应停止机械回转并制动好后,方可作业。

(9) 雨季施工,机械作业完毕后,应停放在较高的坚实地面上。

(10) 当挖土深度超过5m,或发现有地下水以及土质发生特殊变化等情况时,应根据土的实际性能计算其稳定性,再确定边坡坡度。

(11) 当对石方或冻土进行爆破作业时,所有人员、机具应撤至安全地带,或采取安全保护措施。

2) 挖掘机

挖掘机工作时,应停置在平坦的地面上,并应刹住履带行走机构。挖掘机通道上不得堆放任何机具等障碍物。禁止任何人在挖掘机工作范围内停留。

当挖掘机作业时,如发现地下电缆、管道或其他地下建筑物,应立刻停止工作,并立即通知有关单位处理。挖掘机在工作时,应等汽车司机将汽车制动停稳后方可向车厢回转倒土;回转时,禁止铲斗从驾驶室上越过,卸土时,应尽量放低铲斗,并注意不得撞击汽车任何部位。

挖掘机正铲作业时,除松散土壤外,其最大开挖高度和深度不应超过机械本身性能规定。在拉铲或反铲作业时,履带距工作面边缘距离应大于 1.0m,轮胎距工作面边缘距离应大于 1.5m。

在操作中,进铲不应过深,提斗不宜过猛。一次挖土高度不能高于 4m。正铲作业时,禁止任何人在悬空铲斗下面停留或工作。挖掘机停止工作时,铲斗不得悬空吊着。司机的脚不得离开脚踏板。铲斗满载时,不得变换动臂的倾斜度。在挖掘工作过程中,应做到下列"四禁止":

（1）禁止铲斗在未离开工作面时进行回转；

（2）禁止进行急剧的转动；

（3）禁止用铲斗的侧面刮平土堆；

（4）禁止用铲斗对工作面进行侧面冲击。

挖掘机动臂转动范围应控制在 45°～60°,倾斜角应控制在 30°～45°。挖掘机走行上坡时,履带主动轮应在后面,下坡时履带主动轮在前面,动臂在后面,大臂与履带平行。回转机构应该处于制动状态,铲斗离地面不得超过 1m。上、下坡时,坡度不得超过 20°,下坡应低速,禁止变速滑行。

禁止将挖掘机布置在上、下两个采掘段（面）内同时作业；在工作面转动时,应选取平整地面,并排除通道内的障碍物；在松软地面移动时,应在行走装置下垫方木。禁止在电线等高空架设物下作业,不准满载铲斗长时间滞留在空中。

履带式挖掘机转移工地时,应采用平板拖车装运。短距离自行转移时,应低速缓行,每行走 500～1000m,应对行走机构进行检查和润滑。

利用铲斗将底盘顶起进行检修时,应使用垫木将抬起的轮胎垫稳,并用木楔将落地轮胎楔牢,然后将液压系统卸荷,否则严禁人员进入底盘下工作。

3）推土机

托运装卸车时,跳板必须搭设牢固稳妥,推土机开上、开下时,必须低挡运行。装车就位停稳后,要将发动机熄火,并将主离合器杆、制动器都放在操纵位置上,同时用三角木把履带塞牢,如长途运输,还要用铁丝绑扎固定,以防推土机在运输时移动。

在陡坡上纵向行驶时,不能拐死弯,否则会引起履带脱轨,甚至造成侧向倾翻。下坡时,不准切断主离合器滑行,否则将不易控制推土机速度,造成机件损坏或发生事故。在下陡坡时,应使用低速挡,将油门放在最小位置慢速行驶。必要时,可将推土机调头下行,并将推土板接触地面,利用推土板和地面产生的阻力控制推土机速度。

高速行驶时,切勿急转弯,尤其在石子路上和黏土路上时,不能高速急转弯,否则会严重损坏行走装置,甚至使履带脱轨。

在深沟、基坑或陡坡地区作业时,应有专人指挥,其垂直边坡高度不应大于 2m。推树时,树干不得倒向推土机及高空架设物。推屋墙或围墙时,其高度不宜超过 2.5m。严禁推带有钢筋或与地基基础连接的混凝土桩等建筑物。两台以上推土机在同一地区作业时,前后距离应大于 8m；左右距离应大于 1.5m。在狭窄道路上行驶时,未得前机同意,后机不得超越。

推土机转移行驶时,铲刀距地面宜为 400mm,不得用高速挡行驶和进行急转弯。不得长距离倒退行驶。

作业完毕后,应将推土机开到平坦安全的地方,落下铲刀；有松土器的,应将松土器爪落下。在坡道上停机时,应将变速杆挂低速挡,接合主离合器,锁住制动踏板,并将履带或轮胎楔住。

推土机长途转移工地时,应采用平板拖车装运。短途行走转移时,距离不宜超过10km,并应在行走过程中经常检查和润滑行走装置。

4)装载机

作业前,应检查作业场地周围确认一切正常后,再开始装载作业。除驾驶室外,严禁机上其他地方载人。

在土质坚硬的情况下,不宜强行装料,应先用其他机械松动后,再用装载机装料。向车上卸料时,必须将铲斗提升到不会触及车厢挡板的高度,严防铲斗碰撞车厢。向车上卸料时,不准将铲斗从汽车驾驶室顶上越过。装载机不能在坡度较大的场地上作业。

装载机一般应采用中速行驶。在平坦的路面上行驶时,可以短时间采用高速挡。在上坡及不平坦的道路上行驶时,应采用低速挡。下坡时,应采用制动减速,不可踩离合器踏板,以防因切断动力而发生溜车事故。行驶中,在不妨碍通过性能的前提下,铲斗应尽可能降低高度。

装载机作业时,严禁铲斗下边站人。操作人员离开驾驶位置时,必须将铲斗落地。装载机应停放在平坦、安全且不妨碍交通的地方,并将铲斗落到地面。当停放时间超过1小时,应支起支腿,使后轮离地;停放时间超过1天时,应使后轮离地,并应在后悬架下面用垫块支撑。

5)压路机

压路机应停放在安全、平坦、坚实并对交通及施工作业无妨碍的地方。停放在坡道上时,前、后轮应置垫三角木。两台以上压路机同时作业时,其前后距离不得小于3m;在坡道上行驶时,其间距不得小于20m。必须在规定的碾压路段外转向,不允许压路机在惯性滚动的状态下变换方向。严禁用牵引法拖动压路机,不允许用压路机牵引其他机具。严禁在压路机没有熄火,下无支垫、三角木的情况下,进行机下检修。压路机碾压路肩时,应注意安全,不得盲目直接贴边碾压;在雨、雪等特殊条件下,应充分考虑机械附着性能,防止机械滑溜。

7.4.2　混凝土机械安全使用

混凝土机械是建筑施工中常用的建筑机械,一般包括混凝土搅拌机、混凝土搅拌运输车、混凝土泵及泵车和混凝土振动器等。

1. 混凝土搅拌机

1)混凝土搅拌机的类型

按混凝土搅拌方式分,搅拌机有自落式和强制式两种。自落式搅拌机,按其搅拌罐的形状和出料方法,又可分为鼓形、锥形反转出料和锥形倾翻出料三种。

2)混凝土搅拌机安全技术

(1)固定式搅拌机应安装在牢固的台座上。当长期固定时,应埋置地脚螺栓;当短期使用时,应在机座上铺设木枕并找平放稳。

（2）作业前的重点检查项目应符合下列要求：

① 电源电压升降幅度不超过额定值的 5％；

② 电动机和电器元件的接线牢固，保护接零或接地电阻符合规定；

③ 各传动机构、工作装置、制动器等均应紧固可靠，开式齿轮、皮带轮等均有防护罩；

④ 齿轮箱的油质、油量符合规定。

（3）应检查并校正供水系统的指示水量与实际水量的一致性；当误差超过 2％时，应检查管路的漏水点，或应校正节流阀。

（4）搅拌机启动后，应使搅拌筒达到正常转速后进行上料。上料时，应及时加水。每次加入的混合料不得超过搅拌机额定值的 10％，并应减少物料黏罐现象，加料的次序应为石子→水泥＋砂子或砂子→水泥→石子。

（5）进料时，严禁将头或手伸入料斗与机架之间。运转中，严禁用手或工具伸入搅拌筒内扒料、出料。

（6）搅拌机作业中，当料斗升起时，严禁任何人在料斗下停留或通过；当需要在料斗下检修或清理料坑时，应将料斗提升后用铁链或插入销锁住。

（7）作业后，应对搅拌机进行全面清理；当操作人员需进入筒内时，必须切断电源或卸下熔断器，锁好开关箱，挂上"禁止合闸"标牌，并应有专人在外监护。

（8）作业后，应将料斗降落到坑底。当需升起时，应用链条或插销扣牢。

2. 混凝土泵及泵车

混凝土泵是将混凝土沿管道连续输送到浇筑工作面的一种混凝土输送机械。混凝土泵车是将混凝土泵装置安装在汽车底盘上，并用液压折叠式臂架（又称布料杆）管道来输送混凝土。臂架具有变幅、曲折和回转三个动作，在其活动范围内，可任意改变混凝土的浇筑位置，在有效幅度内进行水平和垂直方向的混凝土输送，从而降低劳动强度，提高生产率，并能保证混凝土质量。

1）混凝土泵及泵车的分类

混凝土泵按其移动方式可分为拖拉式、固定式、臂架式和车载式等，常用的为拖拉式。按其驱动方法分为活塞式、挤压式和风动式。其中，活塞式又可分为机械式和液压式。挤压式混凝土泵适用于泵送轻质混凝土，由于其压力小，故泵送距离短。机械式混凝土泵结构笨重，寿命短，能耗大。目前使用较多的是液压活塞式混凝土泵。

混凝土泵车按其底盘结构可分为整体式、半挂式和全挂式，使用较多的是整体式。

2）混凝土泵及泵车安全使用要点

（1）混凝土泵必须放置在坚固、平整的地面上，如必须在倾斜地面停放时，可用轮胎制动器卡住车轮，倾斜度不得超过 3°。

（2）不得在料斗网格上堆满混凝土，要控制供料流量，及时清除超粒径的骨料及异物。

（3）搅拌轴卡住不转时，应暂停泵送，及时排除故障。

（4）泵送混凝土应连续作业；当因供料中断被迫暂停时，停机时间不得超过 30min。在暂停时间内，应每隔 5～10min（冬季 3～5min）做 2～3 个冲程反泵—正泵运动，再次投料泵送前，应先将料搅拌好。当停泵时间超限时，应排空管道。

（5）作业后，如管路装有止流管，应插好止流插杆，防止垂直或向上倾斜管路中的混凝土倒流。

（6）在管路末端装上安全盖，其孔口应朝下。若管路末端已是垂直向下，或装有向下90°的弯管时，可不装安全盖。

（7）洗泵时，应打开分配阀阀窗，开动料斗搅拌装置，做空载推送动作。同时，在料斗和阀箱中冲水，直至料斗、阀箱、混凝土缸全部洗净，然后清洗泵的外部。

3. 混凝土振动器

混凝土振动器是一种借助动力通过一定装置作为振源产生频繁的振动，并使这种振动传给混凝土，以振动捣实混凝土的设备。

混凝土振动器的种类繁多，按传递振动的方式可分为内部式（插入式）、外部式（附着式）、平板式等；按振源的振动子形式可分为行星式、偏心式、往复式等；按使用振源的动力可分为电动式、内燃式、风动式、液压式等；按振动频率可分为低频（2000～5000 次/min）、中频（5000～8000 次/min）、高频（8000～20000 次/min）等。

1）混凝土振动器的结构简述

（1）软轴插入式振动器：由电动机、传动装置、振动棒三部分组成。

（2）直联插入式振动器：由振动棒和配套的变频机组两部分组成。

（3）附着式振动器：由特制铸铝合金外壳的三相二极电动机组成，其转子轴两个伸出端上各装一个圆盘形偏心块。当电动机带动偏心块旋转时，偏心力矩作用，使振动器产生激振力。

平板式振动器是由附着式振动器底部一块平板改装而成。

（4）振动台：由上部框架、下部框架、支承弹簧、电动机、齿轮箱、振动子等组成。

2）插入式振动器安全使用要点

（1）使用前，应检查各部件是否完好，各连接处是否紧固，电动机绝缘是否良好，电源电压和频率是否符合铭牌规定。检查合格后，方可接通电源进行试运转。

（2）作业时，要使振动棒自然沉入混凝土，不可用力猛往下推。一般应垂直插入，并插到下层尚未初凝层中 50～100mm 处，以促使上、下层相互结合。

（3）振动棒各插点的间距应均匀，一般间距不应超过振动棒抽出有效作用半径的1.5 倍。

（4）振动器操作人员应掌握安全用电知识，作业时，应穿绝缘鞋，戴绝缘手套。

（5）工作停止移动振动器时，应立即停止电动机转动；搬动振动器时，应切断电源。

（6）电缆不得有裸露导之处和破损老化现象。电缆线必须敷设在干燥、明亮处；不得在电缆线上堆放其他物品，也不可让车辆碾压电缆，更不能用电缆线吊挂振动器等。

3）附着式振动器安全使用要点

（1）在一个模板上同时使用多台附着式振动器时，各振动器的频率应保持一致，相对面的振动器应错开安装。

（2）使用时，引出电缆线不得拉得过紧，以防断裂。作业时，必须随时注意电气设备的安全，熔断器和保护接零装置必须合格。

4）振动台安全使用要点

（1）振动台是一种强力振动成形设备，应安装在牢固的基础上，地脚螺栓应有足够强度并拧紧。同时，基础中间必须留有地下坑道，以便调整和维修。

（2）使用前，要进行检查和试运转，以检查机件是否完好。

（3）因齿轮承受高速重负荷，故需要有良好的润滑和冷却。齿轮箱内油面应保持在规定的水平面上，工作时温升不得超过 70℃。

7.4.3　钢筋加工机械安全使用

钢筋机械是用于加工钢筋和钢筋骨架等作业的机械，按作业方式可分为钢筋强化机械、钢筋加工机械、钢筋焊接机械和钢筋预应力机械。

1. 钢筋强化机械

钢筋强化机械包括钢筋冷拉机、钢筋冷拔机、钢筋轧扭机等。

1）钢筋冷拉机安全使用要点

（1）根据冷拉钢筋的直径，合理选用卷扬机，卷扬钢丝绳应经过封闭式导向滑轮，并和被拉钢筋水平方向成直角。卷扬机的位置必须使操作人员能见到全部冷拉场地，卷扬机与冷拉中线的距离不少于 5m。

（2）应在冷拉场地两端地锚外侧设置警戒区，装设防护栏杆及警告标志。严禁无关人员在此停留。操作人员在作业时，必须离开钢筋至少 2m 以外。

（3）用配重控制的设备必须与滑轮匹配，并有指示起落的记号，没有指示记号时，应有专人指挥。配重框提起时，高度应限制在离地面 300mm 以内，配重架四周应有栏杆及警告标志。

（4）冷拉应缓慢、均匀地进行，随时注意停车信号，或见到有人进入危险区时，应立即停拉，并稍稍放松卷扬钢丝绳。

（5）用延伸率控制的装置，必须装设明显的限位标志，并应有专人负责指挥。

（6）夜间工作照明设施应装设在张拉危险区外；如需要装设在场地上空时，其高度应超过 5m。灯泡应加防护罩，导线不得用裸线。

（7）每班冷拉完毕，必须将钢筋整理平直，不得相互乱压和单头挑出，应盘住未拉盘筋的引头，机具拉力部分均应放松。

2）钢筋冷拔机安全使用要点

（1）各卷筒底座下方与地基的间隙应小于 75mm，用作两次灌浆的填充层。底座下的垫铁每组不多于 3 块。在各底座初步校准就位后，将各组垫铁点焊连接，垫铁的平面面积不应小于 100mm×100mm。电动机底座下方与地基的间隙不应小于 50mm，用作两次灌浆填充层。

（2）在拔丝机运转过程中，严禁任何人在沿线材拉拔方向站立或停留。拔丝卷筒用链条挂料时，操作人员必须离开链条甩动的区域，出现断丝时，应立即停车，待车停稳后方可接料。不允许在机械运转中用手取拔丝筒周围的物品。

3）钢丝轧扭机安全使用要点

（1）控制台上的操作人员必须注意力集中，发现钢筋乱盘或打结时，要立即停机，待处理完毕后，方可开机。

（2）在运转过程中，任何人不得靠近旋转部件。不准在机械周围乱堆异物，以防发生意外。

2. 钢筋加工机械

常用的钢筋加工机械有钢筋切断机、钢筋调直机、钢筋弯曲机等。

1) 钢筋切断机安全使用要点

(1) 接送料的工作平台应与切刀下部保持水平,工作台的长度应根据待加工材料长度设置。

(2) 机械未达到正常运转时,不可切料;切料时,必须使用切刀的中、小部位紧握钢筋,并对准刃口迅速投入。送料时,应在固定刀片一侧紧紧,并压住钢筋,以防钢筋末端弹出伤人。严禁用两手分在刀片两边握住钢筋俯身送料。

(3) 不得剪切直径及强度超过机械铭牌额定的钢筋和烧红的钢筋。一次切断多根钢筋时,其总截面积应在规定范围内。

(4) 切断短料时,手和切刀之间的距离应保持在150mm以上,如手握端钢筋小于400mm时,应采用套管或夹具将钢筋短头压住或夹牢。

(5) 运转中,严禁用手直接清除切刀附近的断头和杂物。非操作人员不得在钢筋摆动周围和切刀周围停留。

2) 钢筋调直机安全使用要点

(1) 在调直块未固定、防护罩未盖好前,不得送料。作业中,严禁打开各部防护罩及调整间隙。

(2) 当钢筋送入后,手与曳轮必须保持一定的距离,不得接近。

(3) 送料前,应将不直的料头切除,应在导向筒前应装一根1m长的钢管,钢筋必须先穿过钢管,再送入调直筒前端的导孔内。

3) 钢筋弯曲机的安全使用要点

(1) 芯轴、挡铁轴、转盘等应无裂纹和损伤,防护罩应坚固可靠,经空运转确认正常后,方可作业。

(2) 作业时,将钢筋需弯曲一端插入在转盘固定销的间隙内,另一端紧靠机身固定销,并用手压紧,检查机身固定销确实安放在挡住钢筋的一侧时,方可开动。

(3) 严禁在作业中更换轴芯和销子、变换角度以及调速等作业,也不得进行清扫和加油。

(4) 严禁在弯曲钢筋的作业半径内和机身不设固定销的一侧站人。弯曲好的半成品应堆放整齐,弯钩不得朝上。

3. 钢筋焊接机械

焊接机械类型繁多,用于钢筋焊接的主要有对焊机、点焊机和弧焊机。

对焊机有UN、UN1、UN5、UN8等系列。钢筋对焊常用的是UN1系列。点焊机按照时间调节器的形式和加压机构的不同,可分为杠杆弹簧式、电动凸轮式和气、液压传动式三种类型。按照上、下电极臂的长度,可分为长臂式和短臂式两种形式。弧焊机可分为交流弧焊机(又称为焊接变压器)和直流弧焊机两类,直流弧焊机又有旋转式直流焊机(又称为焊接发电机)和弧焊整流器两种类型。

1) 对焊机安全使用要点

(1) 对焊机应安置在室内,并有可靠的接地(接零)。如多台对焊机并列安装时,间距不得少于3m,并应分别接在不同相位的电网上,分别有各自的刀形开关。

（2）焊接较长钢筋时，应设置托架。在现场焊接竖向钢筋时，焊接后，应确保焊接牢固后再松开卡具，进行下道工序。

（3）闪光区应设挡板，焊接时，无关人员不得入内。配合搬运钢筋的操作人员，在焊接时要注意防止火花烫伤。

2）点焊机安全使用要点

（1）焊机通电后，应检查电气设备、操作机构、冷却系统、气路系统及机体外壳有无漏电等现象。

（2）焊机工作时，应保证气路系统、水冷却系统畅通。气体必须保持干燥，排水温度不应超过 40℃，排水量可根据季节调整。

（3）控制箱如长期停用，每月应通电加热 30min。如更换闸流管亦应预热 30min；工作时控制箱的预热时间不得少于 5min。

3）交流电焊机安全使用要点

（1）多台弧焊机集中使用时，应分接在三相电源网络上，使三相负载平衡。多台焊机的接地装置，应分别由接地极处引接，不得串联。

（2）移动弧焊机时，应切断电源，不得用拖拉电缆的方法移动焊机。如焊接中突然停电，应立即切断电源。

（3）电焊机应绝缘良好。焊接变压器的一次线圈绕组与二次线圈绕组之间、绕组与外壳之间的绝缘电阻不得小于 $1M\Omega$。

4）电弧焊机安全使用要点

（1）焊接时，焊接和配合人员必须采取防止触电、高空坠落、瓦斯中毒和火灾等事故的安全措施。

（2）严禁在运行中的压力管道装有易燃、易爆物品的容器，以及受力构件上进行焊接和切割。

（3）焊接铜、铝、锌、锡、铅等有色金属时，必须在通风良好的地方进行，焊接人员应戴防毒面具或呼吸滤清器。

（4）在容器内施焊时，必须采取以下措施：容器上必须有进、出风口，并设置通风设备；容器内的照明电压不得超过 12V；焊接时，必须有人在场监护，严禁在已喷涂过油漆或塑料的容器内焊接。

（5）高空焊接或切割时，必须挂好安全带，焊件周围和下方应采取防火措施。

（6）电焊线通过道路时，必须架高，或穿入防护管内埋设在地下，如通过轨道时，必须从轨道下面穿过。

（7）接地线及手把线都不得搭在易燃、易爆和带有热源的物品上，接地线不得接在管道、机床设备和建筑物金属构架或轨道上，接地电阻不大于 4Ω。

（8）雨天不得露天电焊。在潮湿地带作业时，操作人员应站在铺有绝缘物品的地方，穿好绝缘鞋。

（9）使用长期停用的电焊机时，应检查其绝缘电阻不得低于 0.5Ω，接线部分不得有腐蚀和受潮现象。

（10）不得在施焊现场的 10m 范围内堆放氧气瓶、乙炔发生器、木材等易燃物。

（11）作业后，应清理场地，灭绝火种，切断电源，锁好电闸箱，消除焊料余热后再离开。

7.4.4　装饰装修机械安全使用

1. 灰浆搅拌机

（1）固定式搅拌机应有牢靠的基础，移动式搅拌机应采用方木或撑架固定，并保持水平。

（2）作业前，应检查并确认传动机构、工作装置、防护装置等牢固可靠，三角胶带松紧度适当，搅拌叶片和筒壁间隙在3～5mm，搅拌轴两端密封良好。

（3）作业中，当发生故障不能继续搅拌时，应立即切断电源，将筒内灰浆倒出，排除故障后方可使用。

（4）固定式搅拌机的上料斗应能在轨道上移动。料斗提升时，严禁斗下有人。

2. 灰浆泵

1）柱塞式、隔膜式灰浆泵

（1）被输送的灰浆应搅拌均匀，不得有干砂和硬块；不得混入石子或其他杂物；灰浆稠度应为80～120mm。

（2）在泵送过程中，应随时观察压力表的泵送压力，当泵送压力超过预调的1.5MPa时，应反向泵送，使管道内部分灰浆返回料斗，再缓慢泵送；当无效时，应停机卸压检查，不得强行泵送。

（3）泵送过程中不宜停机。当短时间内不需泵送时，可打开回浆阀，使灰浆在泵体内循环运行。当停泵时间较长时，应每隔3～5min泵送一次，泵送时间宜为0.5min，应防灰浆凝固。

（4）故障停机时，应打开泄浆阀使压力下降，然后排除故障。灰浆泵压力未达到零时，不得拆卸空气室、安全阀和管道。

2）挤压式灰浆泵

（1）使用前，应先接好输送管道，往料斗加注清水，启动灰浆泵后，当输送胶管出水时，应折起胶管，待升到额定压力时停泵，观察各部位有无渗漏现象。

（2）在泵送过程中，应注意观察压力表。当压力迅速上升，有堵管现象时，应反转泵送2～3转，使灰浆返回料斗，经搅拌后再泵送。当多次正、反泵仍不能畅通时，应停机检查，排除堵塞。

（3）工作间歇时，应先停止送灰，后停止送气，并应防气嘴被灰堵塞。

3. 喷浆机

（1）石灰浆的密度应为1.06～1.10g/cm³。

（2）喷涂前，应对石灰浆采用60目筛网过滤两遍。

（3）喷嘴孔径宜为2.0～2.8mm；当孔径大于2.8mm时，应及时更换。

（4）泵体内不得无液体干转。在检查电动机旋转方向时，应先打开料桶开关，让石灰浆流入泵体内部后，再开动电动机带泵旋转。

（5）长期存放前，应清除前、后轴承座内的石灰浆积料，堵塞进浆口，从出浆口注入机油约50mL，再堵塞出浆口，开机运转约30s，使泵体内润滑防锈。

4. 水磨石机

（1）水磨石机宜在混凝土达到设计强度70%～80%时进行磨削作业。

（2）作业前，应检查并确认各连接件紧固，当用木槌轻击磨石发出无裂纹的清脆声音时，方可作业。

（3）电缆线应离地架设，不得放在地面上拖动。电缆线应无破损，保护接地良好。

（4）在接通电源、水源后，应手压扶把使磨盘离开地面，再启动电动机。并应检查确认磨盘旋转方向与箭头所示方向一致，待运转正常后，再缓慢放下磨盘，进行作业。

（5）作业中，当发现磨盘跳动或有异响时，应立即停机检修。停机时，应先提升磨盘，后关机。

（6）更换新磨石后，应先在废水磨石地坪上或废水泥制品表面磨 1～2h，待磨出金刚石切削刃后，再投入工作面作业。

5. 混凝土切割机

（1）使用前，应检查并确认电动机、电缆线均正常，保护接地良好，防护装置安全有效，选用的锯片符合要求，安装正确。

（2）启动后，应空载运转，检查并确认锯片运转方向正确，升降机构灵活，运转中无异常、异响，一切正常后，方可作业。

（3）操作人员应双手按紧工件均匀送料，在推进切割机时，不得用力过猛。不得戴手套操作。

（4）切割厚度应按机械出厂铭牌规定进行，不得超厚切割。

（5）加工件送到与锯片相距 300mm 处，或切割小块料时，应使用专用工具送料，不得直接用手推料。

（6）作业中，当工件发生冲击、跳动及异常音响时，应立即停机检查，排除故障后，方可继续作业。

（7）严禁在运转中检查、维修各部件。应采用专用工具及时清除锯台上和构件锯缝中的碎屑，不得用手拣拾或抹试。

第 8 章 建筑施工安全检查验收与评分标准

8.1 建筑施工安全检查

8.1.1 安全检查的目的与内容

1. 安全检查的目的

(1) 了解施工现场安全生产的状况,为加强安全生产管理提供准确的信息和依据。

(2) 落实预防为主的方针,及时发现问题,治理隐患,保障安全生产顺利进行。

(3) 利用检查,进一步宣传、贯彻、落实安全生产方针、政策和各项安全生产规章制度。

(4) 增强领导和群众的安全意识,制止违章指挥,纠正违章作业,提高全体员工的安全生产自觉性和责任感。

(5) 发现、总结及交流安全生产的成功经验,推动本企业、本地区乃至整个行业安全生产管理水平的提高。

2. 安全检查的内容

安全检查应当是全面的检查,具体应包括查思想、查制度、查管理、查安全设施、查安全隐患、查安全教育培训、查机械设备、查操作行为、查劳保用品使用、查文明施工状况、查安全管理资料、查伤亡事故处理等。

8.1.2 安全检查的形式、方法与要求

1. 安全检查的主要形式

(1) 定期检查:项目部每周或每旬由项目主要负责人带队组织定期的安全大检查。

(2) 班组检查:施工班组每天上班前、后,由班组长和安全值日人员组织的班前和班后安全检查。

(3) 季节性检查:季节变换前,由安全生产管理小组和专职安全管理人员、安全值日人员等组织的季节性安全防护设施、劳动保护等安全检查。

(4) 专业性检查:由职能部门人员、安全管理小组、专职安全员和相关专业技术人员组成,对电气、机械设备、脚手架、登高设施等专项设施设备、高处作业、用电安全、消防保卫等进行的专项安全检查。

(5) 日常检查:由安全管理小组成员、专(兼)职安全管理人员和安全值日人员进行的日常安全检查。安全检查日检记录可见表 8-1。

(6) 验收检查:由项目有关负责人、出租单位、安装单位、分包单位等人员参加的,对塔

机等起重设备、井架、龙门架、脚手架、电气设备、吊篮、现浇混凝土模板及支撑等设施、设备在安装或搭设完成后进行的安全验收检查。

表 8-1 建筑施工现场安全检查日检表

施工单位：　　　　　　　　检查日期：　　　　　　　　气象：
工程名称：　　　　　　　　检查人员：　　　　　　　　负责人：

序号	检查项目	检查内容	存在的问题及处理方式
1	脚手架	间距、拉结、脚手板、载重、卸荷	
2	吊篮架子	保险绳、就位固定、升降工具、吊点	
3	插口架子(挂架)	吊钩保险、别杠	
4	桥式架子	立柱垂直、安全装置、升降工具	
5	坑槽边坡	边坡状况、放坡、支撑、边缘荷载、堆物状况	
6	临边防护	坑(槽)边和屋面、进出料口、楼梯、阳台、平台、框架结构四周防护及安全网支搭	
7	孔洞	电梯井口、预留洞口、楼梯口、通道口	
8	电气	漏电保护器、闸具、闸箱、导线、接线、照明、电动工具	
9	垂直运输机械	吊具、钢丝绳、防护设施、信号指挥	
10	中小型机械	防护装置、接地、接零保护	
11	料具存放	模板、料具、构件的安全存放	
12	电气焊	焊机间距离、焊机、中压罐、气瓶	
13	防护用品使用	安全帽、安全带、防护鞋、防护手套	
14	施工道路	交通标志、路面、安全通道	
15	特殊情况	脚手架基础、塔基、电气设备、防雨措施、交叉作业、揽风绳	
16	违章	持证上岗、违章指挥、违章作业	
17	重大隐患		
18	备注		

2. 安全检查的主要方法

随着安全管理科学化、标准化、规范化的发展，目前安全检查基本上都采用安全检查表和一般检查方法，进行定性定量的安全评价。

（1）安全检查表是一种初步的定性分析方法，它通过事先拟定的安全检查明细表或清单，对安全生产进行初步的诊断和控制。

（2）安全检查一般方法主要是通过看、听、嗅、问、查、测、验、析等手段进行检查。

看：就是看现场环境和作业条件，看实物和实际操作，看记录和资料等，通过看来发现隐患。

听：听汇报，听介绍，听反映，听意见或批评，听机械设备的运转响声或承重物发出的微弱声等,通过听来判断施工操作是否符合安全规范的规定。

嗅:通过嗅来发现有无不安全或影响职工健康的因素。

问:针对影响安全的问题,详细询问,寻根究底。

查:查安全隐患问题,对发生的事故查清原因,追究责任。

测:对影响安全的有关因素、问题,进行必要的测量、测试、监测等。

验:对影响安全的有关因素进行必要的试验或化验。

析:分析资料、试验结果等,查清原因,清除安全隐患。

3. 安全检查的要求

(1) 企业和项目部必须建立定期安全检查制度,明确检查方式、时间、内容以及整改、处罚措施等内容,特别要明确工程安全防范的重点部位以及危险岗位的检查方式和方法。

(2) 公司每月检查次数不少于 1 次,项目部每半月不少于 1 次,班组每星期不少于 1 次。

(3) 根据检查内容配备相应的力量,确定检查负责人,抽调专业人员,做到分工明确。

(4) 各种安全检查(包括被检)应做到每次有记录,对查出的事故隐患应做到定人、定时、定措施("三定"原则)进行整改,并应有复查情况记录。检查人员责令其停工的,被查单位必须立即停工整改,现场应有整改回执单。

(5) 对重大事故隐患的整改必须如期完成,并上报公司和有关部门;对重大事故隐患的整改复查,应按照谁检查谁复查的原则进行。

(6) 应有明确的检查目的、检查内容及检查标准,特别是重点部位和关键部位,应加大检查力度。对大面积或数量多的项目,可采取系统的观感和一定数量的测点相结合的检查方法。检查时,尽量采用检测工具,用数据和指标说话。

(7) 对于现场管理人员和操作工人,不仅要检查是否有违章指挥和违章作业行为,还应进行"应知应会"的抽查,以便了解管理人员及操作工人的安全素质;对于违章指挥、违章作业行为,检查人员应当场指出来纠正违章行为。

(8) 应认真、详细进行检查记录,特别是对隐患的记录,必须具体记录下来,如隐患的部位、危险性程度及处理意见等。

(9) 采用安全检查评分表的,应记录每项扣分的原因。

(10) 尽可能系统、定量地作出检查结论,进行安全评价,以利于受检单位根据安全评价研究对策、进行整改、加强管理。

8.1.3　安全检查的内容

依据行业标准《建筑施工安全检查标准》(JGJ 59—2011),施工现场安全检查分为安全管理、文明施工、扣件式钢管脚手架、门式钢管脚手架、碗扣式钢管脚手架、承插型盘扣式钢管脚手架、满堂脚手架、悬挑式脚手架、附着式升降脚手架、高处作业吊篮、基坑工程、模板支架、"三宝""四口"及临边防护、施工用电、物料提升机、施工升降机、塔式起重机、起重吊装、施工机具等内容,各检查内容又分为保证项目和一般项目。

1. 安全管理

安全管理检查评定保证项目包括安全生产责任制、施工组织设计及专项施工方案、安全技术交底、安全检查、安全教育、应急救援六项。

一般项目包括分包单位安全管理、持证上岗、生产安全事故处理、安全标志四项。

2. 文明施工

文明施工检查评定保证项目包括现场围挡、封闭管理、施工场地、材料管理、现场办公与住宿、现场防火六项。

一般项目包括综合治理、公示标牌、生活设施、社区服务四项。

微课：文明施工

3. 扣件式钢管脚手架

扣件式钢管脚手架检查评定保证项目包括施工方案、立杆基础、架体与建筑结构拉结、杆件间距与剪刀撑、脚手板与防护栏杆、交底与验收六项。

一般项目包括横向水平杆设置、杆件连接、层间防护、构配件材质、通道四项。

4. 门式钢管脚手架

门式钢管脚手架检查评定保证项目包括施工方案、架体基础、架体稳定、杆件锁臂、脚手板、交底与验收六项。

一般项目包括架体防护、构配件材质、荷载、通道四项。

5. 碗扣式钢管脚手架

碗扣式钢管脚手架检查评定保证项目包括施工方案、架体基础、架体稳定、杆件锁件、脚手板、交底与验收六项。

一般项目包括架体防护、构配件材质、荷载、通道四项。

6. 承插型盘扣式钢管脚手架

承插型盘扣式钢管脚手架检查评定保证项目包括施工方案、架体基础、架体稳定、杆件设置、脚手板、交底与验收六项。

一般项目包括架体防护、杆件连接、构配件材质、通道四项。

7. 满堂脚手架

满堂脚手架检查评定保证项目包括施工方案、架体基础、架体稳定、杆件锁件、脚手板、交底与验收六项。

一般项目包括架体防护、构配件材质、荷载、通道四项。

8. 悬挑式脚手架

悬挑式脚手架检查评定保证项目包括施工方案、悬挑钢梁、架体稳定、脚手板、荷载、交底与验收六项。

一般项目包括杆件间距、架体防护、层间防护、构配件材质四项。

9. 附着式升降脚手架

附着式升降脚手架检查评定保证项目包括施工方案、安全装置、架体构造、附着支座、架体安装、架体升降六项。

一般项目包括检查验收、脚手板、架体防护、安全作业四项。

10. 高处作业吊篮

高处作业吊篮检查评定保证项目包括施工方案、安全装置、悬挂机构、钢丝绳、安装作业、升降作业六项。

一般项目包括交底与验收、安全防护、吊篮稳定、荷载四项。

11. 基坑工程

基坑工程检查评定保证项目包括施工方案、基坑支护、降排水、基坑开挖、坑边荷载、安全防护六项。

一般项目包括基坑监测、支撑拆除、作业环境、应急预案四项。

12. 模板支架

模板支架检查评定保证项目包括施工方案、支架基础、支架构造、支架稳定、施工荷载、交底与验收六项。

一般项目包括杆件连接、底座与托撑、构配件材质、支架拆除四项。

13."三宝、四口"及临边防护

"三宝、四口"及临边防护检查评定项目包括安全帽、安全网、安全带、临边防护、洞口防护、通道口防护、攀登作业、悬空作业、移动式操作平台、悬挑式物料钢平台等。

14. 施工用电

施工用电检查评定的保证项目包括外电防护、接地与接零保护系统、配电线路、配电箱与开关箱四项。

一般项目包括配电室与配电装置、现场照明、用电档案三项。

15. 物料提升机

物料提升机检查评定保证项目包括安全装置、防护设施、附墙架与缆风绳、钢丝绳、安拆、验收与使用六项。

一般项目包括基础与导轨架、动力与传动、通信装置、卷扬机操作棚、避雷装置五项。

16. 施工升降机

施工升降机检查评定保证项目包括安全装置,限位装置,防护设施,附墙架,钢丝绳、滑轮与对重,安拆、验收与使用六项。

一般项目包括导轨架、基础、电气安全、通信装置四项。

17. 塔式起重机

塔式起重机检查评定保证项目包括荷载限制装置,行程限位装置,保护装置,吊钩、滑轮、卷筒与钢丝绳,多塔作业,安拆、验收与使用六项。

一般项目包括附着、基础与轨道、结构设施、电气安全四项。

18. 起重吊装

起重吊装检查评定保证项目包括施工方案、起重机械、钢丝绳与地锚、索具、作业环境、作业人员六项。

一般项目包括起重吊装、高处作业、构件码放、警戒监护四项。

19. 施工机具

施工机具检查评定项目包括平刨、圆盘锯、手持电动工具、钢筋机械、电焊机、搅拌机、气瓶、翻斗车、潜水泵、振捣器、桩工机械等。

8.2 建筑施工安全验收

施工项目安全验收是安全检查的一种基本形式,对于施工项目的各项安全技术措施和施工现场新搭设的脚手架、井字架、门式架、爬架等架体、塔吊等大中小型机械设备、临电线路及电气设施等设备设施,使用前,要经过详细的安全检查,发现问题时,应及时纠正,确认合格后,进行验收签字,并由工长进行使用安全技术交底后,方准使用。

8.2.1 安全技术方案验收

(1) 施工项目的安全技术方案的实施情况由项目总工程师牵头组织验收。

(2) 交叉作业施工的安全技术措施的实施由区域责任工程师组织验收。

(3) 分部分项工程安全技术措施的实施由专业责任工程师组织验收。

(4) 一次验收严重不合格的安全技术措施应重新组织验收。

(5) 项目安全总监要参与以上验收活动,并提出自己的具体意见或见解,对需要重新组织验收的项目,要督促有关人员尽快整改。

8.2.2 设施与设备验收

1. 验收项目

验收包括以下项目:

① 一般防护设施和中小型机械;② 脚手架;③ 高大外脚手架、满堂脚手架;④ 吊篮架、挑架、外挂脚手架、卸料平台;⑤ 整体式提升架;⑥ 高度为 20m 以上的物料提升架;⑦ 施工用电梯;⑧ 塔吊;⑨ 临电设施;⑩ 钢结构吊装吊、索具等配套防护设施;⑪ 30m³/h 以上的搅拌站;⑫ 其他大型防护设施。

2. 验收程序

(1) 一般防护设施和中小型机械设备由项目经理部专业责任工程师会同分包有关责任人共同进行验收。

(2) 整体防护设施以及重点防护设施由项目总(主任)工程师组织区域责任工程师、专业责任工程师及有关人员进行验收。

(3) 区域内的单位工程防护设施及重点防护设施由区域工程师组织专业责任工程师以及分包商施工、技术负责人、工长进行验收;项目经理部安全总监及相关分包安全员参加验收,其验收资料分专业归档。

(4) 对于高度超过 20m 的高大架子等防护设施、临电设施、大型设备施工项目,应在自检的基础上报请公司安全主管部门进行验收。

3. 验收内容

(1) 对于一般脚手架(20m 及其以下井架、门式架)的验收,应按照验收表格的验收项目、内容、标准进行详细检查,确无危险隐患,达到搭设图要求和规范要求后,检查组成员签字正式验收。

（2）对于 20m 以上架体（包括爬架）的验收，应按照检查表所列项目、内容、标准进行详细检查，并空载运行，检查无误后，进行满载升降运行试验，检查无误，最后进行超载 15％～25％和升降运行试验。实验中，应认真观察安全装置的灵敏状况，试验后，对揽风绳锚桩、起重绳、天滑轮、定向滑轮、转向滑轮、金属结构、卷扬机等进行全面检查，确无损坏且运行正常，检查组成员共同签字验收通过。

（3）对于塔吊等大、中、小型机械设备的验收，应按照检查表所列项目、内容、标准进行详细检查，进行空载试验，验证无误，进行满负荷动载试验；再次全面检查无误，将夹轨夹牢后，进行超载 15％～25％的动载运行试验。试验中，应派专人观察安全装置是否灵敏可靠，详细检查轨道机身吊杆起重绳、卡扣、滑轮等，确无损坏，运行正常后，检查组成员共同签字验收通过。

（4）对于临电线路及电气设施的验收，应按照临电验收所列项目、内容、标准进行详细检查。针对施工方案中的明确设置、方式、路线等进行检查。确认无误后，由检查组成员共同签字验收通过。

4. 常用检查验收表（单）

1）普通架子验收单（表 8-2）

表 8-2　普通架子验收单

项目名称：　　　　　　　　　　　搭设部位：

验收项目	验收评定	验收项目	验收评定
地基		拉结	
垫板		脚手架铺板及挡脚板	
材质		护身栏杆	
扫地杆		剪刀撑	
立杆		立网及兜网搭设	
大横杆		管理措施及交底	
小横杆			

搭设单位自检：

　　　　　　　　　　　　　　　　　　　　　　验收日期：　　年　　月　　日

搭设负责人		安全员	

项目自检：

　　　　　　　　　　　　　　　　　　　　　　验收日期：　　年　　月　　日

方案制订人		责任师	
安全总监		技术负责人	

2）高大架子验收单（表 8-3）

表 8-3　悬挑式脚手架验收单

项目名称：　　　　　　　　　　　　　搭设部位：
搭设单位：　　　　　　　　　　　　　架子高度：

验收项目		验收评定	验收项目		验收评定
管理	施工方案		作业面防护	防护栏杆	
	施工交底			脚手板	
材质	钢管			挡脚板	
	扣件			立网	
	跳板			兜网	
杆件间距	立杆		荷载	基础	
	大横杆			拉结	
	小横杆			卸荷措施	
	剪刀撑				

搭设单位自检：

验收日期：　　　年　　　月　　　日

搭设负责人		安全员	

项目自检：

验收日期：　　　年　　　月　　　日

方案制订人		责任师	
安全总监		技术负责人	

公司验收：

验收负责人：　　　　　　　　　　　　　　　　　验收日期：　　　年　　　月　　　日

3）悬挑式脚手架验收单（表 8-4）

表 8-4 悬挑式脚手架验收单

项目名称：　　　　　　　　　　　　　　搭设部位：

搭设安装单位：

验收项目		验收评定	验收项目		验收评定
管理	施工方案		作业面防护	防护栏杆	
	施工交底			脚手板	
材质	钢管			挡脚板	
	扣件			立网	
	跳板			兜网	
杆件间距	外挑杆		荷载	设计荷载（N/m²）	
	立杆			试验荷载（N/m²）	
	横杆		拉结		

搭设单位自检：

验收日期：　　年　　月　　日

搭设负责人		安全员	

公司验收：

验收负责人：　　　　　　　　　　　　　验收日期：　　年　　月　　日

方案制订人		责任师	
安全总监		技术负责人	

4）施工现场临电验收单（表 8-5）

表 8-5　施工现场临电验收单

单位名称：　　　　　　　　　　　工程名称：
临时供用电时间：自　　年　　月　　日至　　年　　月　　日

项　目	检查情况	项　目	检查情况
临时用电施工组织设计		临时用电责任师	
变配电设施		外电防护	
三相五线制配电线路		三级配电两级保护	
配电箱		接地	
闸箱配电盘、闸具		室内外照明线路及灯具	

项目自检：

验收日期：　　年　　月　　日

方案制订人签字		安全总监	
临时用电责任师签字			

公司验收：

验收负责人：　　　　　　　　　　　　　　　　验收日期：　　年　　月　　日

5) 设备验收会签单（表 8-6）

表 8-6 设备验收会签单

项目名称			设备名称	
验收阶段			设备编号	
会签单位	会签人员		会签意见	签字
设备出租方	技术负责人			
安装单位	安装负责人			
	安全监理			
项目经理部	技术负责人			
	现场经理			
	安全总监			
公司总部	项目管理部			
	安全监督部			
备注				
验收日期				

注：(1) 本会签表适用于塔吊、施工用电梯验收。

（2）表中验收阶段填写基础阶段、设备安装、顶升附着三个阶段。

（3）单项技术验收表验收合格后，有关各方进行会签。

6) 中小型机械验收单（表 8-7）

表 8-7 设备验收会签单

机械名称：　　　　使用单位：　　　　设备编号：

验收项目		验收评定	验收项目		验收评定
状况	机架、机座		电源部分	开关箱	
	动力、传动部分			一次线长度	
	附件			漏电保护	
防护装置	防护罩			接零保护	
	轴盖			绝缘保护	
	刀口防护		操作场所空间、安装情况		
	挡板				
	阀				
验收结论					
验收签字	出租单位：		项目安全总监：		
	项目责任师：		项目临电责任师：		

验收时间：　　年　月　日

8.3 安全检查评分标准

为了科学地评价施工项目安全生产情况,提高安全生产工作和文明施工的管理水平,预防伤亡事故的发生,确保职工的安全和健康,应用工程安全系统原理,结合建筑施工中伤亡事故规律,按照住房和城乡建设部《建筑施工安全检查标准》(JGJ 59—2011),应对建筑施工中容易发生伤亡事故的主要环节、部位和工艺等的完成情况进行安全检查评价。此评价为定性评价,采用检查评分表的形式,分为安全管理、文明工地、脚手架、基坑工程、模板支架、高处作业、施工用电、物料提升机与施工升降机、塔式起重机与起重吊装、施工机具分项检查评分表和检查评分汇总表。汇总表对各分项内容检查结果进行汇总,可利用汇总表所得分值,来确定和评价施工项目总体系统的安全生产工作情况。

建筑施工安全检查评分汇总表见表 8-8。

表 8-8 建筑施工安全检查评分汇总表

企业名称: 资质等级: 年 月 日

单位工程（施工现场）名称	建筑面积/m²	结构类型	总计得分（满分分值100分）	项目名称及分值									
				安全管理（满分10分）	文明施工（满分15分）	脚手架（满分10分）	基坑工程（满分10分）	模板支架（满分10分）	高处作业（满分10分）	施工用电（满分10分）	物料提升机与施工升降机（满分10分）	塔式起重机与起重吊装（满分10分）	施工机具（满分5分）

评语

检查单位		负责人		受检项目		项目经理	

8.3.1 安全检查评分方法和评定等级

1. 安全检查评分方法

(1)建筑施工安全检查评定中,保证项目应全数检查。

(2)各评分表的评分应符合下列规定:

① 分项检查评分表和检查评分汇总表的满分分值均应为 100 分,评分表的实得分值应为各检查项目所得分值之和;

② 评分应采用扣减分值的方法,扣减分值总和不得超过该检查项目的应得分值;

③ 当按分项检查评分表评分时,保证项目中有一项未得分,或保证项目小计得分不足 40 分,此分项检查评分表不应得分;

④ 检查评分汇总表中各分项项目实得分值应按式(8-1)计算:

$$A_1 = \frac{B \times C}{100} \tag{8-1}$$

式中,A_1 为汇总表各分项项目实得分值;B 为汇总表中该项应得满分值;C 为该项检查评分表实得分值。

⑤ 当评分遇有缺项时,分项检查评分表或检查评分汇总表的总得分值应按式(8-2)计算:

$$A_2 = \frac{D}{E} \times 100 \tag{8-2}$$

式中,A_2 为遇有缺项时总得分值;D 为实查项目在该表的实得分值之和;E 为实查项目在该表的应得满分值之和。

⑥ 脚手架、物料提升机与施工升降机、塔式起重机与起重吊装项目的实得分值,应为所对应专业的分项检查评分表实得分值的算术平均值。

2. 安全检查评定等级

(1) 应按汇总表的总得分和分项检查评分表的得分,对建筑施工安全检查评定划分为优良、合格、不合格三个等级。

(2) 建筑施工安全检查评定的等级划分应符合下列规定。

① 优良:分项检查评分表无零分,汇总表得分值应在 80 分及以上。

② 合格:分项检查评分表无零分,汇总表得分值应在 80 分以下,70 分及以上。

③ 不合格:当汇总表得分值不足 70 分,或者当有一分项检查评分表为 0 分。

(3) 当建筑施工安全检查评定的等级为不合格时,必须限期整改达到合格。

8.3.2　常用建筑施工安全分项检查评分表

1. 安全管理检查评分表

安全管理检查评分表如表 8-9 所示。

2. 文明施工检查评分表

文明施工检查评分表如表 8-10 所示。

3. 脚手架检查评分表

扣件式钢管脚手架检查评分表如表 8-11 所示;悬挑式脚手架检查评分表如表 8-12 所示;门式钢管脚手架检查评分表如表 8-13 所示;碗扣式钢管脚手架检查评分表如表 8-14 所示;附着式升降脚手架检查评分表如表 8-15 所示;满堂式脚手架检查评分表如表 8-16 所示。

4. 基坑支护、土方作业检查评分表

基坑支护、土方作业检查评分表如表 8-17 所示。

表 8-9 安全管理检查评分表

序号	检查项目		扣 分 标 准	应得分数	扣减分数	实得分数
1	保证项目	安全生产责任制	未建立安全生产责任制扣 10 分； 安全生产责任制未经责任人签字确认扣 3 分； 未制订各工种安全技术操作规程扣 10 分； 未按规定配备专职安全员扣 10 分； 工程项目部承包合同中未明确安全生产考核指标扣 8 分； 未制订安全资金保障制度扣 5 分； 未编制安全资金使用计划及实施扣 2~5 分； 未制订安全生产管理目标(伤亡控制、安全达标、文明施工)扣 5 分； 未进行安全责任目标分解的扣 5 分； 未建立安全生产责任制、责任目标考核制度扣 5 分； 未按考核制度对管理人员定期考核扣 2~5 分	10		
2		施工组织设计	施工组织设计中未制订安全措施扣 10 分； 危险性较大的分部分项工程未编制安全专项施工方案,扣 3~8 分； 未按规定对专项方案进行专家论证扣 10 分； 施工组织设计、专项方案未经审批扣 10 分； 安全措施、专项方案无针对性或缺少设计计算扣 6~8 分； 未按方案组织实施扣 5~10 分	10		
3		安全技术交底	未采取书面安全技术交底扣 10 分； 交底未做到分部分项扣 5 分； 交底内容针对性不强扣 3~5 分； 交底内容不全面扣 4 分； 交底未履行签字手续扣 2~4 分	10		
4		安全检查	未建立安全检查(定期、季节性)制度扣 5 分； 未留有定期、季节性安全检查记录扣 5 分； 事故隐患的整改未做到定人、定时间、定措施扣 2~6 分； 对重大事故隐患改通知书所列项目未按期整改和复查扣 8 分	10		
5		安全教育	未建立安全培训、教育制度扣 10 分； 新入场工人未进行三级安全教育和考核扣 10 分； 未明确具体安全教育内容扣 6~8 分； 变换工种时未进行安全教育扣 10 分； 施工管理人员、专职安全员未按规定进行年度培训考核扣 5 分	10		
6		应急预案	未制订安全生产应急预案扣 10 分； 未建立应急救援组织、配备救援人员扣 3~6 分； 未配置应急救援器材扣 5 分； 未进行应急救援演练扣 5 分	10		
小 计				60		

续表

序号	检查项目		扣分标准	应得分数	扣减分数	实得分数
7	一般项目	分包单位安全管理	分包单位资质、资格、分包手续不全或失效扣10分； 未签订安全生产协议书扣5分； 分包合同、安全协议书，签字盖章手续不全扣2~6分； 分包单位未按规定建立安全组织、配备安全员扣3分	10		
8		特种作业持证上岗	一人未经培训从事特种作业扣4分； 一人特种作业人员资格证书未延期复核扣4分； 一人未持操作证上岗扣2分	10		
9		安全生产事故处理	生产安全事故未按规定报告扣3~5分； 生产安全事故未按规定进行调查分析处理及制订防范措施扣10分； 未办理工伤保险扣5分	10		
10		安全标志	主要施工区域、危险部位、设施未按规定悬挂安全标志扣5分； 未绘制现场安全标志布置总平面图扣5分； 未按部位和现场设施的改变调整安全标志设置扣5分	10		
小　计				40		
检查项目合计				100		

表8-10　文明施工检查评分表

序号	检查项目		扣分标准	应得分数	扣减分数	实得分数
1	保证项目	现场围挡	市区主要路段的工地周围未设置高于2.5m的封闭围挡扣10分； 一般路段的工地周围未设置高于1.8m的封闭围挡扣10分； 围挡材料不坚固、不稳定、不整洁、不美观扣5~7分； 围挡没有沿工地四周连续设置扣3~5分	10		
2		封闭管理	施工现场出入口未设置大门扣3分； 未设置门卫室扣2分； 未设门卫或未建立门卫制度扣3分； 进入施工现场不佩戴工作卡扣3分； 施工现场出入口未标有企业名称或标识，且未设置车辆冲洗设施扣3分	10		
3		施工场地	现场主要道路未进行硬化处理扣5分； 现场道路不畅通、路面不平整坚实扣5分； 现场作业、运输、存放材料等采取的防尘措施不齐全、不合理扣5分； 排水设施不齐全或排水不通畅、有积水扣4分； 未采取防止泥浆、污水、废水外流或堵塞下水道和排水河道措施扣3分； 未设置吸烟处、随意吸烟扣2分； 温暖季节未进行绿化布置扣3分	10		

续表

序号	检查项目		扣 分 标 准	应得分数	扣减分数	实得分数
4	保证项目	现场材料	建筑材料、构件、料具不按总平面布局码放扣 4 分； 材料布局不合理、堆放不整齐、未标明名称、规格扣 2 分； 建筑物内施工垃圾的清运、未采用合理器具或随意凌空抛掷扣 5 分； 未做到工完场清扣 3 分； 易燃易爆物品未采取防护措施或未进行分类存放扣 4 分	10		
5		现场住宿	在建工程、伙房、库房兼作为住宿地扣 8 分； 施工作业区、材料存放区与办公区、生活区不能明显划分扣 6 分； 宿舍未设置可开启式窗户扣 4 分； 未设置床铺、床铺超过 2 层、使用通铺、未设置通道或人员超编扣 6 分； 宿舍未采取保暖和防煤气中毒措施扣 5 分； 宿舍未采取消暑和防蚊蝇措施扣 5 分； 生活用品摆放混乱、环境不卫生扣 3 分	10		
6		现场防火	未制订消防措施、制度或未配备灭火器材扣 10 分； 现场临时设施的材质和选址不符合环保、消防要求扣 8 分； 易燃材料随意码放、灭火器材布局、配置不合理或灭火器材失效扣 5 分； 未设置消防水源(高层建筑)或不能满足消防要求扣 8 分； 未办理动火审批手续或无动火监护人员扣 5 分	10		
小 计				60		
7	一般项目	治安综合治理	生活区未给作业人员设置学习和娱乐场所扣 4 分； 未建立治安保卫制度、责任未分解到人扣 3～5 分； 治安防范措施不利,常发生失盗事件扣 3～5 分； 未设置保健医药箱扣 5 分； 夜间未经许可施工扣 8 分； 施工现场焚烧各类废弃物扣 8 分； 未采取防粉尘、防噪声、防光污染措施扣 5 分； 未建立施工不扰民措施扣 5 分	8		
8		施工现场标牌	大门口处设置的"五牌一图"内容不全、缺一项扣 2 分； 标牌不规范、不整齐扣 3 分； 未张挂安全标语扣 5 分； 未设置宣传栏、读报栏、黑板报扣 4 分	8		
9		生活设施	食堂与厕所、垃圾站、有毒有害场所距离较近扣 6 分； 食堂未办理卫生许可证或未办理炊事人员健康证扣 5 分； 食堂使用的燃气罐未单独设置存放间或存放间通风条件不好扣 4 分； 食堂的卫生环境差、未配备排风、冷藏、隔油池、防鼠等设施扣 4 分； 厕所的数量或布局不满足现场人员需求扣 6 分； 厕所不符合卫生要求扣 4 分； 不能保证现场人员卫生饮水扣 8 分； 未设置淋浴室或淋浴室不能满足现场人员需求扣 4 分； 未建立卫生责任制度、生活垃圾未装容器或未及时清理扣 3～5 分	8		

续表

序号	检查项目		扣 分 标 准	应得分数	扣减分数	实得分数
10	一般项目	保健急救	现场未制订相应的应急预案,或预案实际操作性差扣6分; 未设置经培训的急救人员或未设置急救器材扣4分; 未开展卫生防病宣传教育或未提供必备防护用品扣4分	8		
11		社区服务	夜间未经许可施工扣8分; 施工现场焚烧各类废弃物扣8分; 未采取防粉尘、防噪声、防光污染措施扣5分; 未建立施工不扰民措施扣5分	8		
小　计				40		
检查项目合计				100		

表 8-11　扣件式钢管脚手架检查评分表

序号	检查项目		扣 分 标 准	应得分数	扣减分数	实得分数
1	保证项目	施工方案	架体搭设未编制施工方案,或搭设高度超过24m未编制专项施工方案扣10分; 架体搭设高度超过24m,未进行设计计算或未按规定审核、审批扣10分; 架体搭设高度超过50m,专项施工方案未按规定组织专家论证或未按专家论证意见组织实施扣10分; 施工方案不完整或不能指导施工作业扣5～8分	10		
2		立杆基础	立杆基础不平、不实、不符合方案设计要求扣10分; 立杆底部底座、垫板或垫板的规格不符合规范要求每一处扣2分; 未按规范要求设置纵、横向扫地杆扣5～10分; 扫地杆的设置和固定不符合规范要求扣5分; 未设置排水措施扣8分	10		
3		架体与建筑结构拉结	架体与建筑结构拉结不符合规范要求每处扣2分; 连墙件距主节点距离不符合规范要求每处扣4分; 架体底层第一步纵向水平杆处未按规定设置连墙件或未采用其他可靠措施固定每处扣2分; 搭设高度超过24m的双排脚手架,未采用刚性连墙件与建筑结构可靠连接扣10分	10		
4		杆件间距与剪刀撑	立杆、纵向水平杆、横向水平杆间距超过规范要求每处扣2分; 未按规定设置纵向剪刀撑或横向斜撑每处扣5分; 剪刀撑未沿脚手架高度连续设置或角度不符合要求扣5分; 剪刀撑斜杆的接长或剪刀撑斜杆与架体杆件固定不符合要求每处扣2分	10		

序号	检查项目		扣分标准	应得分数	扣减分数	实得分数
5	保证项目	脚手板与防护栏杆	脚手板未满铺或铺设不牢、不稳扣 7~10 分； 脚手板规格或材质不符合要求扣 7~10 分； 每有一处探头板扣 2 分； 架体外侧未设置密目式安全网封闭或网间不严扣 7~10 分； 作业层未在高度 1.2m 和 0.6m 处设置上、中两道防护栏杆扣 5 分； 作业层未设置高度不小于 180m 的挡脚板扣 5 分	10		
6		交底与验收	架体搭设前未进行交底或交底未留有记录扣 5 分； 架体分段搭设分段使用未办理分段验收扣 5 分； 架体搭设完毕未办理验收手续扣 10 分； 未记录量化的验收内容扣 5 分	10		
小 计				60		
7	一般项目	横向水平杆设置	未在立杆与纵向水平杆交点处设置横向水平杆每处扣 2 分； 未按脚手板铺设的需要增加设置横向水平杆每处扣 2 分； 横向水平杆只固定端每处扣 1 分； 单排脚手架横向水平杆插入墙内小于 18cm 每处扣 2 分	10		
8		杆件搭接	纵向水平杆搭接长度小于 1m 或固定不符合要求每处扣 2 分； 立杆除顶层顶步外采用搭接每处扣 4 分	10		
9		架体防护	作业层未用安全平网双层兜底，且以下每隔 10m 未用安全平网封闭扣 10 分； 作业层与建筑物之间未进行封闭扣 10 分	10		
10		脚手架材质	钢管直径、壁厚、材质不符合要求扣 5 分； 钢管弯曲、变形、锈蚀严重扣 4~5 分； 扣件未进行复试或技术性能不符合标准扣 5 分	5		
11		通道	未设置人员上下专用通道扣 5 分； 通道设置不符合要求扣 1~3 分	5		
小 计				40		
检查项目合计				100		

表 8-12 悬挑式钢管脚手架检查评分表

序号	检查项目		扣分标准	应得分数	扣减分数	实得分数
1	保证项目	施工方案	未编制专项施工方案或未进行设计计算扣 10 分； 专项施工方案未经审核、审批，或架体搭设高度超过 20m 未按规定组织进行专家论证扣 10 分	10		
2		悬挑钢梁	钢梁截面高度未按设计确定或截面高度小于 160mm 扣 10 分； 钢梁固定段长度小于悬挑段长度的 1.25 倍扣 10 分； 钢梁外端未设置钢丝绳或钢拉杆与上一层建筑结构拉结每处扣 2 分； 钢梁与建筑结构锚固措施不符合规范要求每处扣 5 分； 钢梁间距未按悬挑架体立杆纵距设置扣 6 分	10		

续表

序号	检查项目		扣 分 标 准	应得分数	扣减分数	实得分数
3	保证项目	架体稳定	立杆底部与钢梁连接处未设置可靠固定措施每处扣2分; 承插式立杆接长未采取螺栓或销钉固定每处扣2分; 未在架体外侧设置连续式剪刀撑扣10分; 未按规定在架体内侧设置横向斜撑扣5分; 架体未按规定与建筑结构拉结每处扣5分	10		
4		脚手板	脚手板规格、材质不符合要求扣7～10分; 脚手板未满铺或铺设不严、不牢、不稳扣7～10分; 每处探头板扣2分	10		
5		荷载	架体施工荷载超过设计规定扣10分; 施工荷载堆放不均匀每处扣5分	10		
6		交底与验收	架体搭设前未进行交底,或交底未留有记录扣5分; 架体分段搭设分段使用,未办理分段验收扣7～10分; 架体搭设完毕未保留验收资料,或未记录量化的验收内容扣5分	10		
小　计				60		
7	一般项目	杆件间距	立杆间距超过规范要求,或立杆底部未固定在钢梁上每处扣2分; 纵向水平杆步距超过规范要求扣5分; 未在立杆与纵向水平杆交点处设置横向水平杆每处扣1分	10		
8		架体防护	作业层外侧未在高度1.2m和0.6m处设置上、中两道防护栏杆扣5分; 作业层未设置高度不小于180mm的挡脚板扣5分; 架体外侧未采用密目式安全网封闭或网间不严扣7～10分	10		
9		层间防护	作业层未用安全平网双层兜底,且以下每隔10m未用安全平网封闭扣10分; 架体底层未进行封闭或封闭不严扣10分	10		
10		脚手架材质	型钢、钢管、构配件规格及材质不符合规范要求扣7～10分; 型钢、钢管弯曲、变形、锈蚀严重扣7～10分	10		
小　计				40		
检查项目合计				100		

表 8-13　门式钢管脚手架检查评分表

序号	检查项目		扣 分 标 准	应得分数	扣减分数	实得分数
1	保证项目	施工方案	未编制专项施工方案或未进行设计计算扣10分; 专项施工方案未按规定审核、审批,或架体搭设高度超过50m未按规定组织专家论证扣10分	10		

续表

序号	检查项目		扣 分 标 准	应得分数	扣减分数	实得分数
2	保证项目	架体基础	架体基础不平、不实、不符合专项施工方案要求扣10分； 架体底部未设垫板或垫板底部的规格不符合要求扣10分； 架体底部未按规范要求设置底座每处扣1分； 架体底部未按规范要求设置扫地杆扣5分； 未设置排水措施扣8分	10		
3		架体稳定	未按规定间距与结构拉结每处扣5分； 未按规范要求设置剪刀撑扣10分； 未按规范要求高度做整体加固扣5分； 架体立杆垂直偏差超过规定扣5分	10		
4		杆件锁件	未按说明书规定组装,或漏装杆件、锁件扣6分； 未按规范要求设置纵向水平加固杆扣10分； 架体组装不牢或紧固不符合要求每处扣1分； 使用的扣件与连接的杆件参数不匹配每处扣1分	10		
5		脚手板	脚手板未满铺或铺设不牢、不稳扣5分； 脚手板规格或材质不符合要求的扣5分； 采用钢脚手板时挂钩未挂扣在水平杆上或挂钩未处于锁住状态每处扣2分	10		
6		交底与验收	脚手架搭设前未进行交底或交底未留有记录扣6分； 脚手架分段搭设分段使用未办理分段验收扣6分； 脚手架搭设完毕未办理验收手续扣6分； 未记录量化的验收内容扣5分	10		
	小 计			60		
7	一般项目	架体防护	作业层脚手架外侧未在1.2m和0.6m高度设置上、中两道防护栏杆扣10分； 作业层未设置高度不小于180m的挡脚板扣3分； 脚手架外侧未设置密目式安全网封闭或网间不严扣7~10分； 作业层未用安全平网双层兜底,且以下每隔10m未用安全平网封闭扣5分	10		
8		材质	杆件变形、锈蚀严重扣10分； 门架局部开焊扣10分； 构、配件的规格、型号、材质或产品质量不符合规范要求扣10分	10		
9		荷载	施工荷载超过设计规定扣10分； 荷载堆放不均匀每处扣5分	10		
10		通道	未设置人员上、下专用通道扣10分； 通道设置不符合要求扣5分	10		
	小 计			40		
	检查项目合计			100		

表 8-14 碗扣式钢管脚手架检查评分表

序号	检查项目		扣 分 标 准	应得分数	扣减分数	实得分数
1	保证项目	施工方案	未编制专项施工方案或未进行设计计算扣 10 分； 专项施工方案未按规定审核、审批,或架体高度超过 50m 未按规定组织专家论证扣 10 分	10		
2		架体基础	架体基础不平、不实,不符合专项施工方案要求扣 10 分； 架体底部未设置垫板或垫板的规格不符合要求扣 10 分； 架体底部未按规范要求设置底座每处扣 1 分； 架体底部未按规范要求设置扫地杆扣 5 分； 未设置排水措施扣 8 分	10		
3		架体稳定	架体与建筑结构未按规范要求拉结每处扣 2 分； 架体底层第一步水平杆处未按规范要求设置连墙件,或未采用其他可靠措施固定每处扣 2 分； 连墙件未采用刚性杆件扣 10 分； 未按规范要求设置竖向专用斜杆或"八"字形斜撑扣 5 分； 竖向专用斜杆两端未固定在纵、横向水平杆与立杆汇交的碗扣结点处每处扣 2 分； 竖向专用斜杆或八字形斜撑未沿脚手架高度连续设置,或角度不符合要求扣 5 分	10		
4		杆件锁件	立杆间距、水平杆步距超过规范要求扣 10 分； 未按专项施工方案设计的步距在立杆连接碗扣结点处设置纵、横向水平杆扣 10 分； 架体搭设高度超过 24m 时,顶部 24m 以下的连墙件层未按规定设置水平斜杆扣 10 分； 架体组装不牢或上碗扣紧固不符合要求每处扣 1 分	10		
5		脚手板	脚手板未满铺或铺设不牢、不稳扣 7～10 分； 脚手板规格或材质不符合要求扣 7～10 分； 采用钢脚手板时挂钩未挂扣在横向水平杆上,或挂钩未处于锁住状态每处扣 2 分	10		
6		交底与验收	架体搭设前未进行交底或交底未留有记录扣 6 分； 架体分段搭设分段使用未办理分段验收扣 6 分； 架体搭设完毕未办理验收手续扣 6 分； 未记录量化的验收内容扣 5 分	10		
小 计				60		
7	一般项目	架体防护	架体外侧未设置密目式安全网封闭或网间不严扣 7～10 分； 作业层未在外侧立杆的 1.2m 和 0.6m 的碗扣结点设置上、中两道防护栏杆扣 5 分； 作业层外侧未设置高度不小于 180m 的挡脚板扣 3 分； 作业层未用安全平网双层兜底,且以下每隔 10m 未用安全平网封闭扣 5 分	10		

续表

序号	检查项目		扣分标准	应得分数	扣减分数	实得分数
8	一般项目	材质	杆件弯曲、变形、锈蚀严重扣10分； 钢管、构配件的规格、型号、材质或产品质量不符合规范要求扣10分	10		
9		荷载	施工荷载超过设计规定扣10分； 荷载堆放不均匀每处扣5分	10		
10		通道	未设置人员上、下专用通道扣10分； 通道设置不符合要求扣5分	10		
小　计				40		
检查项目合计				100		

表 8-15　附着式升降脚手架检查评分表

序号	检查项目		扣分标准	应得分数	扣减分数	实得分数
1	保证项目	施工方案	未编制专项施工方案或未进行设计计算扣10分； 专项施工方案未按规定审核、审批扣10分； 脚手架提升高度超过150m，专项施工方案未按规定组织专家论证扣10分	10		
2		安全装置	未采用机械式全自动防坠落装置或技术性能不符合规范要求扣10分； 防坠落装置与升降设备未分别独立固定在建筑结构处扣10分； 防坠落装置未设置在竖向主框架处与建筑结构附着扣10分； 未安装防倾覆装置或防倾覆装置不符合规范要求扣10分； 在升降或使用工况下，最上和最下两个防倾装置之间的最小间距不符合规范要求扣10分； 未安装同步控制或荷载控制装置扣10分； 同步控制或荷载控制误差不符合规范要求扣10分	10		
3		架体构造	架体高度大于5倍楼层高扣10分； 架体宽度大于1.2m扣10分； 直线布置的架体支承跨度大于7m，或折线、曲线布置的架体支撑跨度的架体外侧距离大于54m扣10分； 架体的水平悬挑长度大于2m，或水平悬挑长度未大于2m但大于跨度1/2扣10分； 架体悬臂高度大于架体高度2/5或悬臂高度大于6m扣10分； 架体全高与支撑跨度的乘积大于110m扣10分	10		
4		附着支座	未按竖向主框架所覆盖的每个楼层设置一道附着支座扣10分； 在使用工况时，未将竖向主框架斜附着支座固定扣10分； 在升降工况时，未将防倾、导向的结构装置设置在附枝座处扣10分； 附着支座与建筑结构连接固定方式不符合规范要求扣10分	10		

续表

序号	检查项目		扣 分 标 准	应得分数	扣减分数	实得分数
5	保证项目	架体安装	主框架和水平支撑桁架的结点未采用焊接或螺栓连接,或各杆件轴线未交汇于主节点扣10分; 内、外两片水平支承桁架的上弦和下弦之间设置的水平支撑杆件未采用焊接或螺栓连接扣5分; 架体立杆底端未设置在水平支撑桁架上弦各杆件汇交结点处扣10分; 与墙面垂直的定型竖向主框架组装高度低于架体高度扣5分; 架体外立面设置的连续式剪刀撑未将整向主框架、水平支撑桁架和架体构架连成一体扣8分	10		
6		架体升降	两跨以上架体同时整体升降时采用手动升降设备扣10分; 升降工况时附着支座在建筑结构连接处混凝土强度未达到设计要求或小于C10扣10分; 升降工况时架体上有施工荷载或有人员停留扣10分	10		
	小　计			60		
7	一般项目	检查验收	构、配件进场未办理验收扣6分; 分段安装、分段使用未办理分段验收扣8分; 架体安装完毕未履行验收程序或验收表未经责任人签字扣10分; 每次提升前未留有具体检查记录扣6分; 每次提升后、使用前未履行验收手续或资料不全扣7分	10		
8		脚手板	脚手板未满铺或铺设不严、不牢扣3~5分; 作业层与建筑结构之间空隙封闭不严扣3~5分; 脚手板规格、材质不符合要求扣5~8分	10		
9		防护	脚手架外侧未采用密目式安全网封闭或网间不严扣10分; 作业层未分别在高度1.2m和0.6m处设置上、中两道防护栏杆扣5分; 作业层未设置高度不小于180m的挡脚板扣5分	10		
10		操作	操作前未向有关技术人员和作业人员进行安全技术交底扣10分; 作业人员未经培训或未定岗定责扣7~10分; 安装拆除单位资质不符合要求或特种作业人员未持证上岗扣7~10分; 安装、升降、拆除时未采取安全警戒扣10分; 荷载不均匀或超载扣5~10分	10		
	小　计			40		
	检查项目合计			100		

表 8-16   满堂式脚手架检查评分表

序号	检查项目		扣 分 标 准	应得分数	扣减分数	实得分数
1	保证项目	施工方案	未编制专项施工方案或未进行设计计算扣 10 分； 专项施工方案未按规定审核、审批扣 10 分	10		
2		架体基础	架体基础不平、不实、不符合专项施工方案要求扣 10 分； 架体底部未设置垫木或垫木的规格不符合要求扣 10 分； 架体底部未按规范要求设置底座每处扣 1 分； 架体底部未按规范要求设置扫地杆扣 5 分； 未设置排水措施扣 5 分	10		
3		架体稳定	架体四周与中间未按规范要求设置竖向剪刀撑或专用斜杆扣 10 分； 未按规范要求设置水平剪刀撑或专用水平斜杆扣 10 分； 架体高宽比大于 2 时，未按要求采取与结构刚性连结或扩大架体底脚等措施扣 10 分	10		
4		杆件锁件	架体搭设高度超过规范或设计要求扣 10 分； 架体立杆间距水平杆步距超过规范要求扣 10 分； 杆件接长不符合要求每处扣 2 分； 架体搭设不牢或杆件结点紧固不符合要求每处扣 1 分	10		
5		脚手板	脚手板不满铺或铺设不牢、不稳扣 5 分； 脚手板规格或材质不符合要求扣 5 分； 采用钢脚手板时，挂钩未挂扣在水平杆上，或挂钩未处于锁住状态每处扣 2 分	10		
6		交底与验收	架体搭设前未进行交底或交底未留有记录扣 6 分； 架体分段搭设分段使用未办理分段验收扣 6 分； 架体搭设完毕未办理验收手续扣 6 分； 未记录量化的验收内容扣 5 分	10		
	小 计			60		
7	一般项目	架体防护	作业层脚手架周边，未在高度 1.2m 和 0.6m 处设置上、中两道防护栏杆扣 10 分； 作业层外侧未设置 180mm 高的挡脚板扣 5 分； 作业层未用安全平网双层兜底，且以下每隔 10m 未用安全平网封闭扣 5 分	10		
8		材质	钢管、构配件的规格、型号、材质或产品质量不符合规范要求扣 10 分； 杆件弯曲、变形、锈蚀严重扣 10 分	10		
9		荷载	施工荷载超过设计规定扣 10 分； 荷载堆放不均匀每处扣 5 分	10		
10		通道	未设置人员上、下专用通道扣 10 分； 通道设置不符合要求扣 5 分	10		
	小 计			40		
	检查项目合计			100		

表 8-17 基坑支护、土方作业检查评分表

序号	检查项目		扣 分 标 准	应得分数	扣减分数	实得分数
1	保证项目	施工方案	深基坑施工未编制支护方案扣 20 分； 基坑深度超过 5m 未编制专项支护设计扣 20 分； 开挖深度 3m 及以上未编制专项方案扣 20 分； 开挖深度 5m 及以上专项方案未经过专家论证扣 20 分； 支护设计及土方开挖方案未经审批扣 15 分； 施工方案针对性差不能指导施工扣 12~15 分	20		
2		临边防护	深度超过 2m 的基坑施工未采取临边防护措施扣 10 分； 临边及其他防护不符合要求扣 5 分	10		
3		基坑支护及支撑拆除	坑槽开挖设置安全边坡不符合安全要求扣 10 分； 特殊支护的做法不符合设计方案扣 5~8 分； 支护设施已产生局部变形又未采取措施调整扣 6 分； 混凝土支护结构未达到设计强度提前开挖，超挖扣 10 分； 支撑拆除没有拆除方案扣 10 分； 未按拆除方案施工扣 5~8 分； 用专业方法拆除支撑，施工队伍没有专业资质扣 10 分	10		
4		基坑降排水	高水位地区深基坑内未设置有效降水措施扣 10 分； 深基坑边界周围地面未设置排水沟扣 10 分； 基坑施工未设置有效排水措施扣 10 分； 深基础施工采用坑外降水，未采取防止邻近建筑和管线沉降措施扣 10 分	10		
5		坑边荷载	积土、料具堆放距槽边距离小于设计规定扣 10 分； 机械设备施工与槽边距离不符合要求且未采取措施扣 10 分	10		
小 计				60		
6	一般项目	上下通道	未设置人员上、下专用通道扣 10 分； 设置的通道不符合要求扣 6 分	10		
7		土方开挖	施工机械进场未经验收扣 5 分； 挖土机作业时，有人员进入挖土机作业半径内扣 6 分； 挖土机作业位置不牢、不安全扣 10 分； 司机无证作业扣 10 分； 未按规定程序挖土或超挖扣 10 分	10		
8		基坑支护变形监测	未按规定进行基坑工程监测扣 10 分； 未按规定对毗邻建筑物的重要管线和道路进行沉降观测扣 10 分	10		
9		作业环境	基坑内作业人员缺少安全作业面扣 10 分； 垂直作业上、下未采取隔离防护措施扣 10 分； 光线不足，未设置足够照明扣 5 分	10		
小 计				40		
检查项目合计				100		

5. 模板支架检查评分表

模板支架检查评分表如表 8-18 所示。

表 8-18　模板支架检查评分表

序号	检查项目		扣 分 标 准	应得分数	扣减分数	实得分数
1	保证项目	施工方案	未按规定编制专项施工方案或结构设计未经设计计算扣 15 分； 专项施工方案未经审核、审批扣 15 分； 超过一定规模的模板支架，专项施工方案未按规定组织专家论证扣 15 分； 专项施工方案未明确混凝土浇筑方式扣 10 分	15		
2		立杆基础	立杆基础承载力不符合设计要求扣 10 分； 基础未设排水设施扣 8 分； 立杆底部未设置底座、垫板或垫板规格不符合规范要求每处扣 3 分	10		
3		支架稳定	支架高宽比大于规定值时，未按规定要求设置连墙杆扣 15 分； 连墙杆设置不符合规范要求每处扣 5 分； 未按规定设置纵、横向及水平剪刀撑扣 15 分； 纵、横向及水平剪刀撑设置不符合规范要求扣 5～10 分	15		
4		施工荷载	施工均布荷载超过规定值扣 10 分； 施工荷载不均匀，集中荷载超过规定值扣 10 分	10		
5		交底与验收	支架搭设(拆除)前未进行交底或无交底记录扣 10 分； 支架搭设完毕未办理验收手续扣 10 分； 验收无量化内容扣 5 分	10		
	小　计			60		
6	一般项目	立杆设置	立杆间距不符合设计要求扣 10 分； 立杆未采用对接连接每处扣 5 分； 立杆伸出顶层水平杆中心线至支撑点的长度大于规定值每处扣 2 分	10		
7		水平杆设置	未按规定设置纵、横向扫地杆或设置不符合规范要求每处扣 5 分； 纵、横向水平杆间距不符合规范要求每处扣 5 分； 纵、横向水平杆件连接不符合规范要求每处扣 5 分	10		
8		支架拆除	混凝土强度未达到规定值，拆除模板支架扣 10 分； 未按规定设置警戒区或未设置专人监护扣 8 分	10		
9		支架材质	杆件弯曲、变形、锈蚀超标扣 10 分； 构配件材质不符合规范要求扣 10 分； 钢管壁厚不符合要求扣 10 分	10		
	小　计			40		
	检查项目合计			100		

6."三宝、四口"及临边防护检查评分表

"三宝、四口"及临边防护检查评分表如表 8-19 所示。

表 8-19 "三宝、四口"及临边防护检查评分表

序号	检查项目	扣 分 标 准	应得分数	扣减分数	实得分数
1	安全帽	作业人员不戴安全帽每人扣 2 分； 作业人员未按规定佩戴安全帽每人扣 1 分； 安全帽不符合标准每顶扣 1 分	10		
2	安全网	在建工程外侧未采用密目式安全网封闭或网间不严扣 10 分； 安全网规格、材质不符合要求扣 10 分	10		
3	安全带	作业人员未系挂安全带每人扣 5 分； 作业人员未按规定系挂安全带每人扣 3 分； 安全带不符合标准每条扣 2 分	10		
4	临边防护	工作面临边无防护每处扣 5 分； 临边防护不严或不符合规范要求每处扣 5 分； 防护设施未形成定型化、工具化扣 5 分	10		
5	洞口防护	在建工程的预留洞口、楼梯口、电梯井口，未采取防护措施每处扣 3 分； 防护措施、设施不符合要求或不严密每处扣 3 分； 防护设施未形成定型化、工具化扣 5 分； 电梯井内每隔两层(不大于 10m)未按设置安全平网每处扣 5 分	10		
6	通道口防护	未搭设防护棚或防护不严、不牢固可靠每处扣 5 分； 防护棚两侧未进行防护每处扣 6 分； 防护棚宽度不大于通道口宽度每处扣 4 分； 防护棚长度不符合要求每处扣 6 分； 建筑物高度超过 30m,防护棚顶未采用双层防护每处扣 5 分； 防护棚的材质不符合要求每处扣 5 分	10		
7	攀登作业	移动式梯子的梯脚底部垫高使用每处扣 5 分； 折梯使用未有可靠拉撑装置每处扣 5 分； 梯子的制作质量或材质不符合要求每处扣 5 分	5		
8	悬空作业	悬空作业处未设置防护栏杆或其他可靠的安全设施每处扣 5 分； 悬空作业所用的索具、吊具、料具等设备,未经过技术鉴定或验证、验收每处扣 5 分	5		
9	移动式操作平台	操作平台的面积超过 10m² 或高度超过 5m 扣 6 分； 移动式操作平台,轮子与平台的连接不牢固可靠,或立柱底端距离地面超过 80mm 扣 10 分； 操作平台的组装不符合要求扣 10 分； 平台台面铺板不严扣 10 分； 操作平台四周未按规定设置防护栏杆或未设置登高扶梯扣 10 分； 操作平台的材质不符合要求扣 10 分	10		

续表

序号	检查项目	扣 分 标 准	应得分数	扣减分数	实得分数
10	物料平台	物料平台未编制专项施工方案或未经设计计算扣10分； 物料平台搭设不符合专项方案要求扣10分； 物料平台支撑架未与工程结构连接或连接不符合要求扣8分； 平台台面铺板不严，或台面层下方未按要求设置安全平网扣10分； 材质不符合要求扣10分； 物料平台未在明显处设置限定荷载标牌扣3分	10		
11	悬挑式钢平台	悬挑式钢平台未编制专项施工方案或未经设计计算扣10分； 悬挑式钢平台的搁支点与上部拉结点，未设置在建筑物结构上扣10分； 斜拉杆或钢丝绳，未按要求在平台两边各设置两道扣10分； 钢平台未按要求设置固定的防护栏杆和挡脚板或栏板扣10分； 钢平台台面铺板不严，或钢平台与建筑结构之间铺板不严扣10分； 平台上未在明显处设置限定荷载标牌扣6分	10		
	检查项目合计		100		

7. 施工用电检查评分表

施工用电检查评分表如表 8-20 所示。

表 8-20　施工用电检查评分表

序号	检查项目		扣 分 标 准	应得分数	扣减分数	实得分数
1	保证项目	外电防护	外电线路与在建工程(含脚手架)、高大施工设备、场内机动车道之间小于安全距离且未采取防护措施扣10分； 防护设施和绝缘隔离措施不符合规范扣5～10分； 在外电架空线路正下方施工、建造临时设施或堆放材料物品扣10分	10		
2		接地与接零保护系统	施工现场专用变压器配电系统未采用 TN-S 接零保护方式扣20分； 配电系统未采用同一保护方式扣10～20分； 保护零线引出位置不符合规范扣10～20分； 保护零线装设开关、熔断器或与工作零线混接扣10～20分； 保护零线材质、规格及颜色标记不符合规范每处扣3分； 电气设备未接保护零线每处扣3分； 工作接地与重复接地的设置和安装不符合规范扣10～20分； 工作接地电阻大于4Ω，重复接地电阻大于100Ω扣10～20分； 施工现场防雷措施不符合规范扣5～10分	20		

序号	检查项目		扣 分 标 准	应得分数	扣减分数	实得分数
3	保证项目	配电线路	线路老化破损,接头处理不当扣10分; 线路未设短路、过载保护扣5～10分; 线路截面不能满足负荷电流每处扣2分; 线路架设或埋设不符合规范扣5～10分; 电缆沿地面明敷扣10分; 使用四芯电缆外如一根线替代五芯电缆扣10分; 电杆、横担、支架不符合要求每处扣2分	10		
4		配电箱与开关箱	配电系统未按"三级配电、二级漏电保护"设置扣10～20分; 用电设备违反"一机、一闸、一漏、一箱"每处扣5分; 配电箱与开关箱结构设计、电器设置不符合规范扣10～20分; 总配电箱与开关箱未安装漏电保护器每处扣5分; 漏电保护器参数不匹配或失灵每处扣3分; 配电箱与开关箱内闸具损坏每处扣3分; 配电箱与开关箱进线和出线混乱每处扣3分; 配电箱与开关箱内未绘制系统接线图和分路标记每处扣3分; 配电箱与开关箱未设门锁、未采取防雨措施每处扣3分; 配电箱与开关箱安装位置不当、周围杂物多等不便操作每处扣3分; 分配电箱与开关箱的距离、开关箱与用电设备的距离不符合规范每处扣3分	20		
	小 计			60		
5	一般项目	配电室与配电装置	配电室建筑耐火等级低于3级扣15分; 配电室未配备合格的消防器材扣3～5分; 配电室、配电装置布设不符合规范扣5～10分; 配电装置中的仪表、电器元件设置不符合规范或损坏、失效扣5～10分; 备用发电机组未与外电线路进行连锁扣15分; 配电室未采取防雨、雪和小动物侵入的措施扣10分; 配电室未设警示标志、工地供电平面图和系统图扣3～5分	15		
6		现场照明	照明用电与动力用电混用每处扣3分; 特殊场所未使用36V及以下安全电压扣15分; 手持照明灯未使用36V以下电源供电扣10分; 照明变压器未使用双绕组安全隔离变压器扣15分; 照明专用回路未安装漏电保护器每处扣3分; 灯具金属外壳未接保护零线每处扣3分; 灯具与地面、易燃物之间小于安全距离每处扣3分; 照明线路接线混乱和安全电压线路接头处未使用绝缘布包扎扣10分	15		

续表

序号	检查项目		扣分标准	应得分数	扣减分数	实得分数
7	一般项目	用电档案	未制订专项用电施工组织设计或设计缺乏针对性扣5~10分； 专项用电施工组织设计未履行审批程序，实施后未组织验收扣5~10分； 未填写接地电阻、绝缘电阻和漏电保护器检测记录或填写不真实扣3分； 未填写安全技术交底、设备设施验收记录或填写不真实扣3分； 未填写定期巡视检查、隐患整改记录或填写不真实扣3分； 档案资料不齐全、未设专人管理扣5分	10		
小　计				40		
检查项目合计				100		

8. 物料提升机与施工升降机检查评分表

物料提升机检查评分表如表8-21所示；施工升降机检查评分表如表8-22所示。

9. 塔式起重机与起重吊装检查评分表

塔式起重机检查评分表如表8-23所示；起重吊装检查评分表如表8-24所示。

10. 施工机具检查评分表

施工机具检查评分表如表8-25所示。

表 8-21　物料提升机检查评分表

序号	检查项目		扣分标准	应得分数	扣减分数	实得分数
1	保证项目	安全装置	未安装起重数量限制器、防坠安全器扣15分； 起重数量限制器、防坠安全器不灵敏扣15分； 安全停层装置不符合规范要求，未达到定型化扣10分； 未安装上限位开关的扣15分； 上限位开关不灵敏、安全越程不符合规范要求的扣10分； 物料提升机安装高度超过30m时，未安装渐进式防坠安全器、自动停层、语音及影像信号装置每项扣5分	15		
2		防护设施	未设置防护围栏或设置不符合规范要求扣5分； 未设置进料口防护棚或设置不符合规范要求扣5~10分； 停层平台两侧未设置防护栏杆、挡脚板每处扣5分，设置不符合规范要求每处扣2分； 停层平台脚手板铺设不严、不牢每处扣2分； 未安装平台门或平台门不起作用每处扣5分，平台门安装不符合规范要求、未达到定型化每处扣2分； 吊笼门不符合规范要求扣10分	15		

续表

序号	检查项目		扣 分 标 准	应得分数	扣减分数	实得分数
3	保证项目	附墙架与缆风绳	附墙架结构、材质、间距不符合规范要求扣 10 分； 附墙架未与建筑结构连接或附墙架与脚手架连接扣 10 分； 缆风绳设置数量、位置不符合规范扣 5 分； 缆风绳未使用钢丝绳或未与地锚连接每处扣 10 分； 钢丝绳直径小于 8mm 扣 4 分，角度不符合 45°～60°要求每处扣 4 分； 安装高度 30m 的物料提升机使用缆风绳扣 10 分； 地锚设置不符合规范要求每处扣 5 分	10		
4		钢丝绳	钢丝绳磨损、变形、锈蚀达到报废标准扣 10 分； 钢丝绳夹设置不符合规范要求每处扣 5 分； 吊笼处于最低位置，卷筒上钢丝绳少于 3 圈扣 10 分； 未设置钢丝绳过路保护或钢丝绳拖地扣 5 分	10		
5		安装与验收	安装单位未取得相应资质或特种作业人员未持证上岗扣 10 分； 未制订安装(拆卸)安全专项方案扣 10 分，内容不符合规范要求扣 5 分； 未履行验收程序或验收表未经责任人签字扣 5 分； 验收表填写不符合规范要求每项扣 2 分	10		
小　计				60		
6	一般项目	导轨架	基础设置不符合规范扣 10 分； 导轨架垂直度偏差大于 0.15％扣 5 分； 导轨结合面阶差大于 1.5mm 扣 2 分； 井架停层平台通道处未进行结构加强的扣 5 分	10		
7		动力与传动	卷扬机、曳引机安装不牢固扣 10 分； 卷筒与导轨架底部导向轮的距离小于 20 倍卷筒宽度，未设置排绳器扣 5 分； 钢丝绳在卷筒上排列不整齐扣 5 分； 滑轮与导轨架、吊笼未采用刚性连接扣 10 分； 滑轮与钢丝绳不匹配扣 10 分； 卷筒、滑轮未设置防止钢丝绳脱出装置扣 5 分； 曳引钢丝绳为 2 根及以上时，未设置曳引力平衡装置扣 5 分	10		
8		通信装置	未按规范要求设置通信装置扣 5 分； 通信装置未设置语音和影像显示扣 3 分	5		
9		卷扬机操作棚	卷扬机未设置操作棚的扣 10 分； 操作棚不符合规范要求的扣 5～10 分	10		
10		避雷装置	防雷保护范围以外未设置避雷装置的扣 5 分； 避雷装置不符合规范要求的扣 3 分	5		
小　计				40		
检查项目合计				100		

表 8-22　施工升降机检查评分表

序号	检查项目		扣 分 标 准	应得分数	扣减分数	实得分数
1	保证项目	安全装置	未安装起重数量限制器或不灵敏扣 10 分； 未安装渐进式防坠安全器或不灵敏扣 10 分； 防坠安全器超过有效标定期限扣 10 分； 对重钢丝绳未安装防松绳装置或不灵敏扣 6 分； 未安装急停开关扣 5 分,急停开关不符合规范要求扣 3～5 分； 未安装吊笼和对重用的缓冲器扣 5 分； 未安装安全钩扣 5 分	10		
2		限位装置	未安装极限开关或极限开关不灵敏扣 10 分； 未安装上限位开关或上限位开关不灵敏扣 10 分； 未安装下限位开关或下限位开关不灵敏扣 8 分； 极限开关与上限位开关安全越程不符合规范要求的扣 5 分； 极限限位器与上、下限位开关共用一个触发元件扣 4 分； 未安装吊笼门机电连锁装置或不灵敏扣 8 分； 未安装吊笼顶窗电气安全开关或不灵敏扣 4 分	10		
3		防护设施	未设置防护围栏或设置不符合规范要求扣 8～10 分； 未安装防护围栏门连锁保护装置或连锁保护装置不灵敏扣 8 分； 未设置出入口防护棚或设置不符合规范要求扣 6～10 分； 停层平台搭设不符合规范要求扣 5～8 分； 未安装平台门或平台门不起作用每一处扣 4 分,平台门不符合规范要求、未达到定型化每一处扣 2～4 分	10		
4		附着	附墙架未采用配套标准产品扣 8～10 分； 附墙架与建筑结构连接方式:角度不符合说明书要求扣 6～10 分； 附墙架间距、最高附着点以上导轨架的自由高度超过说明书要求扣 8～10 分	10		
5		钢丝绳、滑轮与对重	对重钢丝绳绳数少于 2 根或未相对独立扣 10 分； 钢丝绳磨损、变形、锈蚀达到报废标准扣 6～10 分； 钢丝绳的规格、固定、缠绕不符合说明书及规范要求扣 5～8 分； 滑轮未安装钢丝绳防脱装置或不符合规范要求扣 4 分； 对起重数量、固定、导轨不符合说明书及规范要求扣 6～10 分； 对重未安装防脱轨保护装置扣 5 分	10		
6		安装、拆卸与验收	安装、拆卸单位无资质扣 10 分； 未制订安装、拆卸专项方案扣 10 分,方案无审批或内容不符合规范要求扣 5～8 分； 未履行验收程序或验收表无责任人签字扣 5～8 分； 验收表填写不符合规范要求每一项扣 2～4 分； 特种作业人员未持证上岗扣 10 分	10		
小　计				60		

续表

序号	检查项目		扣 分 标 准	应得分数	扣减分数	实得分数
7	一般项目	导轨架	导轨架垂直度不符合规范要求扣7～10分； 标准节腐蚀、磨损、开焊、变形超过说明书及规范要求扣7～10分； 标准节结合面偏差不符合规范要求扣4～6分； 齿条结合面偏差不符合规范要求扣4～6分	10		
8		基础	基础制作、验收不符合说明书及规范要求扣8～10分； 特殊基础未编制制作方案及验收扣8～10分； 基础未设置排水设施扣4分	10		
9		电器安全	施工升降机与架空线路小于安全距离又未采取防护措施扣10分； 防护措施不符合要求扣4～6分； 电缆使用不符合规范要求扣4～6分； 电缆导向架未按规定设置扣4分； 防雷保护范围以外未设置避雷装置扣10分； 避雷装置不符合规范要求扣5分	10		
10		通信装置	未安装楼层联络信号扣10分； 楼层联络信号不灵敏扣4～6分	10		
小　计				40		
检查项目合计				100		

表 8-23　塔式起重机检查评分表

序号	检查项目		扣 分 标 准	应得分数	扣减分数	实得分数
1	保证项目	荷载限制装置	未安装起重数量限制器或不灵敏扣10分； 未安装万矩限制器或不灵敏扣10分	10		
2		行程限位装置	未安装起升高度限位器或不灵敏扣10分； 未安装幅度限位器或不灵敏扣6分； 回转不设集电器的塔式起重机未安装回转限位器或不灵敏扣6分； 行走式塔式起重机未安装行走限位器或不灵敏扣8分	10		
3		保护装置	小车变幅的塔式起重机未安装断绳保护及断轴保护装置或不符合规范要求扣8～10分； 行走及小车变幅的轨道行程末端未安装缓冲器及止挡装置或不符合规范要求扣6～10分； 起重臂根部绞点高度大于50m的塔式起重机未安装风速仪或不灵敏扣4分； 塔式起重机顶部高度大于30m且高于周围建筑物未安装障碍指示灯扣4分	10		

序号	检查项目		扣 分 标 准	应得分数	扣减分数	实得分数
4	保证项目	吊钩、滑轮、卷筒与钢丝绳	吊钩未安装钢丝绳防脱钩装置或不符合规范要求扣8分； 吊钩磨损、变形、疲劳裂纹达到报废标准扣10分； 滑轮、卷筒未安装钢丝绳防脱装置或不符合规范要求扣4分； 滑轮及卷筒的裂纹、磨损达到报废标准扣6～8分； 钢丝绳磨损、变形、锈蚀达到报废标准扣6～10分； 钢丝绳的规格、固定、缠绕不符合说明书及规范要求扣5～8分	10		
5		多塔作业	多塔作业未制订专项施工方案扣10分，施工方案未经审批或方案针对性不强扣6～10分； 任意两台塔式起重机之间的最小架设距离不符合规范要求扣10分	10		
6		安装、拆卸与验收	安装、拆卸单位未取得相应资质扣10分； 未制订安装、拆卸专项方案扣10分，方案未经审批或内容不符合规范要求扣5～8分； 未履行验收程序或验收表未经责任人签字扣5～8分； 验收表填写不符合规范要求每项2～4分； 特种作业人员未持证上岗扣10分； 未采取有效联络信号扣7～10分	10		
小　计				60		
7	一般项目	附着	塔式起重机高度超过规定不安装附着装置扣10分； 附着装置水平距离或间距不满足说明书要求而未进行设计计算和审批的扣6～8分； 安装内爬式塔式起重机的建筑承载结构未进行受力计算扣8分； 附着装置安装不符合说明书及规范要求扣6～10分； 附着后塔身垂直度不符合规范要求扣8～10分	10		
8		基础与轨道	基础未按说明书及有关规定设计、检测、验收扣8～10分； 基础未设置排水措施扣4分； 路基箱或枕木铺设不符合说明书及规范要求扣4～8分； 轨道铺设不符合说明书及规范要求扣4～8分	10		
9		结构设施	主要结构件的变形、开焊、裂纹、锈蚀超过规范要求扣8～10分； 平台、走道、梯子、栏杆等不符合规范要求扣4～8分； 主要受力构件高强螺栓使用不符合规范要求扣6分； 销轴连接不符合规范要求扣2～6分	10		

续表

序号	检查项目		扣 分 标 准	应得分数	扣减分数	实得分数
10	一般项目	电气安全	未采用 TN-S 接零保护系统供电扣 10 分； 塔式起重机与架空线路小于安全距离又未采取防护措施扣 10 分； 防护措施不符合要求扣 4～6 分； 防雷保护范围以外未设置避雷装置的扣 10 分； 避雷装置不符合规范要求扣 5 分； 电缆使用不符合规范要求扣 4～6 分	10		
小　计				40		
检查项目合计				100		

表 8-24　起重吊装检查评分表

序号	检查项目		扣 分 标 准	应得分数	扣减分数	实得分数
1	保证项目	施工方案	为未编制专项施工方案或专项施工方案未经审核扣 10 分； 采用起重拔杆或起吊重力在 100kN 及以上时，专项方案未按规定组织专家论证扣 10 分	10		
2	起重机械	起重机	未安装荷载限制装置或不灵敏扣 20 分； 未安装行程限位装置或不灵敏扣 20 分； 吊钩未设置钢丝绳防脱钩装置或不符合规范要求扣 8 分	20		
		起重拔杆	未按规定安装荷载、行程限制装置每项扣 10 分； 起重拔杆组装不符合设计要求扣 10～20 分； 起重拔杆组装后未履行验收程序或验收表无责任人签字扣 10 分			
3	保证项目	钢丝绳与地锚	钢丝绳磨损、断丝、变形、锈蚀达到报废标准扣 10 分； 钢丝绳索具安全系数小于规定值扣 10 分； 卷筒、滑轮磨损、裂纹达到报废标准扣 10 分； 卷筒、滑轮未安装钢丝绳防脱装置扣 5 分； 地锚设置不符合设计要求扣 8 分	10		
4		作业环境	起重机作业处地面承载能力不符合规定或未采用有效措施扣 10 分； 起重机与架空线路安全距离不符合规范要求扣 10 分	10		
5		作业人员	起重吊装作业单位未取得相应资质或特种作业人员未持证上岗扣 10 分； 未按规定进行技术交底或技术交底未留有记录扣 5 分	10		
小　计				60		

序号	检查项目		扣 分 标 准	应得分数	扣减分数	实得分数
6	一般项目	高处作业	未按规定设置高处作业平台扣10分； 高处作业平台设置不符合规范要求扣10分； 未按规定设置爬梯或爬梯的强度、构造不符合规定扣8分； 未按规定设置安全带悬挂点扣10分	10		
7		构件码放	警戒区未设专人监护扣8分； 构件码放超过作业面承载能力扣10分； 构件堆放高度超过规定要求扣4分	10		
8		信号指挥	大型构件码放未采取稳定措施扣8分； 未设置信号指挥人员扣10分	10		
9		警戒监护	信号传递不清晰、不准确扣10分； 未按规定设置作业警戒区扣10分	10		
小　计				40		
检查项目合计				100		

表 8-25　施工机具检查评分表

序号	检查项目	扣 分 标 准	应得分数	扣减分数	实得分数
1	平刨	平刨安装后未进行验收合格手续扣3分； 未设置护手安全装置扣3分； 传动部位未设置防护罩扣3分； 未做保护接零、未设置漏电保护器每处扣3分； 未设置安全防护棚扣3分； 无人操作时未切断电源扣3分； 使用平刨和圆盘锯合用一台电机的多功能木工机具，平刨和圆盘锯两项扣12分	12		
2	圆盘锯	电锯安装后未留有验收合格手续扣3分； 未设置锯盘护罩、分料器、防护挡板安全装置和传动部位未进行防护每缺项扣3分； 未做保护接零、未设置漏电保护器每处扣3分； 未设置安全防护棚扣3分； 无人操作时未切断电源扣3分	10		
3	手持电动工具	Ⅰ类手持电动工具未采取保护接零或漏电保护器扣8分； 使用Ⅰ类手持电动工具不按规定穿戴绝缘用品扣4分； 使用手持电动工具随意接长电源线或更换插头扣4分	8		

续表

序号	检查项目	扣分标准	应得分数	扣减分数	实得分数
4	钢筋机械	机械安装后未留有验收合格手续扣5分； 未做保护接零、未设置漏电保护器每处扣5分； 钢筋加工区无防护棚，钢筋对焊作业区未采取防止火花飞溅措施，冷拉作业区未设置防护栏每处扣5分； 传动部位未设置防护罩或限位失灵每处扣3分	10		
5	电焊机	电焊机安装后未留有验收合格手续扣3分； 未做保护接零、未设置漏电保护器每处扣3分； 未设置二次空载降压保护器或二次侧漏电保护器每处扣3分； 一次线长度超过规定或不穿管保护扣3分； 二次线长度超过规定或未采用防水橡皮护套铜芯软电缆扣3分； 电源不使用自动开关扣2分； 二次线接头超过3处或绝缘层老化每处扣3分； 电焊机未设置防雨罩、接线柱未设置防护罩每处扣3分	8		
6	搅拌机	搅拌机安装后未留有验收合格手续扣4分； 未做保护接零、未设置漏电保护器每处扣4分； 离合器、制动器、钢丝绳达不到要求每项扣2分； 操作手柄未设置保险装置扣3分； 未设置安全防护棚和作业台不安全扣4分； 上料斗未设置安全挂钩或挂钩不使用扣3分； 传动部位未设置防护罩扣4分； 限位不灵敏扣4分； 作业平台不平稳扣3分	8		
7	气瓶	氧气瓶未安装减压器扣5分； 各种气瓶未标明标准色标扣2分； 气瓶间距小于5m、距明火小于10m又未采取隔离措施每处扣2分； 乙炔瓶使用或存放时平放扣3分； 气瓶存放不符合要求扣3分； 气瓶未设置防震圈和防护帽每处扣2分	8		
8	翻斗车	翻斗车制动装置不灵敏扣5分； 无证司机驾车扣5分； 行车载人或违章行车扣5分	8		
9	潜水泵	未做保护接零、未设置漏电保护器每处扣3分； 漏电动作电流大于15mA、负荷线未使用专用防水橡皮电缆每处扣3分	6		
10	振捣器具	未使用移动式配电箱扣4分； 电缆长度超过30m扣4分； 操作人员未穿戴好绝缘防护用品扣4分	8		

续表

序号	检查项目	扣 分 标 准	应得分数	扣减分数	实得分数
11	桩工机械	机械安装后未留有验收合格手续扣 3 分； 桩工机械未设置安全保护装置扣 3 分； 机械行走路线的耐力不符合说明书要求扣 3 分； 施工作业未编制方案扣 3 分； 桩工机械作业违反操作规程扣 3 分	6		
12	泵送机械	机械安装后未留有验收合格手续扣 4 分； 未做保护接零、未设置漏电保护器每处扣 4 分； 固定式混凝土输送泵未制作良好的设备基础扣 4 分； 移动式混凝土输送泵车未安装在平坦坚实的地坪上扣 4 分； 机械周围排水不通畅的扣 3 分、积灰扣 2 分； 机械产生的噪声超过《建筑施工场界环境噪声排放标准》(GB 12523—2011)扣 3 分； 整机不清洁、漏油、漏水每发现一处扣 2 分	8		
检查项目合计			100		

第 9 章 BIM技术在建筑施工安全中的应用

在城市现代化建设进程不断推进下,建筑行业带来了广阔的发展空间,建筑工程规模不断扩大,这就对新时期的建筑工程建设提出了更高的要求。在建筑工程建设中,新技术、新工艺和新材料广泛应用其中,工程变得越加复杂,安全作为施工管理一个重要内容,如何能够保证工程施工质量和施工安全,加强建筑工程施工管理成为当前首要任务之一。在建筑施工管理中,由于施工管理涉及内容较广,应用 BIM 技术可以有效提升管理效率和管理质量,尽可能消除其中的安全隐患,确保施工活动有序开展。

建筑行业是国民经济持续增长的支柱性产业之一,新时期建筑行业获得了良好的发展前景,对于新时期的工程施工安全提出了更高的要求。尤其是当前城市现代化建设进程不断推进,由于客观因素影响,很容易为工程埋下安全隐患。加强建筑施工安全管理中 BIM 技术应用研究,有助于改善传统施工中的不足,提升施工质量,推动建筑行业健康发展。

1. BIM 技术的概念

BIM 是建筑信息模型的英文简称,它是建筑学、工程学、土木工程三个大的学科的有机结合,它利用三维模型构建建筑骨架,通过数字化的技术塑造一个与实际情况基本吻合的建筑。它存在于建筑施工的整个过程,建筑工程的所有信息数据都可以用 BIM 进行集合整理,所有建筑工程的部门都可以从中获取信息和资源,它的目的是使建筑工程的施工更加精确和高效率,同时,BIM 技术在建筑施工的安全管理的应用也彰显着它的优越性。

2. BIM 技术的特点

1) 模拟性

在进行建筑工程设计时,都需要对整个建筑施工相关活动进行模拟,而传统的建筑工程设计在进行模拟时存在一定的不足,导致不能够及时发现设计中存在的问题。而通过 BIM 技术进行建筑工程设计模拟,能够准确地呈现出设计中的一些问题,从而给建筑工程设计人员一个正确的反馈,提高建筑工程设计质量。此外,通过采用 BIM 技术,还能对建筑工程整体造价进行合理控制,从而保证建筑施工企业的经济效益稳定增长。

2) 动态化

BIM 技术是一种能够对大量信息进行综合汇总的软件,这样能够使每一项信息都能够产生一定的联系,如果这些信息中发生任何变化,都能够对整体产生一定的影响。因此,在应用 BIM 技术时,需要操作人员能够做好相应的动态化发展管理,从而保证整个建筑工程的施工安全性。

3) 可视化

随着科学技术的不断发展,人们对于建筑形式的要求也在不断提高,而很多建筑在设计过程中因为自身结构原因,导致设计图纸非常复杂,而这样施工安全管理人员不能够掌握整个建筑的实际情况。而通过采用 BIM 技术进行建筑工程安全管理,能够给管理人员展示一个完整的建筑结构立体模型,从而保证对各个施工环节的有效控制,对提高建筑工程施工水平有着一定的作用。

4)优化性

优化性是指将建筑施工过程中出现的问题进行优化及改进,其中包括物理信息、安全性能等。可应用 BIM 的可视性来进行调试、整改及优化,从而进行高效管理。

3. BIM 技术分析

在建筑施工管理工作中,安全管理作为管理中重要组成部分,直接关系到工程施工人员的生命安全,这就需要制订完善的安全管理制度,尽可能消除其中潜在的隐患,施工活动安全有序开展。当前我国建筑行业市场竞争较为激烈,对于工程施工质量和安全重视程度较高。如果施工存在质量和安全问题,将带来严重的后果,企业的整体形象受损,自然无法在激烈的市场竞争中占据优势,最终被淘汰。故此,在建筑工程施工安全管理中应用 BIM 技术,可以有效改善传统管理工作中的不足,借助现代化技术建立多维数字建筑模型,对施工各个环节予以严格控制,所取得的成效较为突出,值得广泛推广和应用。所以,BIM 技术在施工安全管理中应用,可以有效改善其中的不足,提升施工安全管理水平,建立完善的施工安全体系,对于施工活动安全有序进行具有十分重要的促进作用。

4. BIM 技术在建筑施工安全管理工作中的应用

1)施工现场的规划运用

在建筑施工中,要想让施工可以顺利地进行,提升施工的质量和效率,保障安全,就需要科学的对施工场地做出规划。这就需要利用 BIM 技术,在工程开展过程中实现一种空间立体化的施工场地划分,把现场划分为三个区块。在此过程当中,通过对 BIM 技术所具有的优势方面的运用,对建筑体的整体信息进行收集和整理,建立起相应的建筑结构三维立体模型,可以通过这种方式保证施工过程的准确性。

2)对危险源的识别的应用

对现场施工区域进行危险等级划分,分别用红、橙、黄、绿四种颜色表示非常危险、有一定危险、危险性较小、无风险,并在构建项目时在模型中表示出来,如现场施工作业区为非常危险区标注为红色,塔吊半径内有一定危险性标注为橙色,塔吊半径外危险性较小标注为黄色,办公区以及生活区基本无危险标注为绿色。同时,在进入红色和橙色危险区域路口和通道处做警示牌,提示工人已经进入危险区,进而可以根据危险程度指导现场作业。

3)建立施工安全指标的应用

随着建筑行业新技术、新材料、新工艺、新设备地不断涌现,BIM 技术在应用过程中也得到了全面的发展,可以完全发挥 BIM 技术的自身优势,从而为建筑行业做出一定的贡献。

首先,需要建立一个完善的施工安全指标,从而在施工前对整个施工中的各项数据进行预算,为后期的施工打下坚实的基础,从而保证各项数据的真实性和准确性。其次,还要将建筑工程安全管理与实际情况进行结合,保证建筑施工安全管理工作的顺利进行,不断为提高建筑工程施工质量而努力。

4)施工安全措施的制订

BIM 技术的安全管理系统,可依据不同类型管理需求自动列出相应的安全防范措施,并根据设定的安全管理方法使施工安全性得到保障。但这种施工安全方面的措施都要由经验丰富的专业安全管理人员在综合具体施工情况后,才能进行编制。这些措施都是在 BIM 技术为前提下所形成一个独立性的安全管理模式,还需将其纳入安全操作规程中,后期制订的相应措施都是从编制的安全操作规程中获得的。

5）BIM 技术安全培训的应用

安全培训的最终目标就是保障现场施工人员的安全问题,其培训的对象不仅是现场施工人员,还有安全管理人员。对于任何一个企业而言,培训是一种常见的教学方式,能够提高被培训者的专业能力,但是就大部分公司的培训方式来看,其照搬照抄的口头培训,难以取得良好的效果。BIM 技术可以将培训更加的高效化,即利用 BIM 技术使培训更为系统化,更具目标性,能够及时更新培训的内容,因此该培训方式能够取得良好的效果,能够提高被培训者的专业知识,降低安全事故发生的概率。

6）进行安全监控检查的应用

利用 BIM 技术可以整体地对建筑施工进行整合,在各个环节的有效配合下进行高效率的分析,发挥各个技术的优势,比如在我们可以利用 BIM 可视化的特点来建立相关的安全检查模型,随时检查、监测出各种可能存在的安全隐患,并通过有效的措施来解决问题,进行安全监控和检查这一环节是建筑施工安全管理必不可少也是非常重要的一个方面,BIM 技术可以为我们提供非常可行的处理办法。

参 考 文 献

[1] 中国安全生产科学研究院. 安全生产管理[M]. 北京:应急管理出版社,2020.

[2] 中国安全生产科学研究院. 安全生产专业实务——建筑施工安全[M]. 北京:应急管理出版社,2020.

[3] 张珂峰. 建筑施工安全管理与技术[M]. 天津:天津科学技术出版社,2010.

[4] 建筑与市政工程施工现场专业人员职业标准培训教材编审委员会,中国建设教育协会. 安全员岗位知识与专业技能[M]. 2版. 北京:中国建筑工业出版社,2017.

[5] 李林,郝会娟. 建筑工程安全技术与管理[M]. 3版. 北京:机械工业出版社,2021.

[6] 裴英安. 建筑工程安全管理[M]. 北京:北京出版社,2013.

[7] 《安全员一本通》委员会. 安全员一本通[M]. 2版. 北京:中国建材工业出版社,2012.

[8] 中华人民共和国住房和城乡建设部. 建筑施工安全检查标准(JGJ 59—2011)[S]. 北京:中国建筑工业出版社,2012.

[9] 中华人民共和国住房和城乡建设部,中华人民共和国国家质量监督检验检疫总局. 建筑地基基础工程施工质量验收标准(GB 50202—2018)[S]. 北京:中国建筑工业出版社,2018.

[10] 中华人民共和国住房和城乡建设部. 建筑施工扣件式钢管脚手架安全技术规范(JGJ 130—2011)[S]. 北京:中国建筑工业出版社,2011.

[11] 中华人民共和国住房和城乡建设部. 建筑施工高处作业安全技术规范(JGJ 80—2016)[S]. 北京:中国建筑工业出版社,2016.

[12] 中华人民共和国住房和城乡建设部. 施工现场临时用电安全技术规范(JGJ 46—2005)[S]. 北京:中国建筑工业出版社,2005.

[13] 中华人民共和国住房和城乡建设部,中华人民共和国国家质量监督检验检疫总局. 组合钢模板技术规范(GB/T 50214—2013)[S]. 北京:中国建筑工业出版社,2013.

[14] 中华人民共和国住房和城乡建设部. 建筑机械使用安全技术规程(JGJ 33—2012)[S]. 北京:中国建筑工业出版社,2012.

[15] 中华人民共和国住房和城乡建设部,中华人民共和国国家质量监督检验检疫总局. 建设工程施工现场消防安全技术规范(GB 50720—2011)[S]. 北京:中国计划出版社,2011.